한반도 외래식물
Alien Flora of the Korean Peninsula

한국 생물 목록 23
Checklist of Organisms in Korea 23

한반도 외래식물
Alien Flora of the Korean Peninsula

펴 낸 날 | 2017년 4월 10일 초판 1쇄
지 은 이 | 김창기, 길지현
펴 낸 이 | 조영권
만 든 이 | 노인향
꾸 민 이 | 강대현

펴 낸 곳 | **자연과생태**
주소_서울 마포구 신수로 25-32, 101(구수동)
전화_02)701-7345~6 팩스_02)701-7347
홈페이지_www.econature.co.kr
등록_제2007-000217호

ISBN 978-89-97429-73-8 93480

한국 생물 목록 23
Checklist of Organisms in Korea 23

한반도 외래식물
Alien Flora of the Korean Peninsula

글·사진 **김창기, 길지현**

자연과생태

일러두기

- 한반도 외래식물 539종을 소개했다. 이와 더불어 외래식물로 발표되었다가 제외된 14종을 사유와 함께 실었다.

- 본문은 과의 국명 순, 각 분류군의 국명 순으로 배열했다.

- **국명**은 『국가표준식물목록』(2016)을 따랐으며, 국내 문헌에 언급된 다른 이름도 함께 실었다. **북한 이름**은 『식물분류명사전(종자식물편)』(2011)과 『조선식물지 증보판』(1996~2000)을 기준으로 했다. **학명**은 영국 큐 왕립식물원과 미국 미주리 식물원이 공동으로 작성한 『The Plant List』(2013)와 미국 농무부의 『Germplasm Resourse Information Network(GRIN)』 데이터베이스를 따라 정명을 수록했고, 한반도 식물상에 관련된 문헌에 자주 나타난 이명도 함께 실었다.

- **원산지**는 미국 농무부의 『GRIN』 데이터베이스, 『유럽식물지(Flora Europaea)』 『북미식물지(Flora of North America)』 『중국식물지(Flora of China)』 『신 마키노 일본식물도감(新牧野日本植物圖鑑)』 『신 영국식물지(New Flora of the British Isles)』 『유럽정원식물(European Garden Flora)』 등을 참고했다.

- **들어온 시기**는 외래식물이 국내에 들어온 시기를 뜻하며 안승모(2013)의 『식물유체로 본 시대별 작물조성의 변천』, 리휘재(1964, 1966)의 『한국식물도감 화훼류 Ⅰ, Ⅱ』 조선총독부 권업모범장의 시험 재배 기록 등을 참고했다. 기본적으로는 개항 이전, 개항 이후부터 분단 이전, 분단 이후의 세 시기로 구분했으며, 더 자세한 도입 추정 연도가 제시된 경우는 함께 기재했다.

- **발견 기록**은 외래식물이 자연환경에서 발견된 시기와 장소를 의미하며 가능한 한반도 최초 기록을 인용해 수록하고자 했다. 국가생물종 지식정보시스템의 식물 표본 데이터베이스에 기록된 각 식물의 채집연도가 논문이나 보고서의 기록보다 앞서는 경우에는 표본 채집연도를 우선했다.

- **침입 정도**는 일시 출현(casual), 귀화(naturalised), 침입(invasive)으로 구분했고, 가장 최근에 표본 정보를 통해 분포를 확인한 정수영(2014)의 「침입외래식물(IAP)의 국내 분포특성 연구」 결과를 주로 따랐다.

- **참고**에는 각 식물에 대한 연구자들의 견해를 기록했으며, 「생물다양성 보전 및 이용에 관한 법률」에 따라 지정된 '생태계교란생물'(환경부고시 제2016-112호)과 「식물방역법」에 지정된 '병해충에 해당되는 잡초'(농림축산검역본부고시 제2016-12호)를 표시했다. 또한, 자원으로서의 활용 가능성을 예시하기 위해 특허청의 특허정보넷에 등록된 정보도 기재했다. 중국의 침입외래생물 목록에 있거나, 일본의 「특정외래생물에 따른 생태계 등의 피해 방지에 관한 법률」을 토대로 관리가 필요한 외래종으로 지정된 경우 그 내용도 함께 소개했다.

- **문헌**에서는 관련 문헌을 바로 찾아볼 수 있도록 정리했고, 저자, 출판연도 및 제목을 제시했다. 각 문헌의 상세한 정보는 책 뒤쪽의 참고문헌에서 확인할 수 있다.

저자 서문

식물은 바람, 물, 동물 등의 힘을 빌려 자연 산포하며 분포 지역을 넓혀 나간다. 그러나 식량으로 이용하고자 인간이 식물을 재배하면서부터 일부는 인간과 함께 자연 산포로는 도달하기 어려운 먼 거리까지 이주하게 되었다. 이제는 식물이 식량뿐 아니라 사료, 약, 염료, 섬유, 화훼, 사방지 녹화용 등으로 다양하게 이용되며 여러 나라로부터 수입되고 있다. 여기에 해외여행까지 활발해지면서 각종 물품, 교통수단을 따라 우리가 원하지 않았던 식물도 국경을 쉽게 넘어오게 되었다.

'한반도 외래식물'이란 이처럼 인간에 의해 의도적 또는 비의도적으로 원산지를 떠나 한반도에 이른 식물을 말한다. 여기에는 재배식물과 자연에서 자라는 식물이 모두 포함되지만, 이 책에서는 한반도 자연에서 발견된 적이 있는 식물로 범위를 한정했다.

외래식물 중 일부는 한반도뿐 아니라 전 지구 생물다양성에 중요한 위협요인이 되기도 한다. 외래식물의 위협에 대응하기 위해 가장 먼저 해야 할 일은 외래식물 목록을 만들고 침입 현황을 평가하는 기초 자료를 만드는 일이다. 재래식물과 외래식물을 구별해 내는 작업은 생물종 보전과 생태계 관리 전략을 수립하기 위해 꼭 필요하다. 또한 이런 작업을 통해 생물다양성의 서로 다른 구성요소를 더 잘 이해할 수 있게 될 것이다.

이 책에는 식물도감에 흔히 있는 식물 형태 설명이 없다. 대신 식물생태학을 공부해 온 우리는 외래식물이 자연에서 어떻게 생존·번식·정착하는지, 한반도에는 어떤 경로로 들어오는지, 정착하기까지 시간이 얼마나 걸리는지, 생태계와 사회경제에는 어떠한 영향을 미칠 수 있는지, 생물다양성 보전을 위해 외래식물을 어떻게 관리해야 하는지 등의 질문에 관심을 가졌고, 주로 이러한 내용으로 책을 구성했다. 또한 각 종이 주변국(일본과 중국)에서 발견된 시기와 현황, 그 밖의 나라에서 관찰된 내용과 위해종 지정 현황도 한반도 외래식물 관리에 필요한 정보라고 판단해 책에 실었다.

우리는 무엇보다 북한 지역의 외래식물 현황에 관심을 갖고 이 책을 쓰기 시작했다. 북한은 유네스코의 지원을 받아 2009년에 『조선인민민주주의공화국의 외래식물목록과 영향 평가』라는 보고서를 발표했다. 이 보고서에서 가장 중요한 내용은 남한에 먼저 정착했던 돼지풀과 같은 외래식물이 북한으로 퍼져 나가 북한 생태계에도 영향을 주고 있다는 사실이다. 최근에 강화도에서 발견되어 환경부에서 생태계교란생물로 지정한 영국갯끈풀을 북한에서는 사료용으로 재배한 기록도 있다. 남한과 북한 사이에 위치한 비무장지대가 사람과 물자의 이동은 막을 수 있지만 식물의 산포는 막을 수 없다. 북한 또는 남한에 정착한 외래식물은 한반도 안에서 자유롭게 퍼져 나갈 수 있다. 이제는 남북한이 함께 외래식물의 목록을 만들고, 분포를 파악하고, 생태계에 미칠 영향을 평가하며 위해성이 높은 외래식물을 관리해야 할 때다.

이 책은 한반도 외래식물의 이주 기록인 동시에 이것을 보고해 온 여러 식물학자에 대한 기록이기도 하다. 옛 문헌부터 2016년에 발표된 문헌까지, 많은 자료를 분석하는 내내 머릿속에 떠오른 것은 그들의 고됐을, 그러나 즐거웠을 채집 여정이었다. 제주도부터 백두산까지 한반도 곳곳을 다니며 이국에서 건너온 식물을 찾아내 표본을 만들고, 사진이나 그림으로 기록하며, 논문이나 책으로 보고해 온 많은 식물학자의 열정을 독자들도 느낄 수 있기를 바란다.

책이 나오기까지 많은 분이 마음을 모아 주셨다. 특히 현장에서 땀을 담아 확보한 사진을 기꺼이 내 주신 분들에게 가슴 뭉클한 감사인사를 드린다. 책이 아름다운 옷을 입을 수 있게 정성스럽게 봐 주신 조영권 편집장님과 노인향 편집자에게도 깊이 감사드린다.

2017년 4월

김창기, 길지현

차례

외래식물 목록에 수록하지 않은 식물

한반도 외래식물 개요

한반도 외래식물 연구사

『향약집성방』, 『세종실록지리지』 등 여러 고문헌에도 한반도 식물이 기록되어 있지만, 현대 식물분류학으로 한반도 식물을 연구한 것은 19세기 중반부터다. 한반도 외래식물 기록에서 빠질 수 없는 것은 일본 제국대학(帝國大學)의 식물표본목록과 영국 큐 왕립식물원(Royal Botanic Gardens, Kew)에 소속되어 중국 식물을 연구했던 미국 식물학자 포브스(F.B. Forbes)와 영국 식물학자 헴슬리(W.B. Hemsley)의 기록 그리고 만주 식물을 연구했던 러시아 식물학자 코마로프(V.L. Komarov)의 기록이다. 여기에 한반도에서 채집한 식물 일부가 소개되며, 그중에 외래식물도 포함되어 있다. 또한 러시아 식물학자 팔리빈(J. Palibin)은 19세기 말 서울에서 채집된 식물을 연구했고, 역시 외래식물 여러 종을 소개했다. 예를 들어 한반도의 말냉이는 포브스와 헴슬리의 『중국, 타이완, 하이난, 한국, 류큐, 홍콩 식물 목록(An enumeration of all the plants known from China Proper, Formosa, Hainan, the Corea, the Luchu Archipelago, and the Island of Hongkong, 1886~1894)』에, 지느러미엉겅퀴는 『제국대학 이과대학 식물표품목록(帝國大學理科大學植物標品目錄, 1886)』에, 수박풀과 독말풀은 팔리빈의 『조선식물지 개관(Conspectus Florae Koreae, 1898~1902)』에, 애기수영과 망초는 코마로프의 『만주식물지(Flora Manshuriae, 1901~1907)』에 처음 등장한다.

유럽 학자들의 연구를 이어받은 일본 식물학자들은 도입식물, 수입식물, 귀화식물 등 여러 가지 용어를 사용해 외래식물을 기록했다. 나카이(中井猛之進)는 『조선식물지(Flora Koreana, 1909, 1911)』에서 토끼풀과 붉은토끼풀을 도입식물(planta introducta)로, 『제주도, 완도 식물조사보고서(濟州島竝莞島植物調查報告書, 1914)』에서는 개쑥갓을 가리켜 "3년 전에 도래한 귀화식물(歸化植物)"로 표현했다. 모리(森爲三)는 『남선식물채집목록(南鮮植物採集目錄, 1913)』에 개망초와 실망초를 수입(輸

入) 식물로 표현했고, 이시도야(石戸谷勉)와 도봉섭은 『경성부근 식물소지(京城附近 植物小誌, 1932)』에서 창질경이를 가리켜 외국에서 배를 타고 국내로 들어온 종이라 는 뜻의 박래종(舶來種)이라는 용어를 사용하기도 했다. 한국 식물학자들의 문헌에 도 외래식물을 표현하는 용어가 등장한다. 정태현, 도봉섭, 이덕봉, 이휘재의 『조선식 물향명집(1937)』에는 독말풀과 흰독말풀에 귀화(歸化)라는 설명이 붙어 있고, 박만규 의 『우리나라 식물명감(1949)』에는 서양민들레가 외래품(外來品)으로 표기되었다.

이와 같이 한반도 식물을 연구해 온 학자들은 한반도 식물상에서 외래식물과 재래 식물을 구별해 왔고, 1970년대부터 집중적으로 외래식물을 연구하기 시작했다. 이영 노와 오용자는 1974년에 「한국의 귀화식물(1)」이라는 논문을 발표했다. 국내 학자의 논문이나 책 제목에 귀화식물이라는 용어가 사용된 것은 이것이 처음이다. 1978년에 는 이우철과 임양재가 식물분류학회지에 「한반도 관속식물의 분포에 관한 연구」라는 논문을 발표했다. 여기에서 처음으로 한반도 귀화식물 목록(80분류군)이 제시되었 다. 임양재와 전의식은 1980년에 「한반도의 귀화식물 분포」라는 논문을 한국식물학 회지에 발표했다. 이들은 우리나라에서 처음으로 200개 지역을 실제 답사해 귀화식 물 110분류군의 분포 현황을 확인했다. 또한 각 조사지점별로 귀화식물의 종수와 인 구의 상관관계를 구했다. 이 연구는 논문의 제목과는 달리 남한 지역에 국한되어 진 행되었지만, 귀화식물만을 대상으로 실제 분포 여부를 확인한 국내 최초의 연구라는 점에서 의의가 크다. 전의식은 이후에 자생식물지에 <새로 발견된 귀화식물>이라 는 제목의 글을 연재했고, 2000년에는 김준민, 임양재와 함께 『한국의 귀화식물』이라 는 책을 저술했다.

박수현이 1994년 한국자연보존지에 발표한 「한국의 귀화식물에 관한 연구」 역시 주목해야 할 논문이다. 국내에서 보고되는 귀화식물의 수가 계속 증가하면서 귀화식 물이 국내에 들어온 시기와 침입 경로에 대한 연구가 필요해졌는데 이 연구에서 처음 으로 귀화식물을 이입 시기에 따라 구분했던 것이다. 박수현은 또한 1976년 식물분 류학회지에 발표한 「한국산 신식물자원」이라는 논문에서 별꽃아재비를 처음 보고한 이후 현재까지 무려 50편 이상의 논문을 통해 미기록 귀화식물을 보고해 왔다. 또한,

세밀화와 사진을 수록한 귀화식물 도감(한국 귀화식물 원색도감, 1995; 한국 귀화식물 원색도감 보유편, 2001; 세밀화와 사진으로 보는 한국의 귀화식물, 2009)을 집필해 연구자들에게 큰 도움을 주고 있다.

1990년대 공단 지역의 미국자리공 확산이 사회적 이슈로 떠오르면서 미국자리공이 북아메리카 원산의 외래식물이라는 데 관심이 집중되었고, 이를 계기로 국립 연구기관에서 외래식물 연구를 본격적으로 시작하게 되었다. 환경부 국립환경과학원에서는 귀화생물에 의한 생태계영향 조사(1995~1996)라는 연구 과제를 통해 각 문헌에 나온 귀화식물 목록을 취합해 정리하기 시작했다. 이후 외래식물의 영향 및 관리방안 연구(2000~2005), 생태계교란야생식물의 영향 및 관리방안(2005), 생태계위해성이 높은 외래종의 정밀조사 및 관리방안(2006~2013), 생태계교란종 모니터링(2007~2013) 등의 후속 연구가 진행되었다. 이들 연구결과는 자연환경보전법, 야생동·식물 보호에 관한 법률, 야생생물 보호 및 관리에 관한 법률을 거쳐 현재의 생물다양성 보전 및 이용에 관한 법률에 외래생물에 관한 법적 근거를 마련하는 토대가 되었다. 한편 산림청 임업연구원의 『우리나라 귀화식물의 분포(2002)』와 함께, 국립수목원에서는 한반도 산림생물표본 인프라 구축 과제의 일부로 미기록 외래식물에 대해 지속적으로 보고하고 있다. 국립수목원에서는 『쉽게 찾는 귀화식물(2012)』 이라는 책자를 발간했고, 이유미 등이 2011년 식물분류학회지에 발표한 논문 「한국내 귀화식물의 현황과 고찰」에 수록된 귀화식물 목록은 현재 가장 널리 인용되는 목록이다. 농촌진흥청 국립농업과학원에서는 주로 경작지를 중심으로 외래잡초 연구, 외래잡초 관리에 관한 연구 등의 연구과제를 수행했다. 1996년에는 『원색외래잡초 종자도감』을 발간했다. 이 세 기관 및 여러 학자들의 집중적인 연구 결과 많은 외래식물이 새롭게 보고되고 있다.

귀화식물 분포는 남한 전체가 아닌 지역 단위로 연구되기도 했다. 홍순형과 허만규는 「부산지역의 귀화식물 조사 보고(1996)」라는 논문을 발표했다. 양영환과 김찬수는 제주도의 귀화식물을 중점적으로 연구했다. 양영환은 「제주도 귀화식물의 분포와 식생에 관한 연구(2003)」를 발표했고, 김찬수는 「제주도의 귀화식물 분포 특성(2006)」을 발표했다.

외래식물과 재래식물의 구별

한반도에서 멀리 떨어진 아프리카나 오스트레일리아 또는 남아메리카 원산 식물을 외래식물로 구별하는 것은 어렵지 않다. 그렇지만 한반도와 인접한 중국 동부, 만주, 일본 등이 원산지로 알려진 식물은 외래식물로 판단하기가 쉽지 않다. 비록 한반도에서 기원하지 않았더라도 인간의 도움 없이 자연 산포해 들어왔을 가능성이 높기 때문이다. 금낭화, 큰닭의덩굴, 전동싸리 등 일부 식물은 연구자마다 외래식물로 판단하기도 하고 재래식물로 판단하기도 하는 등 견해가 달라, 이 책 마지막에 따로 정리했다.

이러한 식물은 지리적 분포를 눈여겨볼 필요가 있다. 만약 유라시아 또는 중국 동북부 원산으로 알려진 식물이 자연 산포했다면 한반도 북부와 중부에 먼저 분포하게 될 것이다. 그 식물이 북부와 중부에서는 발견되지 않았는데 남부에만 분포한다면 자연 산포보다는 인간에 의해 한반도로 들어왔을 가능성이 더 높다. 또한 식물 생육지의 특성도 중요한 단서가 될 수 있다. 외래식물이 제일 먼저 발견되는 장소는 길가, 마을 주변, 농경지, 버려진 땅 등 인간에 의해 교란된 곳 혹은 그 주변이기 때문이다. 그 밖에도 한반도 주변 국가의 학자들은 어떻게 판단하는지를 살펴보는 것도 필요할 것이다. 중국, 러시아, 일본 학자들은 한반도보다 훨씬 넓은 자국 영토에서 식물 분포를 연구한 경험이 있다. 이들이 외래식물로 판단하는 종에 대해서는 우리도 면밀히 검토할 필요가 있다. 생물학적 특성 또한 중요하다. 먼 거리까지 자연 산포할 수 있는 종이 아니라면 인간의 도움 없이 한반도로 들어오기 어려울 것이다.

외래식물의 이입 시기

세계적으로 가장 넓은 범위에 분포하는 식물, 즉 새로운 지역에 들어갔을 때 가장 성공적으로 정착하는 식물은 우리가 주변에서 흔히 볼 수 있는 소위 '잡초'이다. 흰명아주, 냉이, 괭이밥, 벼룩이자리, 별꽃, 까마중, 마디풀, 쇠비름, 강아지풀과 같은 식물은 한반도가 기원의 중심이라기보다는 오래전에 한반도로 들어온 것으로 판단되지만,

그 시기와 경로를 추정하기 어렵다. 일본의 식물학자 마에카와(前川文夫)는 1943년에 <식물분류와 지리(植物分類, 地理)>에 실은 「사전귀화식물에 대하여(史前歸化植物について)」라는 논문에서 유사(有史) 이전에 일본에 벼 재배와 함께 들어온 귀화식물을 사전귀화식물(史前歸化植物)로 정의하며 돌피, 땅빈대, 바랭이, 강아지풀, 닭의장풀, 밭뚝외풀, 까마중을 예로 들었다. 그는 유럽에서 자생하는 식물 중 중국을 경유해 유사시대 초기 일본에 들어온 것으로 추정되는 식물도 제시했고 여기에는 좀명아주, 벼룩이자리, 쇠별꽃, 별꽃, 냉이, 말냉이, 방가지똥 등이 해당된다. 이 논문을 바탕으로 김준민, 임양재, 전의식은 저서 『한국의 외래식물(2000)』에서 한국의 사전귀화식물과 구귀화식물(舊歸化植物)을 추정했으며 그 종들은 이 책에 포함되어 있다. 여기에는 세계적으로 널리 분포하는 잡초 종이 주로 포함된다.

한반도로 외래식물이 들어온 시기를 추정하기 위한 가장 확실한 증거는 고대 유적지를 발굴하는 고고학자들의 연구에서 얻을 수 있다. 한국고고학회에서 2013년에 펴낸 『농업의 고고학』을 보면 고고학자들이 석기, 청동기, 철기시대의 유적지에서 식물 종자를 찾아내 종을 식별하고, 탄소동위소를 이용해 연대측정을 한다. 이러한 연구를 통해 한반도 농경의 역사를 알아보고자 하는 것이다. 현재 귀화식물 목록에 포함된 기장은 신석기시대 유적지에서 종자유체가 발견되어 한반도에서 가장 오래전에 재배된 외래식물이었음을 알 수 있다. 또한 귀화식물인 삼의 종자는 청동기시대 유적지에서 발견된다.

1492년 아메리카 대륙 발견을 계기로, 유럽으로 새로운 식물이 많이 유입되었기에 유럽 학자들은 1500년경을 기준으로 그 이전에 유럽에 들어온 외래식물을 고식물(archeophyte), 이후에 들어온 식물을 신식물(neophyte)이라는 용어를 사용해 구분하기도 한다. 신석기시대부터 한반도에 식물 재배가 시작된 이래, 외래식물 이입에 가장 큰 변화를 일으킨 계기는 강화도조약(1876)에 따른 개항이다. 이러한 현상은 당시 유럽과 미국의 침략을 받았던 동아시아 3국에서 공통적으로 나타난다. 중국 남경 환경연구소의 쉬하이근(徐海根) 등이 2012년에 발표한 『중국의 침입외래생물 목록』에 따르면 식물, 동물, 미생물을 모두 포함한 침입외래생물의 수가 1850년을 시작으로 크게 증가하는 것을 알 수 있다. 청나라가 영국과의 아편전쟁(1840)에서 패한 뒤 남경조약(1842)을 통해 광저우, 상하이 등 항구를 유럽 열강에 열어 주게 된 것과 무관하지 않다. 일본 역시 에도시대(1603~1868) 말기에 미국의 압력에 밀려 개항했고, 메이지시대(1868~1912)를 계기로 외래식물의 수가 급증했다. 일본 학자들은 메이지시대 이후 들어와 귀화한 식물에 대해 신귀화식물(新歸化植物)이라는 용어를 사용하기도 했다.

신석기시대에 시작된 외래식물 재배, 개항과 더불어 한반도의 외래식물 이입에 큰 변화를 일으킨 세 번째 계기는 남한과 북한의 분단이다. 분단은 정치, 사회, 경제뿐 아니라, 외래식물의 이입에도 차이를 가져왔다. 분단 이후, 북한에서만 새롭게 발견된 외래식물은 9종에 불과하지만, 남한에서만 발견된 식물은 250종이 넘는다. 이와 같이 한반도 외래식물의 역사는 한반도 정치, 경제, 문화의 역사와 밀접하게 연관된다.

이 책에서는 한반도에 발생한 큰 변화가 생태계에 미친 영향을 고려해 외래식물의 이입 시기를, 1) 개항 이전, 2) 개항부터 분단까지, 3) 분단 이후로 구분했다. 한반도의 식물상에 관한 자료는 개항 이후부터 분단 전까지 거의 완성되었다. 따라서 분단 이후에 새롭게 보고된 외래식물은 이입 시기를 개항 이후로 판단할 수 있는 반면, 개항을 기준으로 할 때는 이입 시기를 명확히 구분하기 어려운 경우가 많았다. 우리는 19세기 말부터 20세기 초까지 한반도 식물상을 연구했던 학자들의 판단이 중요하다고 생각했다. 당시 학자들이 도입식물 또는 귀화식물로 설명한 식물은 개항 이후에 한반도에 들어온 식물로 구분했다. 예를 들어 나카이와 모리는 개망초, 개쑥갓, 토끼풀을 도입식물로 설명했다. 이 경우에는 개항 이후에 한반도로 들어온 식물로 판단할 수 있다. 반면, 코마로프, 팔리빈, 나카이는 취명아주, 지느러미엉겅퀴, 쓴뫼밀을 도입식물 또는 귀화식물로 설명하지 않았는데, 이러한 식물은 개항 이전에 한반도로 들어온 외래식물로 판단했다. 이미 만주, 몽골, 중국, 시베리아, 일본 등에 널리 분포하던 식물이었으므로 당시 연구자들이 새롭게 동아시아 지역에 들어온 식물로 여기지 않았을 것이다.

외래식물의 침입 단계

환경은 거대한 여러 겹의 체와 같다. 외국에서 들어온 식물 중 대부분은 첫 번째 체에 걸러져 재배환경 안에서만 생존할 수 있어 생태계에 별다른 영향을 미치지 않는다. 그러나 일부는 첫 번째 체를 통과해 자연생태계에서 자라게 되고, 그 중 일부는 다음 체를 통과해 번식에도 성공한다. 이 중 대부분은 또 다른 체에 걸러져 소멸하지만, 마지막 체까지 모두 빠져나온 식물은 자연생태계에 정착해 개체군을 유지한다. 우리 주변에 보이는 외래식물은 재래식물뿐 아니라 다른 외래식물과의 경쟁에서 살아남아 자손을 퍼뜨리고, 한반도의 기후와 토양 환경을 모두 견뎌 낸 승리자다. 환경이라는 무수한 장애물을 통과한 외래식물 중 소수는 우리 생태계를 빠른 속도로 점령하고, 이들이 한반도 생태계에 주는 영향은 막대하다.

침입외래식물 연구를 선두에서 이끄는 두 사람, 남아프리카공화국의 식물생태학자인 리차드슨(D.M. Richardson)과 체코의 식물생태학자인 파이섹(P. Pyšek)은 자연생태계에서 발견되는 외래식물을 침입단계에 따라 다음 세 가지로 구분한다. 우선 자연 환경에서 자라거나 번식하는 것이 관찰되지만 개체군을 스스로 유지하지 못해 소멸하고, 공급원이 있을 때에만 일시적으로만 환경에 나타나는 미정착식물, 일시출현식물(casual alien plants)이다. 일본 학자들은 이러한 외래식물을 일차귀화식물(一次帰化植物), 가생귀화식물(仮生帰化植物) 또는 예비귀화식물(予備帰化植物)이라고 부르는데, 귀화라는 개념을 이미 포함하므로 정확한 표현은 아니다. 일시 출현 외래식물 중 일부는 자연생태계에 완전히 정착해 인간의 도움 없이도 스스로 개체군을 유지할 수 있어 이러한 식물을 귀화식물(naturalised plants)이라고 부른다. 한편 가시박, 돼지풀, 미국쑥부쟁이와 같이 환경에 빠르게 침입하는 식물을 침입식물(invasive plants)이라고 한다. 침입은 생태계에 미치는 악영향이 큰 것을 나타내는 용어로 사용하기도 하는데, 이 책에서는 생태계에 미치는 영향보다는 일정 기간 내 확산하는 속도가 매우 빠른 것을 나타내는 의미로 사용했다.

재배식물 중 일부가 화단, 정원, 경작지 등을 벗어나 그 주변에서 자라는 모습을 볼 수 있는데, 이러한 식물 대부분은 그 자리에 정착하지 못하고 1~2년 안에 사라진다.

이와 같이 재배식물이 재배지를 빠져나와 자연생태계에서 자라는 것에 대해서 서구 학자들은 주로 garden escape라고 표현한다. 나카이는 일출(逸出)이라든지 '야생상 태로 남아 있다'는 표현을 종종 사용하곤 했다. 나카이가 이와 같은 표현으로 언급했 던 식물은 나팔꽃, 능소화, 뚱딴지, 모과나무, 무궁화, 분꽃, 살구나무, 아욱, 풀명자, 황매화다.

토끼풀, 아까시나무, 큰김의털과 같이 자연에서 개체군이 쉽게 관찰되는 경우가 아 니라면 재배식물의 귀화 여부를 판단하기 어렵다. 홍순형과 허만규(1994)의 부산 귀 화식물 목록에는 채송화, 페투니아, 마가렛트 등 일시 출현 외래식물이 많이 실려 있 다. 화단을 벗어나 길가에 채송화가 자라는 것을 쉽게 볼 수 있지만, 채송화 개체군이 정착한 것을 찾기는 어렵다. 김찬수 등(2006)의 제주도 귀화식물 목록에 포함된 용설 란, 큰잎빈카 역시 아직 생태계에 정착했다고 보기 어렵다. 이와 같이 귀화식물로 보 고된 여러 식물 중에는 실제 자연생태계에 정착했다고 인정하기 어려운 종도 있다.

수입 곡물, 사료 등에 섞여 들어온 외래식물이 항구나 운송로 주변에서 많이 발 견되었다. 이 가운데 쌍부채완두, 쌍구슬풀, 토끼귀부지깽이 등 여러 종은 정착하기 전에 사라져 발견 기록만 있을 뿐 현재는 분포가 확인되지 않는다. 이와 같이 과거 에 귀화식물로 보고된 적이 있지만, 더 이상 자연생태계에서는 관찰할 수 없는 식물, 자연생태계에서 관찰된 적이 있더라도 다른 연구자들에게 정착 확인을 받지 못한 식물, 최초 발견된 시기에서부터 시간이 충분히 경과하지 않아 귀화했다고 보기 어 려운 식물이 있다. 과거에는 외래식물 발견을 처음 보고하는 논문에 '미기록 귀화식 물'이라는 제목을 붙였지만, 최근에는 미기록 외래식물로 표현한다. 이것이 정확한 표현일 것이다.

그렇다면 최초 발견된 시점에서부터 어느 정도 시간을 자연생태계에서 버텨 내야 정착했다고 말할 수 있을까? 식물마다 생활사가 다르므로 명확한 기준은 아직 없지 만, 유럽식물지에서는 최소 20년 이상 분포가 확인된 종을 정착한 것으로 보았다. 최 소 5년을 정착 판정의 기준으로 삼는 영국 학자들도 있다. 리차드슨과 파이섹은 천재 지변을 포함해 정착에 필요한 환경 변화를 겪는 데 10년을 합리적인 기간으로 보았다. 외래식물의 자연생태계 정착 판정 기준에 대해서는 논란의 여지가 있을 수 있다. 다만 식물이 생태계에 유입되어 경쟁한 후 인간의 도움 없이 번식에 성공해 세대를 지속할 수 있다면 정착한 것으로 보는 데에는 이견이 없다. 이 책에서는 10년 이상 분포가 확인된 종을 정착 판정의 기준으로 삼았다. 정수영(2014)은「침입외래식물(IAP)의 국내 분포특성 연구」에서 표본증거를 통해 이유미 등(2011)이 제시한 귀화식물의 실제 귀화 여부를 판정했다. 이 책에서는 정수영의 연구결과를 대부분 따랐다.

　　그동안 귀화식물 연구는 식물의 정착 여부를 기준으로 정착이 완전히 확인되지 않은 식물은 귀화식물 목록에서 제외하는 방향으로 정리되어 왔다. 외래식물이 재배식물과 귀화식물이라는 두 가지 범주로만 나뉘어 왔던 것이다. 그렇지만 귀화하지 않은 것으로 평가되어 목록에서 제외된 식물에도 관심을 가질 필요가 있다. 일부는 수년 후에 귀화한 것으로 재평가받는 식물도 있고, 야생하는 재배식물 모두 처음에는 일시적으로 생태계에 출현한 종이기 때문이다. 분개구리밥의 경우 1938년에 일본 학자인 사토(佐藤月二)가 서울에서 발견했고, 임양재와 전의식이 1980년에 귀화식물 목록에 수록했지만 더 이상 분포지가 확인되지 않아 국립환경연구원에서는 2001년에 귀화식물 목록에서 제외했다. 그러나 같은 해 환경부의 전국내륙습지 자연환경조사에서 신현철과 임용석이 김해의 화포습지에서 발견한 바 있다. 그러므로 외래식물을 재배식물과 귀화식물이라는 두 가지 범주만으로 구분하고 귀화식물 목록을 만든 뒤 이것의 정착 여부를 판단하기보다는 정착에 성공한 귀화식물과 정착하지 못해 일시적으로만 출현하는 식물을 모두 포함하고 각 종의 침입단계(일시 출현, 정착, 침입)를 재평가하는 것이 외래식물을 더욱 효과적으로 관리하는 데 도움이 될 것이다.

북한의 외래식물 현황

그간 북한의 외래식물 연구 현황 및 외래식물 분포는 남한 연구자들에게 잘 알려지지 않았다. 2009년에 박형선 등 북한의 식물학자들은 유네스코의 지원을 받아 『조선 인민민주주의 공화국의 외래식물 목록과 영향 평가』라는 보고서를 발간했다. 이 보고서에는 외래식물 227종류의 이름, 원산지, 식물학적 특성, 분포와 함께 각 식물이 생태계와 사회경제에 미치는 영향을 평가한 내용 등이 정리되어 있다. 우리가 이 보고서를 읽고 가장 궁금했던 것은 여기에 실린 외래식물이 전부일까 하는 것이었다. 227종류의 목록에는 재배식물 및 남한에만 분포하는 식물도 포함되어 있어 실제 북한 생태계에서 자라는 외래식물의 수는 그보다 훨씬 적다. 보고서에 따르면 분단 이전에 한반도로 들어온 개망초, 망초와 같은 외래식물은 남북한에 모두 분포하는 반면, 분단 이후 북한 지역에 들어온 외래식물은 돼지풀, 별꽃아재비 등 소수에 불과했다. 정말 이것이 전부일까? 또 다른 외래식물은 없을까? 하는 궁금증이 한반도의 외래식물을 연구하게 된 출발점이었다.

북한 현지를 조사하거나, 북한 연구자와의 접촉이 불가능한 상태에서 우리가 할 수 있는 유일한 방법은 북한 식물상에 관한 문헌을 수집하고 내용을 분석하는 것이었다. 통일부가 운영하는 북한자료센터에서 제공하는 『조선식물도감』(1954~1956), 『조선고등분류식물명집』(1964), 『조선식물지』(1972~1979), 『중앙식물원 재배식물』(1987), 『경제식물자원사전』(1989), 『조선약용식물』(1993), 『조선식물지 증보판』(1996~2000), 각 도별로 발간된 『경제식물지』(2003) 등에서 북한 내 외래식물의 종류와 이입시기, 현황을 분석했다. 그 밖에 북한에서 발간하는 학술지인 〈생물학〉과 〈과학원통보〉에서 각 지역의 식물상을 보고한 문헌이나 미기록종 보고 문헌을 찾았다. 엄상섭은 1983년에 발표한 「우리나라 서북부 압록강, 비래봉 지구 식물상에 대한 연구(1)」에서 애기땅빈대가 한반도의 중부와 남부뿐 아니라 북부에도 분포하는 것을 밝혔다. 남한에서 박수현이 1992년에 서울과 강원도 대관령에서 발견한 선토끼풀의 경우, 북한에서는 리정남 등이 1997년 「압록강 상류지역 식물의 종구성에 대한 연구」라는 논문에 잡토끼풀이라는 이름의 미기록종으로 보고했다. 또한 박형선과 오세봉은 2003년 논문 「조선의 북부식물상에서 최근에 발견된 새로운 분류군들에 대하여」에서 별꽃아재비(북한명 찰잎풀), 미국개기장(북한명 벌기장), 좀참새귀리(북한명 들새귀밀)가 북한에도 분포한다는 것을 보고했다.

사회주의 체제 하의 동유럽 학자들이 북한과 교류하면서 얻은 식물연구 결과도 북한의 식물상을 엿볼 수 있는 중요한 자료다. 체코슬로바키아 식물학 연구소의 학자들은 1984~1990년 북한을 방문해 염습지, 농경지, 강변, 삼림 등 다양한 생태계에서 식물사회학 연구를 했으며 그 결과를 10여 편의 논문과 저서로 발표했다. 이때 보고된 식물 기록을 통해서도 북한의 외래식물 정보를 얻을 수 있었다. 이 중에는 북한 학자들이 저술한 문헌에는 나오지 않는 민털비름, 미국가막사리, 털큰참새귀리, 미국미역취, Chenopodium strictum 등의 종도 보고되었다. 민털비름의 경우 남한에서는 박용호 등이 2011년에 의정부에서 처음 발견했는데, 체코슬로바키아 학자들은 그보다 훨씬 앞선 1986년에 평양에서 발견한 것으로 보고한다.

독일의 유전학 및 작물연구소(Zentralinstitut für Genetik und Kulturpflanzenforschung) 소속 학자들은 1985~1989년에 북한을 방문해 북한 학자들과 공동으로 재배식물의 종류, 용도 및 분포를 조사해 연속적으로 논문을 발표했다. 이 논문들 또한 북한의 외래식물 현황을 파악할 수 있는 중요한 자료가 된다. 남한에서는 외래생물 중 국내에 들어올 경우 생태계에 위해를 줄 수 있는 종을 위해우려종으로 지정해 수입하고자 할 때 위해성심사를 받도록 법으로 정했다. 2013년 처음 환경부에서 발표한 위해우려종 목록에 포함된 영국갯끈풀(Spartina anglica)과 서양어수리(Heracleum sosnowski) 등은 2013년까지는 국내 도입 기록이 공식적으로 보고되지 않았다. 이 중 영국갯끈풀은 2016년 생태계교란생물로 지정되어 수입과 재배가 금지되었다. 그런데 독일과 북한 학자들이 1997년에 발표한 북한의 재배식물 총목록을 보면 북한에서는 Spartina anglica를 큰벼풀 또는 태미초라는 이름으로, Heracleum sosnowski는 성강풀이라는 이름으로 재배하며, 두 종 모두 사료로 이용한다. 남한에서는 재배를 금지하거나 국내에 들어올 경우 생태계에 위해할 것으로 판단해 관리하는 종을 북한에서는 이미 도입해 재배하는 상황이다.

북한의 외래식물에 관한 유네스코 보고서가 출발점이 된 우리 연구는 2016년 7월 「한반도의 외래식물상(Alien flora of the Korean Peninsula)」이라는 제목으로 학술지 〈Biological Invasion〉에 실렸다. 이 논문에는 모두 504분류군의 외래식물 목록과 현황이 제시되어 있다. 우리가 문헌을 통해 조사한 결과에 따르면, 분단은 남한과 북한의 외래식물상에 개항보다 더 큰 변화를 가져왔다. 분단 이후 북한에 들어온 외래식물은 33분류군인 반면, 남한에서는 8배가 넘는 276분류군이 확인되었다. 외래식물은 서두에 말했듯이 인간의 활동에 따라 국경을 넘나든다. 국경을 통과하는 사람과 물자가 많을수록, 유입되는 외래식물의 수도 느는 것이다. 남북한의 국제무역 관계, 여행, 수입량 등은 각 지역에 유입되는 외래식물의 수에 밀접한 영향을 끼쳤다.

우리는 논문이 게재된 이후에도 계속 자료를 수집했고, 물상추와 같은 식물이 외래식물 목록에 빠진 것을 확인했다. 이러한 종들뿐 아니라 2016년에 새롭게 보고된 미기록 외래식물도 이 책에 추가했다. 또한 논문에는 외래식물 목록에 포함했지만 재래식물로 판단되어 제외해야 할 종 및 침입단계 판정과 이입시기 구분의 오류 역시 이 책에서 바로잡았다.

우리가 이 책으로써 알리고자 하는 것은 이입시기, 침입단계 구분 등 한반도의 외래식물상을 분석하기 위한 하나의 틀이다. 학자마다 외래식물을 정의하는 기준이 다르고, 이 책에서 우리가 내린 침입단계의 판정에 대한 견해 또한 다를 수 있다. 그렇지만 우리가 제시한 틀을 이용한다면 더욱 체계적인 정리와 분석이 가능하며, 남한 학자뿐 아니라 북한 학자의 견해도 쉽게 수용할 수 있을 것이다.

한반도 외래식물 목록

가래나무과(Juglandaceae)
중국굴피나무 *Pterocarya stenoptera* C. DC.

가지과(Solanaceae)
가시가지 *Solanum rostratum* Dunal
구기자나무 *Lycium chinense* Mill.
까마중 *Solanum nigrum* L.
노란꽃땅꽈리 *Physalis acutifolia* (Miers) Sandwith
노랑까마중 *Solanum villosum* Mill.
도깨비가지 *Solanum carolinense* L.
독말풀 *Datura stramonium* var. *chalybaea* W.D.J. Koch
둥근가시가지 *Solanum sisymbriifolium* Lam.
땅꽈리 *Physalis angulata* L.
미국까마중 *Solanum americanum* Mill.
사리풀 *Hyoscyamus niger* L.
옥산호 *Solanum pseudocapsicum* L.
왕도깨비가지 *Solanum viarum* Dunal
은빛까마중 *Solanum elaeagnifolium* Cav.
털까마중 *Solanum sarrachoides* Sendtn.
털독말풀 *Datura innoxia* Mill.
토마토 *Solanum lycopersicum* L.
페루꽈리 *Nicandra physalodes* (L.) Gaertn.
페투니아 *Petunia hybrida* Vilm.
흰독말풀 *Datura stramonium* L.

개미탑과(Haloragaceae)
앵무새깃물수세미 *Myriophyllum aquaticum* (Vell.) Verdc.

괭이밥과(Oxalidaceae)
괭이밥 *Oxalis corniculata* L.
꽃괭이밥 *Oxalis bowiei* Aiton ex G. Don
덩이괭이밥 *Oxalis articulata* Savigny
들괭이밥 *Oxalis dillenii* Jacq.

자주괭이밥 *Oxalis debilis* var. *corymbosa* (DC.) Lourteig

국화과(Compositae)
가는잎금방망이 *Senecio inaequidens* DC.
가는잎한련초 *Eclipta prostrata* (L.) L.
가시도꼬마리 *Xanthium italicum* Moore
가시상추 *Lactuca serriola* L.
개꽃아재비 *Anthemis cotula* L.
개망초 *Erigeron annuus* (L.) Pers.
개쑥갓 *Senecio vulgaris* L.
금계국 *Coreopsis basalis* (A. Dietr.) S.F. Blake
기생초 *Coreopsis tinctoria* Nutt.
길뚝개꽃 *Anthemis arvensis* L.
꽃족제비쑥 *Tripleurospermum inodorum* (L.) Sch.Bip.
나도민들레 *Crepis tectorum* L.
나래가막사리 *Verbesina alternifolia* (L.) Britton ex Kearney
노랑도깨비바늘 *Bidens polylepis* S.F. Blake
노랑코스모스 *Cosmos sulphureus* Cav.
단풍잎돼지풀 *Ambrosia trifida* L.
데이지 *Bellis perennis* L.
도꼬마리 *Xanthium strumarium* L.
돼지풀 *Ambrosia artemisiifolia* L.
돼지풀아재비 *Parthenium hysterophorus* L.
등골나물아재비 *Ageratum conyzoides* (L.) L.
뚱딴지 *Helianthus tuberosus* L.
마가렛 *Argyranthemum frutescens* (L.) Sch.Bip.
만수국 *Tagetes patula* L.
만수국아재비 *Tagetes minuta* L.
망초 *Erigeron canadensis* L.
미국가막사리 *Bidens frondosa* L.
미국미역취 *Solidago gigantea* Aiton
미국쑥부쟁이 *Symphyotrichum pilosum* (Willd.) G.L. Nesom
미국풀솜나물 *Gnaphalium pensylvanicum* Willd.
미역취아재비 *Euthamia graminifolia* (L.) Nutt.
바늘도꼬마리 *Xanthium spinosum* L.
방가지똥 *Sonchus oleraceus* (L.) L.
백일홍 *Zinnia violacea* Cav.

별꽃아재비 *Galinsoga parviflora* Cav.
봄망초 *Erigeron philadelphicus* L.
불란서국화 *Leucanthemum vulgare* (Vaill.) Lam.
불로초 *Ageratum houstonianum* Mill.
붉은서나물 *Erechtites hieracifolia* (L.) Raf. ex DC.
붉은씨서양민들레 *Taraxacum laevigatum* (Willd.) DC.
비짜루국화 *Symphyotrichum subulatum* (Michaux) G.L. Nesom
사라구 *Sonchus palustris* L.
사향엉겅퀴 *Carduus nutans* L.
삼잎국화 *Rudbeckia laciniata* L.
서양가시엉겅퀴 *Cirsium vulgare* (Savi) Ten.
서양개보리뺑이 *Lapsana communis* L.
서양금혼초 *Hypochaeris radicata* L.
서양등골나물 *Ageratina altissima* (L.) R.M. King & H. Rob.
서양민들레 *Taraxacum officinale* (L.) Weber ex F.H. Wigg.
서양톱풀 *Achillea millefolium* L.
선풀솜나물 *Gnaphalium calviceps* Fernald
송곳잎엉겅퀴 *Carthamus lanatus* L.
쇠채아재비 *Tragopogon dubius* Scop.
수레국화 *Cyanus segetum* Hill
수잔루드베키아 *Rudbeckia hirta* L.
실망초 *Erigeron bonariensis* L.
아리스타타인디안국화 *Gaillardia aristata* Pursh
애기망초 *Conyza parva* (Nutt.) Cronquist
애기해바라기 *Helianthus debilis* subsp. *cucumerifolius* (Torr. & A. Gray) Heiser
양미역취 *Solidago altissima* L.
양재금방망이 *Senecio scandens* Buch.-Ham. ex D. Don
왕도깨비바늘 *Bidens subalternans* DC.
우선국 *Symphyotrichum novi-belgii* (L.) G.L. Nesom
우엉 *Arctium lappa* L.
울산도깨비바늘 *Bidens pilosa* L.
유럽조밥나물 *Pilosella caespitosa* (Dumort.) P.D. Sell & C. West
인디안국화 *Gaillardia pulchella* Foug.
자주풀솜나물 *Gnaphalium purpureum* L.
제충국 *Tanacetum cinerariifolium* (Trevir.) Sch.Bip.
족제비쑥 *Matricaria matricarioides* (Less.) Porter
주걱개망초 *Erigeron strigosus* Muhl. ex Willd.

주홍서나물 *Crassocephalum crepidioides* (Benth.) S. Moore
지느러미엉겅퀴 *Carduus crispus* L.
천수국 *Tagetes erecta* L.
천인국아재비 *Rudbeckia amplexicaulis* Vahl
카나다엉겅퀴 *Cirsium arvense* (L.) Scop.
카밀레 *Matricaria chamomilla* L.
코스모스 *Cosmos bipinnatus* Cav.
큰금계국 *Coreopsis lanceolata* L.
큰도꼬마리 *Xanthium canadense* Mill.
큰망초 *Erigeron sumatrensis* Retz.
큰방가지똥 *Sonchus asper* (L.) Hill
큰비짜루국화 *Symphyotrichum subulatum* var. *squamatum* (Spreng.) S.D. Sundb.
털별꽃아재비 *Galinsoga quadriradiata* Ruiz & Pav.
퍼르폴리아툼실피움 *Silphium perfoliatum* L.
하늘바라기 *Heliopsis helianthoides* (L.) Sweet
흰무늬엉겅퀴 *Silybum marianum* (L.) Gaertn.

꼭두서니과(Rubiaceae)
꽃갈퀴덩굴 *Sherardia arvensis* L.
민둥갈퀴덩굴 *Galium tricornutum* Dandy
백령풀 *Diodella teres* (Walter) Small
산방백운풀 *Oldenlandia corymbosa* L.
큰갈퀴덩굴 *Galium aparine* L.
큰백령풀 *Diodia virginiana* L.

꿀풀과(Labiatae)
녹양박하 *Mentha spicata* L.
들깨 *Perilla frutescens* (L.) Britton
살비아 *Salvia officinalis* L.
소엽 *Perilla frutescens* var. *crispa* (Thunb.) H. Deane
애기석잠풀 *Stachys agraria* Schltdl. & Cham.
유럽광대나물 *Lamium purpureum* var. *hybridum* (Vill.) Vill.
자주광대나물 *Lamium purpureum* L.
페퍼민트 *Mentha ×piperita* L.
향용머리 *Dracocephalum moldavica* L.
황금 *Scutellaria baicalensis* Georgi

능소화과(Bignoniaceae)
능소화 *Campsis grandiflora* (Thunb.) K. Schum.

다래나무과(Actinidiaceae)
델리키오사다래 *Actinidia deliciosa* (A. Chev.) C.F. Liang & A.R. Ferguson

닭의장풀과(Commelinaceae)
고깔닭의장풀 *Commelina benghalensis* L.
얼룩닭의장풀 *Tradescantia fluminensis* Vell.
자주닭개비 *Tradescantia ohiensis* Raf.
자주만년청 *Tradescantia spathacea* Sw.
큰닭의장풀 *Commelina diffusa* Burm. f.

대극과(Euphorbiaceae)
누운땅빈대 *Euphorbia prostrata* Aiton
아메리카대극 *Euphorbia heterophylla* L.
애기땅빈대 *Euphorbia maculata* L.
큰땅빈대 *Euphorbia hypericifolia* L.
털땅빈대 *Euphorbia hirta* L.
톱니대극 *Euphorbia dentata* Michx.
피마자 *Ricinus communis* L.

돌나물과(Crassulaceae)
멕시코돌나물 *Sedum mexicanum* Britton

두릅나무과(Araliaceae)
통탈목 *Tetrapanax papyrifer* (Hook.) K. Koch

마디풀과(Polygonaceae)
개마디풀 *Polygonum equisetiforme* Sm.
나도닭의덩굴 *Fallopia convolvulus* (L.) Á. Löve
닭의덩굴 *Fallopia dumetorum* (L.) Holub
돌소리쟁이 *Rumex obtusifolius* L.
메밀 *Fagopyrum esculentum* Moench
메밀여뀌 *Persicaria capitata* (Buch.-Ham. ex D. Don) H. Gross
묵밭소리쟁이 *Rumex conglomeratus* Murray
미국갯마디풀 *Polygonum ramosissimum* Michx.

소리쟁이 *Rumex crispus* L.
쓴뫼밀 *Fagopyrum tataricum* (L.) Gaertn.
애기수영 *Rumex acetosella* L.
좀소리쟁이 *Rumex dentatus* L.
쪽 *Persicaria tinctoria* (Aiton) H. Gross
털여뀌 *Persicaria orientalis* (L.) Spach
하수오 *Reynoutria multiflora* (Thunb.) Moldenke
히말라야여뀌 *Persicaria wallichii* Greuter & Burdet

마란타과(Marantaceae)
워터칸나 *Thalia dealbata* Fraser

마편초과(Verbenaceae)
버들마편초 *Verbena bonariensis* L.
브라질마편초 *Verbena brasiliensis* Vell.

멀구슬나무과(Meliaceae)
참죽나무 *Toona sinensis* (Juss.) M. Roem.

메꽃과(Convolvulaceae)
나팔꽃 *Ipomoea nil* (L.) Roth
둥근잎나팔꽃 *Ipomoea purpurea* (L.) Roth
둥근잎유홍초 *Ipomoea coccinea* L.
미국나팔꽃 *Ipomoea hederacea* Jacq.
미국실새삼 *Cuscuta pentagona* Engelm.
밤메꽃 *Ipomoea alba* L.
별나팔꽃 *Ipomoea triloba* L.
서양메꽃 *Convolvulus arvensis* L.
선나팔꽃 *Jacquemontia tamnifolia* (L.) Griseb.
애기나팔꽃 *Ipomoea lacunosa* L.
유홍초 *Ipomoea quamoclit* L.

목련과(Magnoliaceae)
일본목련 *Magnolia obovata* Thunb.

물레나물과(Hypericaceae)
서양고추나물 *Hypericum perforatum* L.

물옥잠과(Pontederiaceae)
부레옥잠 *Eichhornia crassipes* (Mart.) Solms

물푸레나무과(Oleaceae)
구골나무목서 *Osmanthus ×fortunei* Carrière
서양수수꽃다리 *Syringa vulgaris* L.

미나리과(Apiaceae)
나도독미나리 *Conium maculatum* L.
당근 *Daucus carota* subsp. *sativus* (Hoffm.) Arcang.
물미나리 *Oenanthe aquatica* (L.) Poir.
바늘풀 *Scandix pecten-veneris* L.
셀러리 *Apium graveolens* L.
솔잎미나리 *Cyclospermum leptophyllum* (Pers.) Sprague
쌍구슬풀 *Bifora radians* M. Bieb.
유럽전호 *Anthriscus caucalis* M. Bieb.
이란미나리 *Lisaea heterocarpa* Boiss.
쟁반시호 *Bupleurum lancifolium* Hornem.
전호아재비 *Chaerophyllum tainturieri* Hook. & Arn.
파슬리 *Petroselinum crispum* (Mill.) Fuss
회향 *Foeniculum vulgare* Mill.

미나리아재비과(Ranunculaceae)
유럽미나리아재비 *Ranunculus muricatus* L.
좀미나리아재비 *Ranunculus arvensis* L.
참제비고깔 *Delphinium ornatum* C.D. Bouché

바늘꽃과(Onagraceae)
긴잎달맞이꽃 *Oenothera stricta* Ledeb. ex Link
달맞이꽃 *Oenothera biennis* L.
분홍달맞이 *Oenothera rosea* L'Hér. ex Aiton
애기달맞이꽃 *Oenothera laciniata* Hill
큰달맞이꽃 *Oenothera ×erythrosepala* Borbás

박과(Cucurbitaceae)
가시박 *Sicyos angulatus* L.
참외 *Cucumis melo* L.

밭뚝외풀과(Linderniaceae)
가는미국외풀 *Lindernia anagallidea* Pennell
미국외풀 *Lindernia dubia* (L.) Pennell

버드나무과(Salicaceae)
용버들 *Salix matsudana* var. *tortuosa* Vilm.
이태리포플러 *Populus* ×*canadensis* Moench

범의귀과(Saxifragaceae)
히말라야바위취 *Bergenia stracheyi* (Hook. f. & Thomson) Engl.

벼과(Poaceae)
가는수크령 *Pennisetum flaccidum* Griseb.
개나래새 *Arrhenatherum elatius* (L.) P. Beauv. ex J. Presl & C. Presl.
개쇠치기풀 *Rottboellia cochinchinensis* (Lour.) Clayton
개이삭포아풀 *Poa bulbosa* L.
갯드렁새 *Leptochloa fusca* (L.) Kunth
갯줄풀 *Spartina alterniflora* Loisel.
고사리새 *Catapodium rigidum* (L.) C.E. Hubb.
구주개밀 *Elymus repens* (L.) Gould
귀리 *Avena sativa* L.
그늘납작귀리 *Chasmanthium latifolium* (Michx.) H.O. Yates
기장 *Panicum miliaceum* L.
긴까락보리풀 *Hordeum jubatum* L.
긴까락빕새귀리 *Bromus rigidus* Roth
긴털참새귀리 *Bromus alopecuros* Poir.
까락빕새귀리 *Bromus sterilis* L.
꼬인새 *Danthonia spicata* (L.) Roem. & Schult.
나도강아지풀 *Pennisetum latifolium* Spreng.
나도바랭이 *Chloris virgata* Sw.
나도솔새 *Andropogon virginicus* L.
날개카나리새풀 *Phalaris paradoxa* L.
넓은김의털 *Festuca pratensis* Huds.
능수참새그령 *Eragrostis curvula* (Schrad.) Nees
대청가시풀 *Cenchrus longispinus* (Hack.) Fernald
댕돌보리 *Lolium rigidum* Gaudin
도랑들밀 *Brachypodium pinnatum* (L.) P. Beauv.

독보리 *Lolium temulentum* L.
돌피 *Echinochloa crus-galli* (L.) P. Beauv.
들묵새 *Vulpia myuros* (L.) C.C. Gmel.
들묵새아재비 *Vulpia bromoides* (L.) Gray
메귀리 *Avena fatua* L.
물참새피 *Paspalum distichum* L.
미국개기장 *Panicum dichotomiflorum* Michx.
민둥참새귀리 *Bromus racemosus* L.
민둥참새피 *Paspalum notatum* Flüggé
방석기장 *Panicum acuminatum* Sw.
방울새풀 *Briza minor* L.
보리풀 *Hordeum murinum* L.
비리새풀 *Aegilops caudata* L.
빗살새 *Cynosurus cristatus* L.
뿔이삭풀 *Parapholis incurva* (L.) C.E. Hubb.
사방김의털 *Festuca heterophylla* Lam.
성긴이삭풀 *Bromus carinatus* Hook. & Arn.
수수 *Sorghum bicolor* (L.) Moench
시리아수수새 *Sorghum halepense* (L.) Pers.
애기카나리새풀 *Phalaris minor* Retz.
열대피 *Echinochloa colona* (L.) Link
염소풀 *Aegilops cylindrica* Host
염주 *Coix lacryma-jobi* L.
염주개나래새 *Arrhenatherum elatius* subsp. *bulbosum* (Willd.) Schübl. & G. Martens
영국갯끈풀 *Spartina anglica* C.E. Hubb.
오리새 *Dactylis glomerata* L.
오죽 *Phyllostachys nigra* (Lodd. ex Lindl.) Munro
왕대 *Phyllostachys bambusoides* Siebold & Zucc.
왕포아풀 *Poa pratensis* L.
외대쇠치기아재비 *Eremochloa ophiuroides* (Munro) Hack.
유럽강아지풀 *Setaria verticillata* (L.) P. Beauv.
유럽뚝새풀 *Alopecurus geniculatus* L.
유럽육절보리풀 *Glyceria declinata* Bréb.
은털새 *Aira caryophyllea* L.
작은조아재비 *Phleum paniculatum* Huds.
좀보리풀 *Hordeum pusillum* Nutt.
좀빗살새 *Cynosurus echinatus* L.

좀참새귀리 *Bromus inermis* Leyss.
좀포아풀 *Poa compressa* L.
죽순대 *Phyllostachys edulis* (Carrière) J. Houz.
쥐꼬리뚝새풀 *Alopecurus myosuroides* Huds.
쥐보리 *Lolium multiflorum* Lam.
지네발새 *Dactyloctenium aegyptium* (L.) Willd.
처진미꾸리광이 *Puccinellia distans* (Jacq.) Parl.
카나리새풀 *Phalaris canariensis* L.
큰개기장 *Panicum virgatum* L.
큰개사탕수수 *Saccharum arundinaceum* Retz.
큰김의털 *Festuca arundinacea* Schreb.
큰뚝새풀 *Alopecurus pratensis* L.
큰새포아풀 *Poa trivialis* L.
큰이삭풀 *Bromus catharticus* Vahl
큰조아재비 *Phleum pratense* L.
큰참새귀리 *Bromus secalinus* L.
큰참새피 *Paspalum dilatatum* Poir.
털뚝새풀 *Alopecurus japonicus* Steud.
털빕새귀리 *Bromus tectorum* L.
털참새귀리 *Bromus hordeaceus* L.
털큰참새귀리 *Bromus commutatus* Schrad.
털큰참새피 *Paspalum urvillei* Steud.
팜파스그래스 *Cortaderia selloana* (Schult. & Schult.f.) Asch. & Graebn.
향기풀 *Anthoxanthum odoratum* L.
호밀 *Secale cereale* L.
호밀풀 *Lolium perenne* L.
흰털새 *Holcus lanatus* L.

봉선화과(Balsaminaceae)
봉선화 *Impatiens balsamina* L.

부처꽃과(Lythraceae)
미국좀부처꽃 *Ammannia coccinea* Rottb.

부토마과(Butomaceae)
꽃골풀 *Butomus umbellatus* L

분꽃과(Nyctaginaceae)
분꽃 *Mirabilis jalapa* L.

붓꽃과(Iridaceae)
노랑꽃창포 *Iris pseudacorus* L.
독일붓꽃 *Iris ×germanica* L.
등심붓꽃 *Sisyrinchium rosulatum* E.P. Bicknell
몬트부레치아 *Crocosmia ×crocosmiiflora* (Lemoine) N.E. Br.
연등심붓꽃 *Sisyrinchium micranthum* Cav.
푸밀라붓꽃 *Iris pumila* L.

비름과(Amaranthaceae)
가시비름 *Amaranthus spinosus* L.
각시비름 *Amaranthus arenicola* I.M. Johnst.
개맨드라미 *Celosia argentea* L.
개비름 *Amaranthus blitum* L.
긴이삭비름 *Amaranthus palmeri* S. Watson
긴털비름 *Amaranthus hybridus* L.
냄새명아주 *Dysphania pumilio* (R. Br.) Mosyakin & Clemants
눈비름 *Amaranthus deflexus* L.
덩굴맨드라미 *Alternanthera sessilis* (L.) R. Br. ex DC.
맨드라미 *Celosia cristata* L.
미국비름 *Amaranthus albus* L.
민털비름 *Amaranthus powellii* S. Watson
비름 *Amaranthus mangostanus* L.
얇은명아주 *Chenopodium hybridum* L.
양명아주 *Dysphania ambrosioides* (L.) Mosyakin & Clemants
좀명아주 *Chenopodium ficifolium* Sm.
줄맨드라미 *Amaranthus caudatus* L.
창명아주 *Atriplex prostrata* subsp. *calotheca* (Rafn) M.A. Gust.
청비름 *Amaranthus viridis* L.
취명아주 *Chenopodium glaucum* L.
털비름 *Amaranthus retroflexus* L.
흰명아주 *Chenopodium album* L.
Chenopodium strictum Roth

비짜루과(Asparagaceae)
만년청 *Rohdea japonica* (Thunb.) Roth
실유카 *Yucca filamentosa* L.
아스파라거스 *Asparagus officinalis* L.
용설란 *Agave americana* L.
육카나무 *Yucca treculeana* Carrière

뽕나무과(Moraceae)
무화과나무 *Ficus carica* L.
뽕나무 *Morus alba* L.

사초과(Cyperaceae)
기름골 *Cyperus esculentus* L.
미국산사초 *Carex hirsutella* Mack.
미국타래사초 *Carex muehlenbergii* var. *enervis* Boott
열대방동사니 *Cyperus eragrostis* Lam.
작은비사초 *Carex brevior* (Dewey) Mack. ex Lunell
한석사초 *Carex scoparia* Willd.

삼과(Cannabaceae)
삼 *Cannabis sativa* L.

삼백초과(Saururaceae)
약모밀 *Houttuynia cordata* Thunb.

생강과(Zingiberaceae)
꽃생강 *Hedychium coronarium* J. Koenig
양하 *Zingiber mioga* (Thunb.) Roscoe

석류풀과(Molluginaceae)
큰석류풀 *Mollugo verticillata* L.

석죽과(Caryophyllaceae)
가는끈끈이장구채 *Silene antirrhina* L.
각시패랭이꽃 *Dianthus deltoides* L.
끈끈이대나물 *Silene armeria* L.

끈적털갯개미자리 *Spergularia bocconei* (Scheele) Asch. & Graebn.
다북개미자리 *Scleranthus annuus* L.
달맞이장구채 *Silene latifolia* subsp. *alba* (Mill.) Greuter & Burdet
들개미자리 *Spergula arvensis* L.
말냉이장구채 *Silene noctiflora* L.
말뱅이나물 *Vaccaria hispanica* (Mill.) Rauschert
별꽃 *Stellaria media* (L.) Vill.
분홍안개꽃 *Gypsophila muralis* L.
비누풀 *Saponaria officinalis* L.
산형나도별꽃 *Holosteum umbellatum* L.
선옹초 *Agrostemma githago* L.
수염패랭이꽃 *Dianthus barbatus* L.
양장구채 *Silene gallica* L.
염주장구채 *Silene conoidea* L.
유럽개미자리 *Spergularia rubra* (L.) J. Presl & C. Presl
유럽점나도나물 *Cerastium glomeratum* Thuill.
유럽패랭이 *Dianthus armeria* L.
카네이션 *Dianthus caryophyllus* L.

선인장과(Cactaceae)
보검선인장 *Opuntia ficus-indica* (L.) Mill.
후미푸사선인장 *Opuntia humifusa* (Raf.) Raf.

소나무과(Pinaceae)
만주곰솔 *Pinus tabuliformis* var. *mukdensis* (Uyeki ex Nakai) Uyeki
부전소나무 *Pinus hakkodensis* Makino
스트로브잣나무 *Pinus strobus* L.
일본잎갈나무 *Larix kaempferi* (Lamb.) Carrière

소태나무과(Simaroubaceae)
가죽나무 *Ailanthus altissima* (Mill.) Swingle

쇠비름과(Portulacaceae)
채송화 *Portulaca grandiflora* Hook.

수선화과(Amaryllidaceae)
부추 *Allium tuberosum* Rottler ex Spreng.

흰꽃나도사프란 *Zephyranthes candida* (Lindl.) Herb.

십자화과(Brassicaceae)
가는잎털냉이 *Sisymbrium altissimum* L.
가새잎개갓냉이 *Rorippa sylvestris* (L.) Besser
갓 *Brassica juncea* (L.) Czern.
구슬다닥냉이 *Neslia paniculata* (L.) Desv.
국화잎다닥냉이 *Lepidium bonariense* L.
긴갓냉이 *Sisymbrium orientale* L.
나도재쑥 *Descurainia pinnata* (Walter) Britton
냄새냉이 *Lepidium didymum* L.
냉이 *Capsella bursa-pastoris* (L.) Medik.
대부도냉이 *Lepidium perfoliatum* L.
들갓 *Sinapis arvensis* L.
들다닥냉이 *Lepidium campestre* (L.) R. Br.
마늘냉이 *Alliaria petiolata* (M. Bieb.) Cavara & Grande
말냉이 *Thlaspi arvense* L.
모래냉이 *Diplotaxis muralis* (L.) DC.
물냉이 *Nasturtium officinale* R. Br.
봄나도냉이 *Barbarea verna* (Mill.) Asch.
뿔냉이 *Chorispora tenella* (Pall.) DC.
서양갯냉이 *Cakile edentula* (Bigelow) Hook.
서양말냉이 *Iberis amara* L.
서양무아재비 *Raphanus raphanistrum* L.
양구슬냉이 *Camelina sativa* (L.) Crantz
유럽나도냉이 *Barbarea vulgaris* R. Br.
유럽장대 *Sisymbrium officinale* (L.) Scop.
유채 *Brassica napus* L.
장수냉이 *Myagrum perfoliatum* L.
재쑥 *Descurainia sophia* (L.) Webb ex Prantl
좀다닥냉이 *Lepidium ruderale* L.
좀아마냉이 *Camelina microcarpa* Andrz. ex DC.
주름구슬냉이 *Rapistrum rugosum* (L.) All.
콩다닥냉이 *Lepidium virginicum* L.
큰다닥냉이 *Lepidium sativum* L.
큰잎냉이 *Erucastrum gallicum* (Willd.) O.E. Schulz
큰잎다닥냉이 *Lepidium draba* L.

큰키다닥냉이 *Lepidium latifolium* L.
털다닥냉이 *Lepidium pinnatifidum* Ledeb.
토끼귀부지깽이 *Conringia orientalis* (L.) Dumort.
황새냉이 *Cardamine flexuosa* With.

아마과(Linaceae)
노랑개아마 *Linum virginianum* L.

아욱과(Malvaceae)
공단풀 *Sida spinosa* L.
국화잎아욱 *Modiola caroliniana* (L.) G. Don
나도공단풀 *Sida rhombifolia* L.
나도어저귀 *Anoda cristata* (L.) Schltdl.
난쟁이아욱 *Malva neglecta* Wallr.
당아욱 *Malva sylvestris* L.
둥근잎아욱 *Malva pusilla* Sm.
무궁화 *Hibiscus syriacus* L.
벽오동 *Firmiana simplex* (L.) W. Wight
부용 *Hibiscus mutabilis* L.
불암초 *Melochia corchorifolia* L.
수박풀 *Hibiscus trionum* L.
아욱 *Malva verticillata* L.
애기아욱 *Malva parviflora* L.
어저귀 *Abutilon theophrasti* Medik.
접시꽃 *Alcea rosea* L.
황마 *Corchorus capsularis* L.

양귀비과(Papaveraceae)
개양귀비 *Papaver rhoeas* L.
금영화 *Eschscholzia californica* Cham.
나도양귀비 *Papaver somniferum* subsp. *setigerum* (DC.) Arcang.
둥근빗살현호색 *Fumaria officinalis* L.
바늘양귀비 *Papaver hybridum* L
좀양귀비 *Papaver dubium* L.

어항마름과(Cabombaceae)
어항마름 *Cabomba caroliniana* A. Gray

연복초과(Adoxaceae)
블랙엘더베리 *Sambucus nigra* L.
캐나다딱총 *Sambucus canadensis* L.

오동나무과(Paulowniaceae)
참오동나무 *Paulownia tomentosa* Steud.

옻나무과(Anacardiaceae)
옻나무 *Toxicodendron vernicifluum* (Stokes) F.A. Barkley

위성류과(Tamaricaceae)
위성류 *Tamarix chinensis* Lour.

인동과(Caprifoliaceae)
상치아재비 *Valerianella locusta* (L.) Laterr.

자리공과(Phytolaccaceae)
미국자리공 *Phytolacca americana* L.
자리공 *Phytolacca esculenta* Van Houtte

자작나무과(Betulaceae)
사방오리 *Alnus firma* Siebold & Zucc.

장미과(Rosaceae)
가는잎조팝나무 *Spiraea thunbergii* Siebold ex Blume
개소시랑개비 *Potentilla supina* L.
공조팝나무 *Spiraea cantoniensis* Lour.
딸기 *Fragaria* ×*ananassa* (Duchesne ex Weston) Duchesne ex Rozier
모과나무 *Chaenomeles sinensis* (Dum.Cours.) Koehne
복사나무 *Prunus persica* (L.) Batsch
산당화 *Chaenomeles speciosa* (Sweet) Nakai
살구나무 *Prunus armeniaca* var. *ansu* Maxim.
서양산딸기 *Rubus plicatus* Weihe & Nees
술오이풀 *Sanguisorba minor* Scop.
자두나무 *Prunus salicina* Lindl.
풀명자 *Chaenomeles japonica* (Thunb.) Lindl. ex Spach
황매화 *Kerria japonica* (L.) DC.

제비꽃과(Violaceae)
야생팬지 *Viola arvensis* Murray
종지나물 *Viola sororia* Willd.

쥐손이풀과(Geraniaceae)
미국쥐손이 *Geranium carolinianum* L.
세열미국쥐손이 *Geranium dissectum* L.
세열유럽쥐손이 *Erodium cicutarium* (L.) L'Hér.

지치과(Boraginaceae)
갈퀴지치 *Asperugo procumbens* L.
물망초 *Myosotis scorpioides* L.
미국꽃말이 *Amsinckia lycopsoides* Lindl. ex Lehm.
컴프리 *Symphytum officinale* L.

질경이과(Plantaginaceae)
개불알풀 *Veronica polita* Fr.
금어초 *Antirrhinum majus* L.
긴포꽃질경이 *Plantago aristata* Michx.
눈개불알풀 *Veronica hederifolia* L.
덩굴해란초 *Cymbalaria muralis* P. Gaertn., B. Mey. & Scherb.
디기탈리스 *Digitalis purpurea* L.
라나타종꽃 *Digitalis lanata* Ehrh.
문모초 *Veronica peregrina* L.
미국물칭개 *Veronica americana* Schwein. ex Benth.
미국질경이 *Plantago virginica* L.
선개불알풀 *Veronica arvensis* L.
솔잎해란초 *Nuttallanthus canadensis* (L.) D.A. Sutton
애기금어초 *Linaria bipartita* Willd.
유럽큰고추풀 *Gratiola officinalis* L.
좀개불알풀 *Veronica serpyllifolia* L.
좁은잎해란초 *Linaria vulgaris* Mill.
창질경이 *Plantago lanceolata* L.
큰개불알풀 *Veronica persica* Poir.

천남성과(Araceae)
물상추 *Pistia stratiotes* L.
분개구리밥 *Wolffia arrhiza* (L.) Horkel ex Wimm.

초롱꽃과(Campanulaceae)
로베리아 *Lobelia inflata* L.
비너스도라지 *Triodanis perfoliata* (L.) Nieuwl.

콩과(Leguminosae)
가는잎미선콩 *Lupinus angustifolius* L.
각시갈퀴나물 *Vicia villosa* Roth subsp. *varia* (Host) Corb.
개자리 *Medicago polymorpha* L.
거꿀꽃토끼풀 *Trifolium resupinatum* L.
결명자 *Senna tora* (L.) Roxb.
골담초 *Caragana sinica* (Buc'hoz) Rehder
구주갈퀴덩굴 *Vicia sepium* L.
노랑토끼풀 *Trifolium campestre* Schreb.
들벌노랑이 *Lotus uliginosus* Schkuhr
미모사 *Mimosa pudica* L.
박태기나무 *Cercis chinensis* Bunge
벳지 *Vicia villosa* Roth
분홍싸리 *Lespedeza floribunda* Bunge
붉은토끼풀 *Trifolium pratense* L.
서양벌노랑이 *Lotus corniculatus* L.
석결명 *Senna occidentalis* (L.) Link
선토끼풀 *Trifolium hybridum* L.
쌍부채완두 *Lathyrus aphaca* L.
아까시나무 *Robinia pseudoacacia* L.
양골담초 *Cytisus scoparius* (L.) Link
애기노랑토끼풀 *Trifolium dubium* Sibth.
왕관갈퀴나물 *Securigera varia* (L.) Lassen
자운영 *Astragalus sinicus* L.
자주개자리 *Medicago sativa* L.
자주비수리 *Lespedeza lichiyuniae* T. Nemoto, H. Ohashi & T. Itoh
잔개자리 *Medicago lupulina* L.
족제비싸리 *Amorpha fruticosa* L.
좀개자리 *Medicago minima* (L.) L.
좁은잎벌노랑이 *Lotus tenuis* Waldst. & Kit.
진홍토끼풀 *Trifolium incarnatum* L.
큰잎싸리 *Lespedeza davidii* Franch.
토끼풀 *Trifolium repens* L.
회화나무 *Styphnolobium japonicum* (L.) Schott

흰전동싸리 *Melilotus albus* Medik.

택사과(Alismataceae)
물양귀비 *Hydrocleys nymphoides* (Humb. & Bonpl. ex Willd.) Buchenau

포도과(Vitaceae)
미국담쟁이덩굴 *Parthenocissus quinquefolia* (L.) Planch.

한련과(Tropaeolaceae)
한련 *Tropaeolum majus* L.

현삼과(Scrophulariaceae)
부들레야 *Buddleja davidii* Franch.
우단담배풀 *Verbascum thapsus* L.

협죽도과(Apocynaceae)
큰잎빈카 *Vinca major* L.
협죽도 *Nerium oleander* L.

홍초과(Cannaceae)
칸나 *Canna* ×*generalis* L.H. Bailey & E.Z. Bailey

*외래식물 목록에 수록하지 않은 식물
금낭화 *Lamprocapnos spectabilis* (L.) Fukuhara
길뚝국화 *Cota altissima* (L.) J. Gay
나도돼지풀 *Ambrosia psilostachya* DC.
다닥냉이 *Lepidium apetalum* Willd.
부채갯메꽃 *Ipomoea pes-caprae* (L.) R. Br.
선포아풀 *Poa nemoralis* L.
쑥부지깽이아재비 *Erysimum repandum* L.
아마냉이 *Camelina alyssum* (Mill.) Thell.
유럽쥐손이 *Erodium moschatum* (L.) L'Hér.
전동싸리 *Melilotus suaveolens* Ledeb.
좀개소시랑개비 *Potentilla amurensis* Maxim.
큰꿩의비름 *Sedum spectabile* Boreau
큰닭의덩굴 *Fallopia dentatoalata* (F. Schmidt) Holub
흰겨이삭 *Agrostis gigantea* Roth

한반도 외래식물

중국굴피나무 *Pterocarya stenoptera* C. DC.

다른 이름 지나굴피나무, 당굴피나무
북한 이름 풍양나무
원산지 중국
들어온 시기 개항 이후~분단 이전(1920년: 조무행, 최명섭 1992)
침입 정도 일시 출현
참고 박만규(1949)가 중부와 남부에 식재하는 식물로 기록했다. 주로 가로수와 정원수로 이용한다. 이유미 등(2011)은 현재 왕성하게 번식하며 빠르게 확산될 우려가 있으므로, 추후에 귀화 여부를 확인할 필요가 있다고 했다. 북한에서는 재배지역 밖으로 퍼져나가는 것이 발견되지 않았다(박형선 등 2009).

문헌

박만규. 1949. 우리나라 식물명감.
박형선 등. 2009. 조선민주주의인민공화국의 외래식물목록과 영향평가.
이유미 등. 2011. 한국내 귀화식물의 현황과 고찰.
조무행, 최명섭. 1992. 한국수목도감.

가지과(Solanaceae)
가시가지 *Solanum rostratum* Dunal

다른 이름 노랑바늘가지

북한 이름 가시알가지

원산지 북아메리카

들어온 시기 분단 이후

발견 기록 1996년 대구 수성구 범물동 주택가 텃밭 주변(조영호, 김원 1997), 1998년 경기도 안산 수인산업도로변(박수현 2001)

침입 정도 귀화

참고 병해충에 해당하는 잡초다(농림축산검역본부 2016). 중국에서는 1895년에 처음 발견되었고, 현재 침입외래생물 목록에 실려 있다(Xu 등 2012).

문헌

농림축산검역본부. 2016. 병해충에 해당되는 잡초.

박수현. 2001. 한국 귀화식물 원색도감. 보유편.

조영호, 김원. 1997. 한국 신귀화식물(Ⅰ).

Xu 등. 2012. An inventory of invasive alien species in China.

가지과(Solanaceae)

구기자나무 *Lycium chinense* Mill.

북한 이름 구기자나무

원산지 중국

들어온 시기 개항 이전

발견 기록 1900년 서울 남산(T. Uchiyama 채집, Nakai 1911)

침입 정도 귀화

참고 오래전부터 재배해 온 약용식물이다. 향약집성방(1433)에 처방이 기록되어 있고 (동의학편집부 1986), 세종실록지리지(1454)에도 약재로 기록되어 있다. 각지에 야생하며 주로 마을 주변의 둑, 냇가, 길가에서 자란다(정태현 1965; 이창복 1969). 김찬수 등 (2006)이 제주도의 귀화식물 목록에 실었으나 이유미 등(2011)은 귀화식물로 판단하기 어렵다고 했다. 영국에서는 정원을 벗어나 자라는 외래식물로 보고되었다(Dunn 1905).

문헌

김찬수 등. 2006. 제주도의 귀화식물 분포특성.

동의학편집부. 1986. 향약집성방.

이유미 등. 2011. 한국내 귀화식물의 현황과 고찰.

이창복. 1969. 야생식용식물도감.

정태현. 1965. 한국동식물도감. 제5권. 식물편(목초본류).

Dunn, S.T. 1905. Alien Flora of Britain.

Nakai, T. 1911. Flora Koreana. Pars Secunda.

까마중 *Solanum nigrum* L.

북한 이름 까마중
원산지 북아프리카, 아시아, 유럽
들어온 시기 개항 이전
발견 기록 1886년 서울(J. Kalinowsky 채집, Palibin 1901)
침입 정도 귀화
참고 전 세계에 분포하는 잡초다. 마에카와(1943)는 일본의 벼 재배에 따라 유사 이전에 들어온 사전귀화식물(史前歸化植物)로 분류했으며, 임양재와 전의식(1980), 김준민 등 (2000) 역시 이 견해를 따라 벼와 함께 들어온 사전귀화식물로 구분했다. 병해충에 해당하는 잡초이며(농림축산검역본부 2016), 김찬수 등(2006)이 제주도의 귀화식물 목록에 실었다. 남서 연해주의 외래식물이다(Kozhevnikov 등 2015).

문헌
김준민 등. 2000. 한국의 귀화식물.
김찬수 등. 2006. 제주도의 귀화식물 분포특성.
농림축산검역본부. 2016. 병해충에 해당되는 잡초.
임양재, 전의식. 1980. 한반도의 귀화식물 분포.
前川文夫. 1943. 史前歸化植物について.
Kozhevnikov 등. 2015. Illustrated Flora of the Southwest Primorye (Russian Far East).
Palibin, J. 1901. Conspectus Florae Koreae. Pars Ⅱ.

가지과(Solanaceae)

노란꽃땅꽈리 *Physalis acutifolia* (Miers) Sandwith

이명 *Physalis wrightii* A. Gray

원산지 북아메리카

들어온 시기 분단 이후

발견 기록 1998년 경기도 안산 수인산업도로, 제주도 제동목장(박수현 1999)

침입 정도 귀화

참고 박수현(1999)이 처음 보고했다. 1995년에 여천공단 부근 풀밭과 공터에서 발견한 기록도 있다(전의식 2001).

문헌

박수현. 1999. 한국 미기록 귀화식물(XIV).

전의식. 2001. 신귀화식물 노란꽃땅꽈리.

가지과(Solanaceae)
노랑까마중 *Solanum villosum* Mill.

이명 *Solanum nigrum* var. *humile* (Bernh. ex Willd.) C. Y. Wu & S. C. Huang
원산지 남유럽
들어온 시기 분단 이후
발견 기록 1994년 서울 난지도(박수현 1995)
침입 정도 귀화

문헌
박수현. 1995. 한국 귀화식물 원색도감.

도깨비가지 *Solanum carolinense* L.

북한 이름 들가지
원산지 북아메리카
들어온 시기 분단 이후
침입 정도 침입
참고 이우철과 임양재(1978)가 처음 보고했고, 그 후 군산항 부근(1985년), 밀양(1992년), 서울 양재동 시민의 숲(1993년)에서 발견되었다(전의식 1994). 이우철(1996)은 거제도에서 나는 귀화식물로 기록했다. 환경부는 2002년에 생태계교란생물로 지정했다. 서산, 영암, 제주도의 대형목장에 넓게 분포하며, 강원도, 전라도, 서울의 도로변, 경작지에도 많이 퍼져 있다(길지현 등 2012). 병해충에 해당하는 잡초다(농림축산검역본부 2016). 국립생물자원관에서는 추출물의 치주질환 예방 및 치료 효과를 보고했다(김은실 등 2015).

문헌

길지현 등. 2012. 생태계교란생물.
김은실 등. 2015. 도깨비가지 추출물을 유효성분으로 함유하는 치주질환 예방 또는 치료용 조성물.
농림축산검역본부. 2016. 병해충에 해당되는 잡초.
이우철. 1996. 원색 한국기준식물도감.
이우철, 임양재. 1978. 한반도 관속식물의 분포에 관한 연구.
전의식. 1994. 새로 발견된 귀화식물(8). 서양메꽃과 도깨비가지.

가지과(Solanaceae)

독말풀 *Datura stramonium* var. *chalybea* W.D.J. Koch

북한 이름 독말풀

이명 *Datura tatula* L.

원산지 북아메리카

들어온 시기 개항 이후~분단 이전

침입 정도 귀화

참고 약용, 관상용으로 재배했지만(리휘재 1964), 현재는 수요가 많지 않다(박형선 등 2009). 경성에서 발견한 기록(경성약전식물동호회 1936)과 귀화식물로 보고한 기록(정태현 등 1937)이 있다. 주로 마을 주변과 길가에서 자란다(홍경식 등 1975). 오스트레일리아에서는 말이 독말풀이 섞인 사료를 먹고 중독된 사례도 있다(Schomburgk 1879). 일본 환경성(2015)은 *Datura*속 식물 8종을 종합대책이 필요한 외래종으로 지정했다.

문헌

리휘재. 1964. 한국식물도감. 화훼류 I.

박형선 등. 2009. 조선민주주의인민공화국의 외래식물목록과 영향평가.

정태현 등. 1937. 조선식물향명집.

홍경식 등. 1975. 조선식물지 5.

京城藥專植物同好會. 1936. Flora Centro-koreana.

環境省. 2015. 我が国の生態系等に被害を及ぼすおそれのある外来種リスト.

Schomburgk, R. 1879. On the Naturalized Weeds and Other Plants in South Australia.

가지과(Solanaceae)
둥근가시가지 *Solanum sisymbriifolium* Lam.

원산지 남아메리카
들어온 시기 분단 이후
발견 기록 1998년 경기도 안산 수인산업도로변(박수현 1999)
침입 정도 귀화
참고 중국의 침입외래생물 목록에 실려 있다(Xu 등 2012).

문헌
박수현. 1999. 한국 미기록 귀화식물(XIV).
Xu 등. 2012. An inventory of invasive alien species in China.

가지과(Solanaceae)
땅꽈리 *Physalis angulata* L.

북한 이름 땅꽈리
이명 *Physalis fauriei* H. Lév. & Vaniot
원산지 북아메리카, 남아메리카
들어온 시기 개항 이후~분단 이전
발견 기록 1906년 제주도 밭(Faurie 채집, Nakai 1911), 1913년 제주도 밭(中井猛之進 1914)
침입 정도 귀화
참고 한때 해열용으로 재배했다(이창복 2003). 정태현(1956)이 각지에서 자생한다고 했
으며, 이춘녕과 안학수(1963)가 중부, 남부, 울릉도, 제주도의 들과 길가에서 자라는 귀
화식물로 기록했다. 북한에서는 황해도 룡연, 옹진, 연안에 분포한다(라응칠 등 2003).
여러 문헌(中井猛之進 1914; 임양재, 전의식 1980)에서 애기땅꽈리(*Physalis minima* L.)라
는 식물이 국내에 분포하는 것으로 보고했는데, 이우철(1996)은 이것이 땅꽈리를 가리
킨다고 설명했다. 중국에서는 19세기 중반에 처음 발견되었으며 현재 침입외래생물 목
록에 실려 있다(Xu 등 2012).

문헌
라응칠 등. 2003. 황해남도 경제식물지.
이우철. 1996. 한국식물명고.
이창복. 2003. 원색 대한식물도감.
이춘녕, 안학수. 1963. 한국식물명감.
임양재, 전의식. 1980. 한반도의 귀화식물 분포.
정태현. 1956. 한국식물도감(하권 초본부).
中井猛之進. 1914. 濟州島竝莞島植物調査報告書.
Nakai, T. 1911. Flora Koreana. Pars Secunda.
Xu 등. 2012. An inventory of invasive alien species in China.

가지과(Solanaceae)
미국까마중 *Solanum americanum* Mill.

이명 *Solanum photeinocarpum* Nakam. & Odash.

원산지 북아메리카, 남아메리카

들어온 시기 분단 이후

발견 기록 1992년 서울 난지도, 1993년 경기도 포천(박수현 1994)

침입 정도 귀화

참고 중국, 일본, 동남아시아로 널리 귀화했다(大橋広好 등 2008). 양영환 등(2002)이 2001년에 제주도 남제주군 하례리 해안에서 발견해 처음 보고한 민까마중(*S. photeinocarpum*)은 미국까마중과 동일한 종으로 취급한다(The Plant List 2013; 植村修二 등 2015).

문헌

박수현. 1994. 한국의 귀화식물에 관한 연구.

양영환 등. 2002. 제주 미기록 귀화식물(Ⅱ).

大橋広好 등. 2008. 新牧野日本植物圖鑑.

植村修二 등. 2015. 増補改訂日本帰化植物写真図鑑 第2卷 - Plant invader 500種 -.

The Plant List. 2013. Version 1.1.

가지과(Solanaceae)
사리풀 *Hyoscyamus niger* L.

다른 이름 헨베인(Henbane)

북한 이름 사리풀

이명 *Hyoscyamus agrestis* Kit., *Hyoscyamus bohemicus* F. W. Schmidt

원산지 북아프리카, 서아시아, 유럽

들어온 시기 개항 이전

발견 기록 1897년 연면수 골짜기, 삼수읍, 철령(Komarov 1907), 1903년 함경북도 성진 (Ikuhashi Yoneziro 채집, 市村塘 1904)

침입 정도 귀화

참고 향약집성방(1433)에 씨(낭탕자 莨菪子)의 처방 기록이 있다(동의학편집부 1986). 정태현(1956)이 각지에 야생상태로 자생하거나 재배한다고 했으며, 이우철과 임양재 (1978)가 귀화식물 목록에 실었다. 그렇지만 임양재와 전의식(1980)은 남한 내 분포를 조사한 결과 절멸했거나 이에 가깝다고 했고, 따라서 박수현(1994), 김준민 등(2000) 은 귀화식물 목록에서 제외해야 한다고 했다. 김찬수 등(2006)이 제주도의 귀화식물 목 록에 실었다. 주로 북한에 분포한다(홍경식 등 1975; 임록재 등 1999). 적은 양을 약용 으로 사용했을 때에는 진통 효과가 있지만 강한 신경독소와 향정신성 물질을 함유한다 (Wink, Van Wyk 2008).

문헌

김준민 등. 2000. 한국의 귀화식물.

김찬수 등. 2006. 제주도의 귀화식물 분포특성.

동의학편집부. 1986. 향약집성방.

박수현. 1994. 한국의 귀화식물에 관한 연구.

이우철, 임양재. 1978. 한반도 관속식물의 분포에 관한 연구.

임양재, 전의식. 1980. 한반도의 귀화식물 분포.

임록재 등. 1999. 조선식물지 6(증보판).

정태현. 1956. 한국식물도감(하권 초본부).

홍경식 등. 1975. 조선식물지 5.

市村塘. 1904. 韓國城津ノ植物.

Komarov, V.L. 1907. Flora Manshuriae. Vol. Ⅲ.

Wink, M., B.-E. Van Wyk. 2008. Mind-Altering and Poisonous Plants of the World.

옥산호 *Solanum pseudocapsicum* L.

다른 이름 예루살렘체리(Jerusalem cherry), 옥천앵두
북한 이름 옥산호
원산지 남아메리카
들어온 시기 분단 이후
침입 정도 일시 출현
참고 관상용 재배식물이다(이춘녕, 안학수 1963). 안학수 등(1968)이 한라산식물 목록에 포함했고, 김찬수 등(2006)이 제주도의 귀화식물 목록에 실었다.

문헌
김찬수 등. 2006. 제주도의 귀화식물 분포특성.
안학수 등. 1968. 한라산식물목록. 나자식물 및 쌍자엽식물.
이춘녕, 안학수. 1963. 한국식물명감.

왕도깨비가지 *Solanum viarum* Dunal

원산지 남아메리카

들어온 시기 분단 이후

발견 기록 2000년 제주도 이시돌목장, 동광검문소 근처 빈터(양영환 등 2002)

침입 정도 귀화

참고 양영환 등(2001)이 처음에는 *Solanum ciliatum* Lam.(*Solanum capsicoides* All.의 이명)으로 보고했다가 *S. viarum*으로 학명을 수정해 발표했다(양영환 등 2007). 제주도의 목초지에서 분포 면적이 넓어지고 있다. 병해충에 해당하는 잡초이며(농림축산검역본부 2016), 미국 연방에서 유해잡초로 지정했다(APHIS 2016).

문헌

농림축산검역본부. 2016. 병해충에 해당되는 잡초.

양영환 등. 2001. 제주도의 귀화식물에 관한 재검토.

양영환 등. 2002. 제주 미기록 귀화식물(Ⅱ).

양영환 등. 2007. 제주 미기록 귀화식물(Ⅴ).

APHIS, USDA. 2016. Federal and state noxious weeds.

은빛까마중 *Solanum elaeagnifolium* Cav.

북한 이름 보리수잎가지
원산지 북아메리카, 남아메리카
들어온 시기 분단 이후
발견 기록 2012년 전라남도 여수 삼산면 초도 해변가 도로(Hong 등 2014)
침입 정도 일시 출현
참고 병해충에 해당하는 잡초(관리잡초)다(농림축산검역본부 2016).

문헌

농림축산검역본부. 2016. 병해충에 해당되는 잡초.

Hong 등. 2014. *Solanum elaeagnifolium* Cav. (Solanaceae), an unrecorded naturalized species of Korean flora.

털까마중 *Solanum sarrachoides* Sendtn.

원산지 브라질

들어온 시기 분단 이후

발견 기록 1993년 전라남도 여수 금오도(임형탁 채집, 전남대학교 생물학과 표본관),
1994년 전라남도 여수 돌산도(박수현 1995)

침입 정도 귀화

참고 박수현(1995)이 처음 보고했다. 인천 남항에서도 발견되었다(박수현 2009).

문헌

박수현. 1995. 한국 미기록 귀화식물(Ⅵ).

박수현. 2009. 세밀화와 사진으로 보는 한국의 귀화식물.

가지과(Solanaceae)
털독말풀 *Datura innoxia* Mill.

북한 이름 털독말풀, 흰꽃독말풀아재비
이명 *Datura meteloides* DC. ex Dunal
원산지 북아메리카, 남아메리카
들어온 시기 분단 이후
발견 기록 1994년 서울 난지도(박수현 1995)
침입 정도 귀화

참고 남한에서는 박수현(1995)이 서울에서 발견해 귀화식물로 보고했다. 제주도(양영
환, 김문홍 1998)와 충주(박수현 2009)에서도 관찰되었다. 북한에서는 약초로 재배했으
나(홍경식 등 1975) 현재는 거의 재배하지 않으며, 길 주변이나 묵밭 또는 마을 주변에
서 저절로 자라는 것이 있다(박형선 등 2009). 라응칠 등(2003)은 자강도에서 반야생상
태로 자란다고 보고했다. 중국에는 1905년에 처음 발견되었고 현재 침입외래생물 목록
에 실려 있다(Xu 등 2012). 일본 환경성(2015)은 *Datura*속 식물을 종합대책이 필요한 외
래종으로 지정했다. 옛 문헌(森爲三 1913; Mori 1922; 정태현 등 1937)에 기록된 *Datura
alba* Nees, *Datura fastuosa* L. (모두 *Datura metel* L. 의 이명)은 털독말풀을 가리킬 가능성이
있다. 국가생물종지식정보시스템에 따르면 서울대학교 생물학과 표본실에 1935년과
1949년에 채집한 털독말풀의 표본이 보관되어 있다. 이 표본들은 모두 학명이 *D. alba*로
기록되어 있지만, 재동정 결과 털독말풀로 확인되었다. 국내 문헌에 기록된 *D. alba*가
털독말풀을 가리키는 것이라면, 털독말풀은 개항 이후에 들어온 식물이며 1912년 전주
에서 모리(1913)가 발견한 것이 첫 기록이 될 것이다.

문헌
라응칠 등. 2003. 자강도 경제식물지.
박수현. 1995. 한국 미기록 귀화식물(Ⅵ).
박수현. 2009. 세밀화와 사진으로 보는 한국의 귀화식물.
박형선 등. 2009. 조선민주주의인민공화국의 외래식물목록과 영향평가.
양영환, 김문홍. 1998. 제주도의 귀화식물에 관한 연구.
정태현 등. 1937. 조선식물향명집.
홍경식 등. 1975. 조선식물지 5.
森爲三. 1913. 南鮮植物採集目錄.
環境省. 2015. 我が国の生態系等に被害を及ぼすおそれのある外来種リスト.
Mori, T. 1922. An Enumeration of Plants Hitherto Known from Corea.
Xu 등. 2012. An inventory of invasive alien species in China.

가지과(Solanaceae)

토마토 *Solanum lycopersicum* L.

다른 이름 일년감

북한 이름 도마도

원산지 북아메리카, 남아메리카

들어온 시기 개항 이후~분단 이전

침입 정도 일시 출현

참고 이덕봉(1974)은 지봉유설(1614)에 기록이 있으므로 한반도에 오래전 도입된 것으로 추정했으나, 임록재 등(1999)은 1900년대 초부터 재배했다고 기록했다. 나카이(1914)는 제주도 재배식물로 보고했다. 집 주변이나 풀밭에 저절로 자라기도 하며(박형선 등 2009), 강화도 길상산에서는 경작지를 벗어난 곳에서 자라기도 했다(김중현, 김선유 2013). 영국에서는 정원을 벗어나 자라는 외래식물로 보고되었다(Dunn 1905).

문헌

김중현, 김선유. 2013. 길상산(강화도)의 관속식물상.

박형선 등. 2009. 조선민주주의인민공화국의 외래식물목록과 영향평가.

이덕봉. 1974. 한국동식물도감. 제15권. 식물편(유용식물).

임록재 등. 1999. 조선식물지 6(증보판).

中井猛之進. 1914. 濟州島竝莞島植物調査報告書.

Dunn, S.T. 1905. Alien Flora of Britain.

가지과(Solanaceae)
페루꽈리 *Nicandra physalodes* (L.) Gaertn.

북한 이름 나도꽈리
원산지 페루
들어온 시기 개항 이후~분단 이전
발견 기록 1937년 서울(서울대학교 생물학과 표본관), 1997년 경상남도 창원시 북면 축산농가 포장(농업과학기술원 1998)
침입 정도 귀화
참고 이우철(1996)이 관상식물로 기록했다. 재배지를 벗어나 자라는 것이 1997년 발견되었고(농업과학기술원 1998), 박수현(2001)이 귀화식물 목록에 실었다. 중국에서는 1840년대에 홍콩에서 처음 발견되었고 현재 침입외래생물 목록에 실려 있다(Xu 등 2012). 일본에서는 에도시대 말기에 들어왔다가 귀화했다(淸水建美 2003).

문헌
농업과학기술원. 1998. 1997년도 시험연구사업보고서.
박수현. 2001. 한국 귀화식물 원색도감. 보유편.
이우철. 1996. 한국식물명고.
淸水建美. 2003. 日本の帰化植物.
Xu 등. 2012. An inventory of invasive alien species in China.

가지과(Solanaceae)
페투니아 *Petunia hybrida* Vilm.

북한 이름 애기나팔꽃, 페투니아
원산지 교배종
들어온 시기 개항 이후~분단 이전
침입 정도 일시 출현
참고 아르헨티나 원산 *Petunia integrifolia* (Hook.) Schinz & Thell. 과 *Petunia axillaris* (Lam.) Britton, Sterns & Poggenb. 의 교배종이며(Cullen 등 2011), 관상용 재배식물이다(이춘녕, 안학수 1963). 화훼로 쓰기 위해 권업모범장(1907) 독도원예지장에서 시험 재배한 기록이 있다. 홍순형과 허만규(1994)가 부산의 귀화식물 목록에 실었다.

문헌

이춘녕, 안학수. 1963. 한국식물명감.
홍순형, 허만규. 1994. 부산지역의 귀화식물 조사 보고.
朝鮮總督府勸業模範場. 1907. 蠹島園藝支場報告.
Cullen 등. 2011. The European Garden Flora. Flowering Plants. Vol. Ⅴ.

가지과(Solanaceae)
흰독말풀 *Datura stramonium* L.

다른 이름 독말풀, 양독말풀, 흰서양독말풀
북한 이름 흰독말풀, 흰나팔독말풀, 양독말풀
원산지 북아메리카
들어온 시기 개항 이후~분단 이전
발견 기록 1886년 서울(J. Kalinowsky 채집, Palibin 1901), 1897년 운룡강 기슭(Komarov 1907)
침입 정도 귀화
참고 관상용, 약용 재배식물(리휘재 1964)이지만, 현재는 거의 재배하지 않는다(박형선 등 2009). 마을 주변이나 길가에서 자란다(홍경식 등 1975). 일본에서는 메이지시대 초기부터 재배했으며(大橋広好 등 2008), 환경성(2015)은 *Datura*속 식물을 종합대책이 필요한 외래종으로 지정했다. 중국의 침입외래생물 목록에 실려 있다(Xu 등 2012).

문헌

리휘재. 1964. 한국식물도감. 화훼류 I.
박형선 등. 2009. 조선민주주의인민공화국의 외래식물목록과 영향평가.
홍경식 등. 1975. 조선식물지 5.
大橋広好 등. 2008. 新牧野日本植物圖鑑.
環境省. 2015. 我が国の生態系等に被害を及ぼすおそれのある外来種リスト.
Komarov, V.L. 1907. Flora Manshuriae. Vol. Ⅲ.
Palibin, J. 1901. Conspectus Florae Koreae. Pars Ⅱ.
Xu 등. 2012. An inventory of invasive alien species in China.

개미탑과(Haloragaceae)
앵무새깃물수세미 *Myriophyllum aquaticum* (Vell.) Verdc.

다른 이름 앵무새깃, 물채송화, 아쿠아티쿰물수세미
이명 *Myriophyllum brasiliense* Cambess.
원산지 남아메리카
들어온 시기 분단 이후
발견 기록 2009년 담양하천습지(국립환경과학원 2009)
침입 정도 일시 출현
참고 박상용(2009)이 귀화식물로 기록했다. 병해충에 해당하는 잡초다(농림축산검역본부 2016). 일본에서는 1920년 관상용으로 도입한 뒤 야생으로 퍼졌고, 수질정화를 목적으로 하천복원사업에 이용하면서 분포가 더욱 확대되었다(自然環境研究センター 2008). 일본생태학회(2002)가 최악의 침입외래생물 100선 중 하나로 선정했으며, 환경성(2015)은 2006년에 특정외래생물로 지정해 수입·재배·보관·운반 등을 금지하고 있다.

문헌
국립환경과학원. 2009. 2009 습지보호지역 정밀조사. 담양하천습지·두웅습지.
농림축산검역본부. 2016. 병해충에 해당되는 잡초
박상용. 2009. 수생식물도감.
日本生態学会. 2002. 外来種ハンドブック.
自然環境研究センター. 2008. 日本の外来生物.
環境省. 2015. 特定外来生物等一覧.

괭이밥 *Oxalis corniculata* L.

북한 이름 괭이밥풀
원산지 북아프리카, 아시아, 유럽
들어온 시기 개항 이전
발견 기록 1886년 서울(J. Kalinowsky 채집, Palibin 1898)
침입 정도 귀화
참고 전 세계적으로 분포하는 잡초이며 새로운 지역에 들어가 가장 성공적으로 정착하
는 식물 중 하나다(Holm 등 1991). 원산지를 열대 아메리카로 보는 견해도 있다(Dunn
1905). 향약집성방(1433)에 초장초(酢漿草)라는 이름으로 처방이 기록되어 있다(동의
학편집부 1986). 마에카와(1943)는 일본 유사시대 초기에 중국을 거쳐 들어와 귀화한
것으로 추정했으며, 김준민 등(2000)도 농작물과 함께 들어온 구귀화식물로 판단했다.
남서 연해주의 침입외래식물이다(Kozhevnikov 등 2015).

문헌
김준민 등. 2000. 한국의 귀화식물.
동의학편집부. 1986. 향약집성방.
前川文夫. 1943. 史前歸化植物 について.
Dunn, S.T. 1905. Alien Flora of Britain.
Holm 등. 1991. The World's Worst Weeds. Distribution and Biology.
Kozhevnikov 등. 2015. Illustrated Flora of the Southwest Primorye (Russian Far East).
Palibin, J. 1898. Conspectus Florae Koreae. Pars Ⅰ.

괭이밥과(Oxalidaceae)
꽃괭이밥 *Oxalis bowiei* Aiton ex G. Don

다른 이름 희망봉괭이밥
북한 이름 큰꽃괭이밥풀
원산지 남아프리카
들어온 시기 개항 이후~분단 이전(1912~1945년: 리휘재 1964)
침입 정도 일시 출현
참고 이춘녕과 안학수(1963)가 관상식물로, 이종석과 김문홍(1980)이 제주도에서 야생
하는 추세라고 기록했다.

문헌

리휘재. 1964. 한국식물도감. 화훼류 Ⅰ.
이종석, 김문홍. 1980. 제주도내 도입 조경 및 재배식물의 종류에 관한 조사연구(Ⅰ).
이춘녕, 안학수. 1963. 한국식물명감.

덩이괭이밥 *Oxalis articulata* Savigny

원산지 남아메리카

들어온 시기 분단 이후

발견 기록 1993년 제주도 애월 길가(박수현 1995), 1997년 제주시청 구내(전의식 1997)

침입 정도 귀화

참고 박수현(1994)이 처음 보고했다.

문헌

박수현. 1994. 한국의 귀화식물에 관한 연구.

박수현. 1995. 한국 귀화식물 원색도감.

전의식. 1997. 새로 발견된 귀화식물(13). 노랑개아마와 덩이괭이밥.

들괭이밥 *Oxalis dillenii* Jacq.

원산지 북아메리카

들어온 시기 분단 이후

발견 기록 2011년 전라남도 고흥군 소대방산, 2016년 인천시 서구 경서동 빈터(홍정기 등 2016)

침입 정도 일시 출현

참고 홍정기 등(2016)은 국립생물자원관 수장고에 보관된 괭이밥 또는 선괭이밥 표본 일부가 실제는 들괭이밥임을 확인했다.

문헌

홍정기 등. 2016. 한국 미기록 외래식물: 털다닥냉이(십자화과)와 들괭이밥(괭이밥과).

괭이밥과(Oxalidaceae)

자주괭이밥 *Oxalis debilis* var. *corymbosa* (DC.) Lourteig

북한 이름 자주괭이밥풀
이명 *Oxalis corymbosa* DC., *Oxalis martiana* Zucc.
원산지 남아메리카
들어온 시기 분단 이후
발견 기록 1954년 제주도(정태현 채집, 성균관대학교 생물학과 표본관)
침입 정도 귀화
참고 이춘녕과 안학수(1963)가 제주도에 자생하는 관상식물로 기록했다. 정태현과 이우철(1966)이 거문도에서 관찰했고, 정태현(1970)이 귀화식물로 기록했다. 중국에 19세기 중반 도입되었고, 현재 침입외래생물 목록에 실려 있다(Xu 등 2012). 일본에서는 1860년대에 관상식물로 들여왔으며 이후 귀화했다(淸水建美 2003).

문헌

이춘녕, 안학수. 1963. 한국식물명감.
정태현, 이우철. 1966. 거문도 식물조사 연구.
정태현. 1970. 한국동식물도감. 제5권. 식물편(목초본류). 보유.
淸水建美. 2003. 日本の帰化植物.
Xu 등. 2012. An inventory of invasive alien species in China.

가는잎금방망이 *Senecio inaequidens* DC.

원산지 남아프리카

들어온 시기 분단 이후

발견 기록 2012년 경기도 파주시 탄현면 축구 국가대표팀 트레이닝 센터 도로변(Jang 등 2013)

침입 정도 일시 출현

참고 미국 연방정부가 지정한 유해잡초다(APHIS 2016).

문헌

Jang 등. 2013. Two newly naturalized plants in Korea: *Senecio inaequidens* DC. and *S. scandens* Buch.-Ham. ex D. Don.

APHIS, USDA. 2016. Federal and state noxious weeds.

국화과(Compositae)

가는잎한련초 *Eclipta prostrata* (L.) L.

이명 *Eclipta alba* (L.) Hassk., *Eclipta alba* var. *erecta* (L.) Hassl.

원산지 북아메리카, 남아메리카

들어온 시기 분단 이후

발견 기록 1974년 서울 난지도(박수현 1998)

침입 정도 귀화

참고 그동안 *E. prostrata*이라는 학명이 붙었던 한련초는 아시아 원산 식물이며 마에카와 (1943)는 벼 재배가 시작되면서 일본에 함께 들어온 사전귀화식물로 추정했다. 이 책에 서는 일본 학자들의 견해에 따라 20세기에 아메리카에서 들어온 가는잎한련초의 학명 을 *E. prostrata*로, 아시아 원산 재래식물인 한련초의 학명은 *Eclipta thermalis* Bunge로 정리 했다(梅本信也 등 1998; 梅本信也, 山口裕文 1999; 大橋広好 등 2008). 제주도의 귀화식 물로도 보고되었다(양영환, 김문홍 1998).

문헌

박수현. 1998. 서울 난지도의 귀화식물에 관한 연구.

양영환, 김문홍. 1998. 제주도의 귀화식물에 관한 연구.

大橋広好 등. 2008. 新牧野日本植物圖鑑.

梅本信也 등. 1998. 日本産タカサブロウ2変異型の分類学的検討.

梅本信也, 山口裕文. 1999. タカサブロウとアメリカタカサブロウの日本への帰化様式.

前川文夫. 1943. 史前歸化植物 について.

가시도꼬마리 *Xanthium italicum* Moore

원산지 북아메리카, 남아메리카

들어온 시기 분단 이후

발견 기록 1966년 강원도 양양(양인석 채집, 경북대학교 생물학과 표본관), 1978년 충청북도 충주, 제천 남한강변(김준민 등 2000)

침입 정도 귀화

참고 1978년 전의식이 발견해 처음 보고했고(임양재, 전의식 1980; 김준민 등 2000), 박수현(2009)이 울산, 포항, 구룡포에서도 확인했다. 일본으로 귀화했으며(清水建美 2003), 중국의 침입외래생물 목록에 실려 있다(Xu 등 2012). 도꼬마리와 같은 종으로 취급하기도 한다(Flora of North America Editorial Committee 2006).

문헌

김준민 등. 2000. 한국의 귀화식물.

박수현. 2009. 세밀화와 사진으로 보는 한국의 귀화식물.

임양재, 전의식. 1980. 한반도의 귀화식물 분포.

清水建美. 2003. 日本の帰化植物.

Flora of North America Editorial Committee. 2006. Flora of North America. Vol. 21.

Xu 등. 2012. An inventory of invasive alien species in China.

국화과(Compositae)

가시상추 *Lactuca serriola* L.

북한 이름 가시부루

이명 *Lactuca scariola* L.

원산지 북아프리카, 서아시아, 유럽

들어온 시기 분단 이후

발견 기록 1978년 김포공항(전의식 1993)

침입 정도 침입

참고 임양재와 전의식(1980)이 처음 보고했다. 이후 대구, 마산, 창녕 등에서 확인되었고, 서울 전역을 비롯해 중남부에도 널리 퍼져 있으며(김준민 등 2000), 제주도를 제외한 전국 총 211개 지점에서 분포를 확인했다(김영하 등 2013). 환경부는 2009년 생태계교란생물로 지정했다(길지현 등 2012). 병해충에 해당하는 잡초다(농림축산검역본부 2016). 국립생물자원관에서는 추출물의 치주질환 예방 및 치료 효과를 보고했다(김은실 등 2015).

문헌

길지현 등. 2012. 생태계교란생물.

김영하 등. 2013. 침입외래식물 가시상추의 확산과 생육지 유형별 분포 특성.

김은실 등. 2015. 가시상추 추출물을 유효성분으로 함유하는 치주질환 예방 또는 치료용 조성물.

김준민 등. 2000. 한국의 귀화식물.

농림축산검역본부. 2016. 병해충에 해당되는 잡초.

임양재, 전의식. 1980. 한반도의 귀화식물 분포.

전의식. 1993. 새로 발견된 귀화식물(7). 가시상치와 만수국아재비.

개꽃아재비 *Anthemis cotula* L.

북한 이름 취감국

원산지 북아프리카, 서남아시아, 유럽

들어온 시기 분단 이후

발견 기록 1961년 경상북도 청도 운문면 방지리(양인석 채집, 경북대학교 생물학과 표본관)

침입 정도 귀화

참고 1976년에 전의식이 서울 한강 둔치에서 발견해 처음 보고했다(임양재, 전의식 1980; 김준민 등 2000). 임록재 등(1999)은 재배식물로 기록했다. 영국과 미국에서는 도로변, 경작지 및 황폐지의 외래잡초로 보고되었다(Dunn 1905; Flora of North America Editorial Committee 2006).

문헌

김준민 등. 2000. 한국의 귀화식물.

임록재 등. 1999. 조선식물지 7(증보판).

임양재, 전의식. 1980. 한반도의 귀화식물 분포.

Dunn, S.T. 1905. Alien Flora of Britain.

Flora of North America Editorial Committee. 2006. Flora of North America. Vol. 19.

개망초 *Erigeron annuus* (L.) Pers.

북한 이름 들잔꽃풀, 개망풀, 넓은잎망풀, 넓은잎잔꽃풀
이명 *Stenactis annua* (L.) Nees
원산지 북아메리카
들어온 시기 개항 이후~분단 이전
발견 기록 1912년 서울(森爲三 1913)
침입 정도 침입
참고 모리(1913)는 개망초를 수입(輸入) 종으로, 무토(1928)는 인천의 귀화잡초(歸化雜草)로 기록했다. 우리나라 전역에서 높은 빈도로 분포하며(박형선 등 2009), 병해충에 해당하는 잡초다(농림축산검역본부 2016). 중국에서는 1886년에 발견되었고, 현재 침입외래생물 목록에 실려 있다(Xu 2012). 일본에는 에도시대 말기에 들어왔으며 환경성(2015)은 종합대책이 필요한 외래종으로 지정했다.

문헌

농림축산검역본부. 2016. 병해충에 해당되는 잡초.
박형선 등. 2009. 조선민주주의인민공화국의 외래식물목록과 영향평가.
武藤治夫. 1928. 仁川地方ノ植物.
森爲三. 1913. 南鮮植物採集目錄.
環境省. 2015. 我が国の生態系等に被害を及ぼすおそれのある外来種リスト.
Xu 등. 2012. An inventory of invasive alien species in China.

국화과(Compositae)
개쑥갓 *Senecio vulgaris* L.

북한 이름 들쑥갓풀, 들솜나물
원산지 북아프리카, 아시아, 유럽
들어온 시기 개항 이후~분단 이전
발견 기록 1912년 서울(森爲三 1913), 1913년 제주도(中井猛之進 1914)
침입 정도 귀화
참고 1913년의 제주도식물조사에서 나카이(1914)는 개쑥갓이 3년 전에 도래해 제주 부근에 넓게 퍼졌다고 기록했다. 인천의 귀화잡초(歸化雜草)로도 기록되었고(武藤治夫 1928), 우리나라 각지에서 확인되었다(정태현 1956). 병해충에 해당하는 잡초다(농림축산검역본부 2016). 중국에서는 1886년 상하이에서 처음 발견되었고, 현재 침입외래생물 목록에 실려 있다(Xu 등 2012). 일본에도 비슷한 시기인 메이지시대 초기(1870년 전후)에 들어왔다(牧野富太郎 1940).

문헌
농림축산검역본부. 2016. 병해충에 해당되는 잡초.
정태현. 1956. 한국식물도감(하권 초본부).
牧野富太郎. 1940. 牧野日本植物図鑑.
武藤治夫. 1928. 仁川地方ノ植物.
森爲三. 1913. 南鮮植物採集目錄.
中井猛之進. 1914. 濟州島竝莞島植物調査報告書.
Xu 등. 2012. An inventory of invasive alien species in China.

금계국 *Coreopsis basalis* (A. Dietr.) S.F. Blake

다른 이름 좀금벼슬국화
북한 이름 금계국
이명 *Coreopsis drummondii* (D. Don) Torr. & A. Gray
원산지 북아메리카
들어온 시기 개항 이후~분단 이전
침입 정도 일시 출현
참고 관상식물이며(리휘재 1964), 화훼(금계초 金鷄草)로 쓰기 위해 원예모범장(1909)
에서 시험 재배한 기록이 있다. 홍순형과 허만규(1994)가 부산의 귀화식물 목록에 실
었다. 일본에는 1879년에 들어왔고, 재배지를 벗어나 야생화되었다(淸水建美 2003).

문헌

리휘재. 1964. 한국식물도감. 화훼류 I.
홍순형, 허만규. 1994. 부산지역의 귀화식물 조사 보고.
農商工部園藝模範場. 1909. 園藝模範場報告 第二號.
淸水建美. 2003. 日本の帰化植物.

국화과(Compositae)

기생초 *Coreopsis tinctoria* Nutt.

다른 이름 공작국화
북한 이름 각시꽃, 금국
원산지 북아메리카
들어온 시기 개항 이후~분단 이전
침입 정도 귀화
참고 화훼로 쓰기 위해 권업모범장(1907) 독도원예지장에서 시험 재배한 기록이 있다.
생활력이 강해 재배지를 벗어나 자라기도 한다(이창복 1980). 박수현(1994)이 귀화식물
목록에 실었다. 북한에서도 일부가 자연생태계로 퍼져 나가 자라는 것이 보고되었다(박
형선 등 2009). 일본에는 메이지시대 초기에 들어왔으며 환경성(2015)은 종합대책이 필
요한 외래종으로 지정했다. 중국의 침입외래생물 목록에 실려 있다(Xu 등 2012).

문헌

박수현. 1994. 한국의 귀화식물에 관한 연구.
박형선 등. 2009. 조선민주주의인민공화국의 외래식물목록과 영향평가.
이창복. 1980. 대한식물도감.
朝鮮總督府勸業模範場. 1907. 纛島園藝支場報告.
環境省. 2015. 我が国の生態系等に被害を及ぼすおそれのある外来種リスト.
Xu 등. 2012. An inventory of invasive alien species in China.

길뚝개꽃 *Anthemis arvensis* L.

북한 이름 나도사슴국화, 갯국화
원산지 북아프리카, 서아시아, 유럽
들어온 시기 분단 이후
발견 기록 1957년 서울 이화여자대학교 교정(이화여자대학교 생물학과 표본관), 1993년 경기도 시흥 수인산업도로변(박수현 1993)
침입 정도 귀화
참고 단양에서도 관찰되었다(박수현 2009). 북한에서는 낮은 지대의 강 주변이나 산 변두리 눅눅한 풀숲에서 자란다(임록재 등 1999). 코마로프(1907)가 중국 선양에서 발견한 기록이 있으므로 박형선 등(2009)은 19세기 초에 중국을 거쳐 귀화한 식물로 추정했다. 중국의 침입외래생물이며(Xu 등 2012), 일본에도 귀화했다(清水建美 2003).

문헌

박수현. 1993. 한국 미기록 귀화식물(Ⅲ).
박수현. 2009. 세밀화와 사진으로 보는 한국의 귀화식물.
박형선 등. 2009. 조선민주주의인민공화국의 외래식물목록과 영향평가.
임록재 등. 1999. 조선식물지 7(증보판).
清水建美. 2003. 日本の帰化植物.
Komarov, V.L. 1907. Flora Manshuriae. Vol. Ⅲ.
Xu 등. 2012. An inventory of invasive alien species in China.

꽃족제비쑥 *Tripleurospermum inodorum* (L.) Sch.Bip.

북한 이름 연한사슴국화

이명 *Matricaria inodora* L.

원산지 아시아, 유럽

들어온 시기 분단 이후

발견 기록 1993년 서울, 시흥, 서인천(박수현 1994)

침입 정도 귀화

참고 1970년대 이전 문헌에 *M. inodora*의 국내 분포가 보고되어 있다(Nakai 1911; Mori 1922; 도봉섭 1935; 정태현 1956, 1965). 박수현(1994)은 이 기록에 따라 꽃족제비쑥이 과거에 발견된 후 중간에 절멸했지만 1990년대에 다시 귀화한 것으로 추정했다. 김창기와 길지현(2016) 역시 이 견해에 따라 분단 이전에 들어온 외래식물로 기록했다. 한편 이우철(1996)은 옛 문헌에 기록된 *M. inodora*는 꽃족제비쑥이 아니라 개꽃 (*Tripleurospermum limosum* (Maxim.) Pobed.)을 가리키는 것으로 설명했다. 고명철과 김기윤(1976) 역시 일부 문헌에 *T. inodorum*이 국내에 분포하는 것으로 되어 있지만 이것은 유럽과 러시아에 분포하는 종이며, 국내에 분포하는 종은 사슴국화(=개꽃)라고 설명했다. 따라서 박수현의 1994년 보고가 한반도 꽃족제비쑥 분포에 관한 첫 보고이며 북한에는 아직 분포하지 않는다.

문헌

고명철, 김기윤. 1976. 조선식물지 6.

박수현. 1994. 한국의 귀화식물에 관한 연구.

이우철. 1996. 한국식물명고.

정태현. 1956. 한국식물도감(하권 초본부).

정태현. 1965. 한국동식물도감. 제5권. 식물편(목초본류).

都逢涉. 1935. 咸鏡南道山岳地帶に於けろ高山植物及び藥用植物.

Kim, C.G., J. Kil. 2016. Alien flora of the Korean Peninsula.

Mori, T. 1922. An Enumeration of Plants Hitherto Known from Corea.

Nakai, T. 1911. Flora Koreana. Pars Secunda.

나도민들레 *Crepis tectorum* L.

북한 이름 들갈래민들레

원산지 아시아, 유럽

들어온 시기 분단 이후

발견 기록 2004년 강원도 평창군 진부면 동산리 월정사 입구, 상진부리(이유미 등 2005)

침입 정도 귀화

참고 일본에서는 1974년에 발견되었다(清水建美 2003).

문헌

이유미 등. 2005. 한국 미기록 귀화식물: 긴털비름(*Amaranthus hybridus*)과 나도민들레(*Crepis tectorum*).

清水建美. 2003. 日本の帰化植物.

나래가막사리 *Verbesina alternifolia* (L.) Britton ex Kearney

이명 *Coreopsis alternifolia* L.

원산지 미국 동부

들어온 시기 분단 이후

발견 기록 1988년 경상남도 함안 진날벌(전의식 1991)

침입 정도 귀화

참고 중부와 남부에 분포하며, 주로 인간의 간섭이 크고 잦은 도로변이나 경작지 등 과거에 토지이용을 했던 장소에서 자라지만, 토양 수분이 많은 산간 계곡부나 하천 및 습지 주변에도 분포한다(길지현 등 2011). 일본에는 양봉용 밀원식물로 쓰기 위해 미국에서 들여와 1961년부터 재배했던 것이 야생으로 퍼졌다(清水建美 2003).

문헌

길지현 등. 2011. 외래잡초 나래가막사리(*Verbesina alternifolia*)의 생물학적 침입 및 분포유형.

전의식. 1991. 새로 발견된 귀화식물(1). 대양을 건너 찾아온 진객.

清水建美. 2003. 日本の帰化植物.

국화과(Compositae)

노랑도깨비바늘 *Bidens polylepis* S.F. Blake

원산지 북아메리카
들어온 시기 분단 이후
발견 기록 2009년 울산 울주군 삼남면 방기리 취서산 산자락, 상북면 재서산 샘물산장
부근과 억새군락지, 인천 영종도 운북교 주변 나대지(이유미 등 2010)
침입 정도 일시 출현

문헌

이유미 등. 2010. 한국 미기록 귀화식물인 노랑도깨비바늘(*Bidens polylepis* S.F. Blake)과 비누풀
(*Saponaria officinalis* L.).

국화과(Compositae)

노랑코스모스 *Cosmos sulphureus* Cav.

북한 이름 노란코스모스, 노란길국화

원산지 멕시코, 미국 남부

들어온 시기 개항 이후~분단 이전

침입 정도 귀화

참고 화훼로 쓰기 위해 경상북도종묘장(1915)에서 시험 재배한 기록이 있다. 홍순형과 허만규(1994)가 부산의 귀화식물 목록에 실었으며, 박수현(1995)이 재배지를 벗어나 야생으로 퍼졌다고 했다. 중국의 침입외래생물 목록에 실려 있다(Xu 등 2012).

문헌

박수현. 1995. 한국 귀화식물 원색도감.

홍순형, 허만규. 1994. 부산지역의 귀화식물 조사 보고.

慶尙北道種苗場. 1915. 慶尙北道種苗場報告.

Xu 등. 2012. An inventory of invasive alien species in China.

국화과(Compositae)

단풍잎돼지풀 *Ambrosia trifida* L.

다른 이름 큰도깨비풀, 큰돼지풀

북한 이름 갈래쑥잎풀

원산지 북아메리카

들어온 시기 분단 이후

발견 기록 1964년 경기도 전곡(전의식 채집, 김준민 등 2000), 1974년 경기도 적성(이영노, 오용자 1974), 1975년 강원도 중도(이우철, 정현배 1976)

침입 정도 침입

참고 우리나라에는 한국전쟁 중에 들어온 것으로 보인다(이영노, 오용자 1974). 특히 경기도와 강원도 일대의 국도나 지방도로변, 하천이나 호수변에 많이 분포한다(길지현 등 2012). 1999년 환경부에서 돼지풀과 함께 처음으로 생태계교란생물로 지정해 수입과 반입, 재배가 금지되어 있다. 병해충에 해당하는 잡초다(농림축산검역본부 2016). 중국에서는 1930년대에 발견되었고 침입외래생물 목록에 실려 있다(Xu 등 2012). 일본 생태학회(2002)가 선정한 최악의 침입외래종 100선 중 하나이며, 환경성(2015)은 중점대책이 필요한 외래종으로 관리한다. 추출물의 항산화 및 피부 미백효과, 충치와 치주질환의 예방 및 치료 효과가 보고되었다(김은실 등 2016; 백광현 등 2016).

문헌

길지현 등. 2012. 생태계교란생물.

김은실 등. 2016. 단풍잎돼지풀 추출물 또는 이의 분획물을 유효성분으로 함유하는 충치와 치주질환 예방 또는 치료용 조성물.

김준민 등. 2000. 한국의 귀화식물.

농림축산검역본부. 2016. 병해충에 해당되는 잡초.

백광현 등. 2016. 단풍잎돼지풀 추출물을 유효성분으로 함유하는 항산화 및 피부 미백용 화장료 조성물.

이영노, 오용자. 1974. 한국의 귀화식물(1).

이우철, 정현배. 1976. 삼악산 및 중도의 식물상.

임양재, 전의식. 1980. 한반도의 귀화식물 분포.

日本生態学会. 2002. 外来種ハンドブック.

環境省. 2015. 我が国の生態系等に被害を及ぼすおそれのある外来種リスト.

Xu 등. 2012. An inventory of invasive alien species in China.

국화과(Compositae)
데이지 *Bellis perennis* L.

다른 이름 잉글리시데이지(English daisy), 영국데이지
북한 이름 애기국화
원산지 유럽 중부, 남서부
들어온 시기 개항 이후~분단 이전(1921년: 리휘재 1964)
발견 기록 1998년 서울 한강 둔치(농업과학기술원 2000)
침입 정도 일시 출현
참고 박만규(1949)가 관상용 재배식물로 기록했다. 재배지를 벗어나 자라는 외래잡초
로 알려졌으며(농업과학기술원 2000), 홍순형과 허만규(1994)가 부산의 귀화식물 목록
에 실었다.

문헌

농업과학기술원. 2000. 1999년도 시험연구사업보고서(작물보호분야, 잠사곤충분야).
리휘재. 1964. 한국식물도감. 화훼류 Ⅰ.
박만규. 1949. 우리나라 식물명감.
홍순형, 허만규. 1994. 부산지역의 귀화식물 조사 보고.

도꼬마리 *Xanthium strumarium* L.

북한 이름 참도꼬마리

이명 *Xanthium chinense* Mill., *Xanthium japonicum* Widder

원산지 아시아, 유럽, 북아메리카, 남아메리카

들어온 시기 개항 이전

발견 기록 1886년 서울(J. Kalinowsky 채집, Palibin 1898)

침입 정도 귀화

참고 원산지는 아시아(竹松哲夫, 一前宣正 1987), 지중해(Holm 등 1991) 또는 아메리카 대륙(Wu 등 2011)으로 보고되지만 아직 명확하지 않다. 향약집성방(1433)에 도꼬마리 씨(창이자 蒼耳子, 시이실 枲耳實)의 처방이 나온다(동의학편집부 1986). 마에카와 (1943)는 벼 재배에 따라 유사 이전 일본에 들어온 사전귀화식물(史前歸化植物)로 추정했으며, 김준민 등(2000)도 사전귀화식물로 분류했다. 박수현(1994)이 귀화식물 목록에 실었다. 병해충에 해당하는 잡초다(농림축산검역본부 2016).

문헌

김준민 등. 2000. 한국의 귀화식물.

농림축산검역본부. 2016. 병해충에 해당되는 잡초.

동의학편집부. 1986. 향약집성방.

박수현. 1994. 한국의 귀화식물에 관한 연구.

前川文夫. 1943. 史前歸化植物 について.

竹松哲夫, 一前宣正. 1987. 世界の雜草 Ⅰ - 合弁花類 -.

Holm 등. 1991. The World's Worst Weeds. Distribution and Biology.

Palibin, J. 1898. Conspectus Florae Koreae. Pars I.

Wu 등. 2011. Flora of China. Vol. 20-21.

국화과(Compositae)

돼지풀 *Ambrosia artemisiifolia* L.

다른 이름 두드러기쑥, 도깨비풀
북한 이름 쑥잎풀, 누더기풀
이명 *Ambrosia elatior* L.
원산지 북아메리카
들어온 시기 분단 이후
발견 기록 1955년 제주도(부산대학교 약학과 표본관), 1968년 경상남도 거제시 장목면 시방리(경북대학교 생물학과 표본관)
침입 정도 침입
참고 이춘녕과 안학수(1963)가 남부와 제주도 들판에서 자라는 귀화식물로 기록했다. 이영노와 오용자(1974)는 한국전쟁을 계기로 국내로 들어온 것으로 추정했으며 제주도부터 38도선 부근까지 널리 분포하는 아주 나쁜 잡초라고 했다. 1966~1968년의 비무장지대 조사에서 발견되기도 했다(강영선 1972). 1999년 단풍잎돼지풀과 함께 처음으로 지정된 생태계교란생물이며(길지현 등 2012), 병해충에 해당하는 잡초다(농림축산검역본부 2016). 남한의 중부 지역을 거쳐 북한으로까지 빠르게 확산해 북한의 생태계를 크게 교란하고 있다(박형선 등 2009). 중국에서는 1930년대에 발견되었으며 현재 침입외래생물 목록에 실려 있다(Xu 등 2012). 일본에는 1877년경에 들어왔다(牧野富太郎 1940). 유럽 100대 악성 외래종 중 하나다(DAISIE 2009).

문헌

강영선. 1972. 비무장지대의 천연자원에 관한 연구.
길지현 등. 2012. 생태계교란생물.
농림축산검역본부. 2016. 병해충에 해당되는 잡초.
박형선 등. 2009. 조선민주주의인민공화국의 외래식물목록과 영향평가.
이영노, 오용자. 1974. 한국의 귀화식물(1).
이춘녕, 안학수. 1963. 한국식물명감.
牧野富太郎. 1940. 牧野日本植物図鑑.
DAISIE. 2009. Handbook of Alien Species in Europe.
Xu 등. 2012. An inventory of invasive alien species in China.

국화과(Compositae)
돼지풀아재비 *Parthenium hysterophorus* L.

원산지 북아메리카, 남아메리카
들어온 시기 분단 이후
발견 기록 1995년 경상남도 충무시(현 통영시)(강병화 채집, 박수현 1996)
침입 정도 귀화
참고 중국에서는 1926년 처음 발견되었으며 현재 침입외래생물 목록에 실려 있다(Xu
등 2012). 영국에서는 수입 곡물에 섞여 들어와 황폐지의 잡초로 발견되었다(Dunn
1905).

문헌
박수현. 1996. 한국 미기록 귀화식물(VIII).
Dunn, S.T. 1905. Alien Flora of Britain.
Xu 등. 2012. An inventory of invasive alien species in China.

국화과(Compositae)

등골나물아재비 *Ageratum conyzoides* (L.) L.

북한 이름 참아게라툼
원산지 남아메리카
들어온 시기 분단 이후
발견 기록 1957년 서울 이화여자대학교 교정, 인천 주안(이화여자대학교 생물학과 표본관), 1993년 제주도(김동성 채집, 박수현 1995)
침입 정도 귀화
참고 원산지인 열대 아메리카를 벗어난 뒤 세계 온대 지역에서 가장 흔한 잡초 중 하나가 되었다(Holm 등 1991). 국내 분포는 박수현(1995)이 처음 보고했다. 중국에서는 19세기 홍콩에서 처음 발견되었으며 현재 침입외래생물 목록에 실려 있다(Xu 등 2012). 일본에는 메이지시대 초기(1870년경)에 들어왔으며 환경성(2015)은 종합대책이 필요한 외래종으로 지정했다.

문헌

박수현. 1995. 한국 귀화식물 원색도감.
環境省. 2015. 我が国の生態系等に被害を及ぼすおそれのある外来種リスト.
Holm 등. 1991. The World's Worst Weeds. Distribution and Biology.
Xu 등. 2012. An inventory of invasive alien species in China.

국화과(Compositae)

뚱딴지 *Helianthus tuberosus* L.

다른 이름 돼지감자
북한 이름 뚝감자
원산지 북아메리카
들어온 시기 개항 이전(18~19세기 초: 이덕봉 1974)
발견 기록 1900년 서울 남산(T. Uchiyama 채집, Nakai 1911), 1913년 제주도(中井猛之進 1914)
침입 정도 귀화
참고 나카이(1914)는 야생상태로 남아 있다고 기록했고, 이창복(1973)은 인가 근처에 야생상태로 자란다고 했다. 임양재와 전의식(1980)이 귀화식물 목록에 실었고, 지금은 전국 각지에서 야생한다(박형선 등 2009). 유럽에서는 예루살렘 아티초크(Jerusalem Artichoke)라는 이름으로 오랜 기간 재배했으며, 재배지 근처에 정착한 식물체가 발견되었다(Dunn 1905). 중국의 침입외래생물 목록에 실려 있다(Xu 등 2012).

문헌

박형선 등. 2009. 조선민주주의인민공화국의 외래식물목록과 영향평가.
이덕봉. 1974. 한국동식물도감. 제15권. 식물편(유용식물).
이창복. 1973. 초자원도감.
임양재, 전의식. 1980. 한반도의 귀화식물 분포.
中井猛之進. 1914. 濟州島竝莞島植物調査報告書.
Dunn, S.T. 1905. Alien Flora of Britain.
Nakai, T. 1911. Flora Koreana. Pars Secunda.
Xu 등. 2012. An inventory of invasive alien species in China.

마가렛트 *Argyranthemum frutescens* (L.) Sch.Bip.

다른 이름 나무쑥갓

북한 이름 잔잎국, 향국

이명 *Chrysanthemum frutescens* L.

원산지 북아프리카 카나리아 제도

들어온 시기 분단 이후

침입 정도 일시 출현

참고 이춘녕과 안학수(1963)가 관상용 재배식물로 기록했고, 홍순형과 허만규(1994)가 부산의 귀화식물 목록에 실었다.

문헌

이춘녕, 안학수. 1963. 한국식물명감.

홍순형, 허만규. 1994. 부산지역의 귀화식물 조사 보고.

만수국 *Tagetes patula* L.

다른 이름 불란서금잔화, 프렌치메리골드(French marigold)
북한 이름 만수국
원산지 멕시코, 과테말라
들어온 시기 개항 이후~분단 이전
침입 정도 일시 출현
참고 화훼로 쓰기 위해 권업모범장(1907) 독도원예지장에서 시험 재배한 기록이 있다.
홍순형과 허만규(1994)가 부산의 귀화식물 목록에 실었다. 중국의 침입외래생물 목록
에 실려 있다(Xu 등 2012).

문헌

홍순형, 허만규. 1994. 부산지역의 귀화식물 조사 보고.
朝鮮總督府勸業模範場. 1907. 纛島園藝支場報告.
Xu 등. 2012. An inventory of invasive alien species in China.

만수국아재비 *Tagetes minuta* L.

북한 이름 작은천수국

원산지 남아메리카

들어온 시기 분단 이후

발견 기록 1977년 민주지산 입구(전의식 채집, 김준민 등 2000)

침입 정도 침입

참고 임양재와 전의식(1980)이 처음 귀화식물 목록에 수록했다. 제주도와 남부 지방에 많이 분포한다(김준민 등 2000).

문헌

김준민 등. 2000. 한국의 귀화식물.

임양재, 전의식. 1980. 한반도의 귀화식물 분포.

망초 *Erigeron canadensis* L.

북한 이름 잔꽃풀, 망풀
이명 *Conyza canadensis* (L.) Cronquist
원산지 북아메리카
들어온 시기 개항 이후~분단 이전
발견 기록 1897년 압록강 나원보(Komarov 1907), 1913년 제주도 밭(中井猛之進 1914)
침입 정도 침입
참고 나카이(1914)는 제주도 식물조사에서 발견한 뒤 귀화식물로 기록했다. 중국에서는 1860년에 발견되었으며, 현재 침입외래생물 목록에 실려 있다(Xu 등 2012). 일본에는 메이지시대 초기(1870년경)에 들어왔고(牧野富太郎 1940), 명치초(明治草), 어유신초(御維新草), 철도초(鐵道草) 등의 이름으로 불렀다(平山常太郎 1918). 1910년 한일 강제합병 이후 큰 장마로 산사태가 난 자리에 지금까지 보지 못했던 볼품없는 낯선 풀이 많이 났고, 이를 보고 나라가 망할 때 돋아난 풀이라 해서 '망국초'라고 부르다가 망초로 줄었다(김준민 등 2000). 병해충에 해당하는 잡초다(농림축산검역본부 2016).

문헌

김준민 등. 2000. 한국의 귀화식물.
농림축산검역본부. 2016. 병해충에 해당되는 잡초.
牧野富太郎. 1940. 牧野日本植物図鑑.
中井猛之進. 1914. 濟州島竝莞島植物調査報告書.
平山常太郎. 1918. 日本に於ける歸化植物.
Komarov, V.L. 1907. Flora Manshuriae. Vol. Ⅲ.
Xu 등. 2012. An inventory of invasive alien species in China.

미국가막사리 *Bidens frondosa* L.

다른 이름 양도깨비바늘

북한 이름 잎가막사리

원산지 북아메리카

들어온 시기 분단 이후

발견 기록 1966년 충청북도 옥천(이창복 채집, 서울대학교 산림자원학과 표본관)

침입 정도 침입

참고 이창복(1969)이 처음 보고했고, 이영노와 오용자(1974)가 물기가 많은 길가나 개천가에 나는 귀화식물로 기록했다. 남한 전역에서 자란다. 조선식물지에는 기록되어 있지 않으나 1986년에 체코슬로바키아 학자들이 북한의 남포 염습지에서 발견했다(Kolbek 등 1989). 병해충에 해당하는 잡초다(농림축산검역본부 2016). 중국에서는 1926년에 발견되었으며 침입외래생물 목록에 실려 있다(Xu 등 2012). 일본에서도 1920년경에 발견되었으며, 환경성(2015)은 종합대책이 필요한 외래종으로 지정했다.

문헌

농림축산검역본부. 2016. 병해충에 해당되는 잡초.

이영노, 오용자. 1974. 한국의 귀화식물(1).

이창복. 1969. 자원식물.

環境省. 2015. 我が国の生態系等に被害を及ぼすおそれのある外来種リスト.

Kolbek 등. 1989. On salt marsh vegetation in North Korea.

Xu 등. 2012. An inventory of invasive alien species in China.

국화과(Compositae)

미국미역취 *Solidago gigantea* Aiton

이명 *Solidago serotina* Aiton

원산지 북아메리카

들어온 시기 분단 이후

발견 기록 1959년 현 세종시 장군면 송문리(이화여자대학교 생물학과 표본관), 1990년
금강산 남공강변(Jarolímek, Kolbek 2006)

침입 정도 침입

참고 이창복(1969)이 처음 기록했다. 관상식물로 들어왔으며, 임양재와 전의식(1980)
이 귀화식물 목록에 실었다. 조선식물지에는 기록되어 있지 않으나 북한 식물을 조사한
체코슬로바키아 학자들이 보고한 적이 있다(Jarolímek, Kolbek 2006). 일본에는 19세기
후반에 들어왔고, 일본생태학회(2002)가 최악의 침입외래생물 100선 중 하나로 선정했
으며, 환경성(2015)은 중점대책이 필요한 외래종으로 지정했다.

문헌

이창복. 1969. 자원식물.

임양재, 전의식. 1980. 한반도의 귀화식물 분포.

日本生態学会. 2002. 外来種ハンドブック.

環境省. 2015. 我が国の生態系等に被害を及ぼすおそれのある外来種リスト.

Jarolímek, I., J. Kolbek. 2006. Plant communities dominated by *Salix gracilistyla* in Korean
Peninsula and Japan.

미국쑥부쟁이 *Symphyotrichum pilosum* (Willd.) G.L. Nesom

다른 이름 중도국화

이명 *Aster pilosus* Willd.

원산지 북아메리카

들어온 시기 분단 이후

발견 기록 1980년 강원도 춘천시 중도(전의식 1993)

침입 정도 침입

참고 화훼로 쓰기 위해 도입되었다가 확산했거나(전의식 1993), 한국전쟁 중 미군의 군수품에 붙어 들어온 것으로 보인다(이우철 1996). 박수현(1994)이 귀화식물 목록에 실었다. 남한 전역에서 자라며, 환경부에서 2009년에 생태계교란생물로 지정했다(길지현 등 2012). 병해충에 해당하는 잡초다(농림축산검역본부 2016).

문헌

길지현 등. 2012. 생태계교란생물.

농림축산검역본부. 2016. 병해충에 해당되는 잡초.

박수현. 1994. 한국의 귀화식물에 관한 연구.

이우철. 1996. 원색한국기준식물도감.

전의식. 1993. 새로 발견된 귀화식물(5). 유럽 원산의 민들레아재비.

미국풀솜나물 *Gnaphalium pensylvanicum* Willd.

이명 *Gamochaeta pensylvanica* (Willd.) Cabrera
원산지 남아메리카
들어온 시기 분단 이후
발견 기록 1997년 제주도 서귀포시 중문동 중문관광단지(Ji 등 2014)
침입 정도 귀화
참고 중국에서는 1932년에 발견되었고, 현재 침입외래생물 목록에 실려 있다(Xu 등 2012).

문헌

Ji 등. 2014. Two newly naturalized plants in Korea: *Euthamia graminifolia* (L.) Nutt. and *Gamochaeta pensylvanica* (Willd.) Cabrera.

Xu 등. 2012. An inventory of invasive alien species in China.

미역취아재비 *Euthamia graminifolia* (L.) Nutt.

원산지 북아메리카
들어온 시기 분단 이후
발견 기록 2013년 강원도 인제군 가리산(Ji 등 2014)
침입 정도 일시 출현

문헌

Ji 등. 2014. Two newly naturalized plants in Korea: *Euthamia graminifolia* (L.) Nutt. and *Gamochaeta pensylvanica* (Willd.) Cabrera.

바늘도꼬마리 *Xanthium spinosum* L.

북한 이름 가시도꼬마리
원산지 남아메리카
들어온 시기 분단 이후
발견 기록 1996년 전라남도 영암 초지(농업과학기술원 1997; 오세문 등 2003)
침입 정도 귀화
참고 북한에서 먼저 보고되었다. 고명철과 김기윤(1976)은 집 근처와 길가 등에 드물게 자라며, 임록재 등(1999)은 각지의 낮은 지대 산기슭과 들판에서 자란다고 했다. 남한에서는 최귀문 등(1996)이 처음 보고해 외래잡초 종자도감에 실었다. 병해충에 해당하는 잡초(관리잡초)다(농림축산검역본부 2016). 오스트레일리아에서는 1850년 처음 발견되었고, 처음에는 길가에만 일부 분포했지만 양과 말의 몸에 열매가 붙어 이동하면서 매우 빠른 속도로 확산했다(Schomburgk 1879). 중국의 침입외래생물 목록에 실려 있다(Xu 등 2012).

문헌

고명철, 김기윤. 1976. 조선식물지 6.
농림축산검역본부. 2016. 병해충에 해당되는 잡초.
농업과학기술원. 1997. 1996년도 시험연구보고서(작물보호부).
오세문 등. 2003. 1981년 이후 발견된 국내 발생 외래잡초 현황.
임록재 등. 1999. 조선식물지 7(증보판).
최귀문 등. 1996. 원색 외래잡초 종자도감.
Schomburgk, R. 1879. On the Naturalized Weeds and Other Plants in South Australia.
Xu 등. 2012. An inventory of invasive alien species in China.

국화과(Compositae)
방가지똥 *Sonchus oleraceus* (L.) L.

북한 이름 방가지풀
원산지 북아프리카, 아시아, 유럽
들어온 시기 개항 이전
발견 기록 1900년 서울 남산(T. Uchiyama 채집, Nakai 1911)
침입 정도 귀화
참고 박수현(1994)이 귀화식물 목록에 실었다. 고강석 등(1995)은 학자에 따라 재래식
물로 보기도 하므로 귀화식물 목록에서 제외해야 한다고 했다. 마에카와(1943)는 유사
시대 초기 또는 그 이후에 중국을 경유해 일본으로 들어온 유럽 원산 식물로 추정했으
며, 김준민 등(2000)도 농작물과 함께 들어온 구귀화식물로 판단했다. 중국의 침입외래
생물 목록에 실려 있으며(Xu 등 2012), 남부 연해주의 침입외래식물이다(Kozhevnikov
등 2015).

문헌
고강석 등. 1995. 귀화생물에 의한 생태계 영향 조사(Ⅰ).
김준민 등. 2000. 한국의 귀화식물.
박수현. 1994. 한국의 귀화식물에 관한 연구.
前川文夫. 1943. 史前歸化植物について.
Kozhevnikov 등. 2015. Illustrated Flora of the Southwest Primorye (Russian Far East).
Nakai, T. 1911. Flora Koreana. Pars Secunda.
Xu 등. 2012. An inventory of invasive alien species in China.

국화과(Compositae)

백일홍 *Zinnia violacea* Cav.

북한 이름 백일홍
이명 *Zinnia elegans* Jacq.
원산지 멕시코
들어온 시기 개항 이전
침입 정도 일시 출현
참고 국내 도입 연도는 알려지지 않았지만 물보(物譜 1722~1879)에 기록되어 있으며
(리휘재 1964), 화훼로 쓰기 위해 권업모범장(1907)에서 시험 재배했다. 홍순형과 허만
규(1994)가 부산의 귀화식물 목록에 실었다. 박형선 등(2009)은 자연식물상으로 퍼져
나가는 것은 없다고 평가했다.

문헌

리휘재. 1964. 한국식물도감. 화훼류 Ⅰ.
박형선 등. 2009. 조선민주주의인민공화국의 외래식물목록과 영향평가.
홍순형, 허만규. 1994. 부산지역의 귀화식물 조사 보고.
朝鮮總督府勸業模範場. 1907. 纛島園藝支場報告.

국화과(Compositae)
별꽃아재비 *Galinsoga parviflora* Cav.

다른 이름 쓰레기꽃
북한 이름 찰잎풀
원산지 남아메리카
들어온 시기 분단 이후
발견 기록 1974년 서울 인창중학교 교정(Park 1976), 2001년 평양시 강동군(박형선, 오세봉 2006)
침입 정도 침입
참고 쓰레기장 주변이나 빈터에서 흔히 자란다(이창복 2003). 북한 학자들은 별꽃아재비가 남한에 정착한 뒤 북상해 평양과 그 주변 지역까지 확산한 것으로 추정했고, 적극적으로 방제해야 할 위험한 침입종으로 평가한다(박형선 등 2009). 유럽에는 19세기 초기에 보고되었고, 미국으로부터의 밀 수입과 관련 있었다(Dunn 1905). 중국의 침입외래생물 목록에 실려 있으며(Xu 등 2012), 남서 연해주의 침입외래식물로 보고되었다(Kozhevnikov 등 2015).

문헌
박형선, 오세봉. 2006. 우리 나라 식물상에서 기재되는 몇 가지 새로운 종들에 대하여.
박형선 등. 2009. 조선민주주의인민공화국의 외래식물목록과 영향평가.
이창복. 2003. 원색 대한식물도감.
Dunn, S.T. 1905. Alien Flora of Britain.
Kozhevnikov 등. 2015. Illustrated Flora of the Southwest Primorye (Russian Far East).
Park, S.H. 1976. Some new plant resources from Korea.
Xu 등. 2012. An inventory of invasive alien species in China.

봄망초 *Erigeron philadelphicus* L.

다른 이름 대구망초
원산지 북아메리카
들어온 시기 분단 이후
침입 정도 침입
참고 이창복(1969)이 국명 없이 처음 기록했으며, 임양재와 전의식(1980)이 귀화식물 목록에 실었다. 대구, 인천, 서울에서 발견되었다(박수현 2009). 중국에서는 19세기 말 발견되었고, 침입외래생물 목록에 실려 있다(Xu 등 2012). 일본에는 1920년경 들어왔으며, 일본생태학회(2002)는 최악의 침입외래생물 100선 중 하나로 선정했다.

문헌
박수현. 2009. 세밀화와 사진으로 보는 한국의 귀화식물.
이창복. 1969. 자원식물.
임양재, 전의식. 1980. 한반도의 귀화식물 분포.
日本生態学会. 2002. 外来種ハンドブック.
Xu 등. 2012. An inventory of invasive alien species in China.

국화과(Compositae)

불란서국화 *Leucanthemum vulgare* (Vaill.) Lam.

다른 이름 여름국화, 데이지, 옥스아이데이지(Oxeye daisy)

북한 이름 흰산국

이명 *Chrysanthemum leucanthemum* L.

원산지 유럽

들어온 시기 개항 이후~분단 이전

침입 정도 귀화

참고 박만규(1949)가 관상용 재배식물로 기록했고, 박수현(1994)이 귀화식물 목록에 실었다. 북부 산지에도 귀화했으며(임록재 등 1999), 북한에서는 1930년경 일본에서 사료를 들여올 때 섞여 들어와 퍼져 나간 것으로 추정한다. 현재 양강도 운흥군 산지에서 분포가 확대되고 있다(박형선 등 2009). 중국에서는 1910년에 발견되었으며, 침입외래생물 목록에 실려 있다(Xu 등 2012). 일본에는 에도시대 말기에 들어왔으며 환경성(2015)은 종합대책이 필요한 외래종으로 지정했다.

문헌

박만규. 1949. 우리나라 식물명감.

박수현. 1994. 한국의 귀화식물에 관한 연구.

박형선 등. 2009. 조선민주주의인민공화국의 외래식물목록과 영향평가.

임록재 등. 1999. 조선식물지 7(증보판).

環境省. 2015. 我が国の生態系等に被害を及ぼすおそれのある外来種リスト.

Xu 등. 2012. An inventory of invasive alien species in China.

불로초 *Ageratum houstonianum* Mill.

다른 이름 멕시코엉겅퀴, 아게라툼, 불로화
북한 이름 아게라툼
원산지 멕시코, 벨리즈, 온두라스
들어온 시기 분단 이후(1957년: 리휘재 1964)
침입 정도 일시 출현
참고 재배지를 벗어난 외래식물이다(농업과학기술원 1998; 오세문 등 2002). 중국의 침입외래생물 목록에 실려 있으며(Xu 등 2012), 일본 환경성(2015)은 종합대책이 필요한 외래종으로 지정했다.

문헌

농업과학기술원. 1998. 1997년도 시험연구사업보고서.
리휘재. 1964. 한국식물도감. 화훼류 I.
오세문 등. 2002. 국내 외래잡초의 유입정보 및 발생 현황.
環境省. 2015. 我が国の生態系等に被害を及ぼすおそれのある外来種リスト.
Xu 등. 2012. An inventory of invasive alien species in China.

국화과(Compositae)

붉은서나물 *Erechtites hieraciifolius* (L.) Raf. ex DC.

다른 이름 물쑥갓, 대룡국화
북한 이름 산쑥갓, 조밥쑥갓
원산지 북아메리카
들어온 시기 분단 이후
발견 기록 1971년 경기도 용인시 양지골프장 주변 도로(이창복 1972)
침입 정도 귀화
참고 1970년대 들어 서울 임업시험장내 숲 속, 광주 무등산, 파주 등 여러 지역에서 발견되었다(이영노, 오용자 1974). 1975년에는 강원도 구곡폭포, 대룡산 삼거리 입구 개울가, 삼악산 등선폭포 및 강가에서도 발견되었다(이우철, 정현배 1976). 임록재 등(1999)은 1920~1930년에 국내로 들어온 것으로 판단했고, 중부에서는 강원도와 황해남도에 분포한다고 밝혔는데 아직 북부에서는 발견되지 않았다(박형선 등 2009). 중국에서는 1933년에 발견되었으며, 침입외래생물 목록에 실려 있다(Xu 등 2012).

문헌

박형선 등. 2009. 조선민주주의인민공화국의 외래식물목록과 영향평가.
이영노, 오용자. 1974. 한국의 귀화식물(1).
이우철, 정현배. 1976. 삼악산 및 중도의 식물상.
이창복. 1972. 밝혀지는 식물자원(III).
임록재 등. 1999. 조선식물지 7(증보판).
Xu 등. 2012. An inventory of invasive alien species in China.

붉은씨서양민들레 *Taraxacum laevigatum* (Willd.) DC.

원산지 유럽
들어온 시기 분단 이후
발견 기록 1987년 서울 선정릉(전의식 등 1987)
침입 정도 귀화
참고 서울과 중남부 지방 및 제주도에 분포한다(박수현 2009). 일본생태학회(2002)는
최악의 침입외래생물 100선 중 하나로 선정했다.

문헌

박수현. 2009. 세밀화와 사진으로 보는 한국의 귀화식물.
전의식 등. 1987. 서울 선정능의 식생.
日本生態学会. 2002. 外来種ハンドブック.

비짜루국화 *Symphyotrichum subulatum* (Michaux) G.L. Nesom

이명 *Aster subulatus* (Michx.) Hort. ex Michx.

원산지 북아메리카

들어온 시기 분단 이후

발견 기록 1971년 전라남도 목포 삼학도와 갓바위를 제방으로 연결해 만든 간척지(김철수 1971)

침입 정도 침입

참고 김철수(1971)는 국명 없이 학명을 제시해 귀화식물로 보고했고, 전의식이 1978년 인천 해변에서 발견하고 비짜루국화라는 국명으로 귀화식물 목록에 실었다(임양재, 전의식 1980; 전의식 1997). 중국에서는 1947년에 발견되어 침입외래생물 목록에 실려 있으며(Xu 등 2012), 일본에는 1910년에 들어와 귀화했다(牧野富太郎 1940).

문헌

김철수. 1971. 간척지 식물군락형성 과정에 관한 연구 -목포지방을 중심으로-.

임양재, 전의식. 1980. 한반도의 귀화식물 분포.

전의식. 1997. 새로 발견된 귀화식물(14). 국화과의 귀화식물. 미국실새삼, 비짜루국화, 큰비짜루국화.

牧野富太郎. 1940. 牧野日本植物図鑑.

Xu 등. 2012. An inventory of invasive alien species in China.

국화과(Compositae)

사라구 *Sonchus palustris* L.

북한 이름 사라구
원산지 서아시아, 유럽
들어온 시기 분단 이후
침입 정도 귀화
참고 임록재 등(1999)이 각지의 들판, 밭둑, 풀밭에서 자라는 식물로 소개하며 조선식물
지에 실었는데 남한에서는 아직 보고되지 않았다.

문헌

임록재 등. 1999. 조선식물지 7(증보판).

사향엉겅퀴 *Carduus nutans* L.

북한 이름 숙은지느러미엉겅퀴
원산지 북아프리카, 서남아시아, 유럽
들어온 시기 분단 이후
발견 기록 2003년 서울 난지도 노을공원, 경기도 남양주군 진접읍 내곡리 절개지 사면
(이유미 등 2008)
침입 정도 귀화
참고 이유미 등(2008)은 도로 사면 복구용 종자가 퍼져 나간 것으로 추정했다. 팔리빈
(1898)이 기록한 *C. nutans*는 사향엉겅퀴가 아니라 지느러미엉겅퀴(*Carduus crispus* L.)를
가리킨다(Nakai 1911).

문헌

이유미 등. 2008. 한국 미기록 귀화식물: 사향엉겅퀴(*Carduus natans*)와 큰키다닥냉이(*Lepidium latifolium*).

Nakai, T. 1911. Flora Koreana. Pars Secunda.

Palibin, J. 1898. Conspectus Florae Koreae. Pars I.

삼잎국화 *Rudbeckia laciniata* L.

북한 이름 금광국, 삿갓국화

원산지 북아메리카

들어온 시기 개항 이후~분단 이전(1912~1945년: 리휘재 1964)

침입 정도 귀화

참고 박만규(1949)가 외래종으로 기록했고, 리휘재(1964)는 관상식물이며 간혹 야생하는 경우가 있다고 했다. 이창복(1980) 역시 왕성하게 퍼지며 잡초화하는 경우가 있다고 했다. 박수현(1994)이 귀화식물 목록에 실었다. 북한에서는 1990년에 평양에서 발견되었다(Kolbek, Sádlo 1996). 꽃잎이 겹으로 된 원예용 품종을 겹삼잎국화(*Rudbeckia laciniata* 'Hortensia', *Rudbeckia laciniata* var. *hortensia* L. H. Bailey)로 부른다. 일본에서는 2006년에 특정외래생물로 지정해 수입·재배·보관·운반을 금지한다(環境省 2015).

문헌

리휘재. 1964. 한국식물도감. 화훼류 I.

박만규. 1949. 우리나라 식물명감.

박수현. 1994. 한국의 귀화식물에 관한 연구.

이창복. 1980. 대한식물도감.

環境省. 2015. 特定外来生物等一覧.

Kolbek, J., J. Sádlo. 1996. Some short-lived ruderal plant communities of non-trampled habitats in North Korea.

삼잎국화   겹삼잎국화

서양가시엉겅퀴 *Cirsium vulgare* (Savi) Ten.

북한 이름 참버들잎엉겅퀴
원산지 북아프리카, 서남아시아, 유럽
들어온 시기 분단 이후
발견 기록 1997년, 1998년 인천 북항(박수현 1998)
침입 정도 귀화
참고 박수현(1998)이 *Cirsium ochrocentrum* A. Gray라는 학명으로 처음 보고했다. 병해충에 해당하는 잡초(관리잡초)다(농림축산검역본부 2016). 일본에는 1960년대에 들어왔고, 환경성(2015)은 종합대책이 필요한 외래종으로 지정했다. 미국 여러 주에서 유해잡초로 지정했다(APHIS 2016).

문헌
농림축산검역본부. 2016. 병해충에 해당되는 잡초.
박수현. 1998. 한국 미기록 귀화식물(XII).
環境省. 2015. 我が国の生態系等に被害を及ぼすおそれのある外来種リスト.
APHIS, USDA. 2016. Federal and state noxious weeds.

서양개보리뺑이 *Lapsana communis* L.

북한 이름 참보리뺑풀
원산지 유럽
들어온 시기 분단 이후
발견 기록 1998년 경기도 안산 수인산업도로변(박수현 1999)
침입 정도 귀화
참고 울릉도에서도 발견되었다(박수현 2009).

문헌

박수현. 1999. 한국 미기록 귀화식물(XIV).
박수현. 2009. 세밀화와 사진으로 보는 한국의 귀화식물.

서양개보리뺑이(왼쪽)와 뿌리뱅이 각 부위 비교

국화과(Compositae)

서양금혼초 *Hypochaeris radicata* L.

다른 이름 민들레아재비, 개민들레
북한 이름 돼지나물
원산지 북아프리카, 서아시아, 유럽
들어온 시기 분단 이후
발견 기록 1988년 서울 올림픽공원, 경기도 용인 골프장, 강원도 알프스 스키장(전의식 1993)
침입 정도 침입
참고 1989~1992년에 제주도에서 발견한 것을 선병윤 등(1992)이 처음 보고했다. 안용준 등(2001)은 1980년대 초 미국, 네덜란드, 오스트레일리아 등에서 수입된 초지 개량용 종자와 함께 제주도에 처음으로 유입된 것으로 언급했다. 제주도에 많이 분포하지만 서산 간월도, 영광 등에서도 확인되었다(김종민 등 2006). 환경부는 2009년에 생태계교란생물로 지정했다(길지현 등 2012). 병해충에 해당하는 잡초다(농림축산검역본부 2016).

문헌

김종민 등. 2006. 생태계위해성이 높은 외래종 정밀조사 및 선진 외국의 생태계교란종 지정현황 연구.
길지현 등. 2012. 생태계교란생물.
농림축산검역본부. 2016. 병해충에 해당되는 잡초.
선병윤 등. 1992. 한국 귀화식물 및 신분포지.
안용준 등. 2001. 서양금혼초 퇴치를 위한 연구용역 최종보고서.
전의식. 1993. 새로 발견된 귀화식물(5). 유럽 원산의 민들레아재비.

서양등골나물 *Ageratina altissima* (L.) R.M. King & H. Rob.

다른 이름 사근초(蛇根草)
북한 이름 주름등골나물
이명 *Eupatorium rugosum* Houtt.
원산지 북아메리카
들어온 시기 분단 이후
침입 정도 침입
참고 이우철과 임양재(1978)가 처음 보고했다. 대개의 귀화식물이 양지식물인 데 비해 서양등골나물은 내음성이 강해 1978년 남산에서 처음 발견된 지 불과 2~3년 만에 남산의 아까시나무 숲 대부분에 침입했다(김준민 등 2000). 병해충에 해당하는 잡초이며(농림축산검역본부 2016), 환경부는 2002년에 생태계교란생물로 지정했다(길지현 등 2012). 일본에는 1896년에 들어왔고, 환경성(2015)은 종합대책이 필요한 외래종으로 지정했다.

문헌
길지현 등. 2012. 생태계교란생물.
김준민 등. 2000. 한국의 귀화식물.
농림축산검역본부. 2016. 병해충에 해당되는 잡초.
이우철, 임양재. 1978. 한반도 관속식물의 분포에 관한 연구.
環境省. 2015. 我が国の生態系等に被害を及ぼすおそれのある外来種リスト.

서양민들레 *Taraxacum officinale* (L.) Weber ex F.H. Wigg.

다른 이름 양민들레
북한 이름 들민들레
원산지 유럽
들어온 시기 개항 이후~분단 이전
침입 정도 침입
참고 모리(1922)가 경성에 분포한다고 보고했다. 박만규(1949)가 외래품으로 기록했고, 임양재와 전의식(1980)이 귀화식물 목록에 실었다. 일본에서는 1904년에 발견되었고, 환경성(2015)은 중점대책이 필요한 외래종으로 지정했다. 일본생태학회(2002)는 최악의 침입외래생물 100선 중 하나로 선정했다.

문헌

박만규. 1949. 우리나라 식물명감.
임양재, 전의식. 1980. 한반도의 귀화식물 분포.
日本生態学会. 2002. 外来種ハンドブック.
環境省. 2015. 我が国の生態系等に被害を及ぼすおそれのある外来種リスト.
Mori, T. 1922. An Enumeration of Plants Hitherto Known from Corea.

국화과(Compositae)

서양톱풀 *Achillea millefolium* L.

북한 이름 천잎톱풀
원산지 서아시아, 유럽
들어온 시기 개항 이후~분단 이전
발견 기록 1930년 서울(서울대학교 생물학과 표본관), 1961~1962년 북한산(정태현, 이우철 1962)
침입 정도 귀화
참고 관상용, 약용으로 재배한다. 정태현과 이우철(1962)이 북한산의 식물 조사에서 서울 인구가 증가해 고유 식물상은 모두 파괴되고, 개망초와 서양톱풀과 같은 귀화식물이 자생상태처럼 분포하게 되었다고 기록했다. 임양재와 전의식(1980)이 귀화식물 목록에 실었다. 중국의 침입외래생물 목록에 실려 있다(Xu 등 2012).

문헌
임양재, 전의식. 1980. 한반도의 귀화식물 분포.
정태현, 이우철. 1962. 북한산의 식물자원조사연구 -제1부 관속식물-.
Xu 등. 2012. An inventory of invasive alien species in China.

국화과(Compositae)

선풀솜나물 *Gnaphalium calviceps* Fernald

이명 *Gamochaeta calviceps* (Fernald) Cabrera
원산지 남아메리카 동부
들어온 시기 분단 이후
침입 정도 귀화
참고 박수현(1997)은 제주식물도감(김문홍 1985)에 *Gnaphalium purpureum* L. 으로 기록
된 식물이 자주풀솜나물이 아니라 선풀솜나물이라고 판단했다. 박수현(1995)이 처음
귀화식물 목록에 실었다.

문헌

김문홍. 1985. 제주식물도감.
박수현. 1995. 한국 귀화식물 원색도감.
박수현. 1997. 한국 미기록 귀화식물(X).

124

송곳잎엉겅퀴 *Carthamus lanatus* L.

원산지 지중해 지역
들어온 시기 분단 이후
발견 기록 1995년 경기도 안산 수인산업도로변(농업과학기술원 1996; 오세문 등 2003)
침입 정도 일시 출현
참고 최귀문 등(1996)이 외래잡초 종자도감에 실렸다. 영국에서는 수입 곡물에 혼입되어 들어오는 외래식물로 기록되었다(Dunn 1905).

문헌

농업과학기술원. 1996. 1995년도 시험연구사업보고서(작물보호부편).
오세문 등. 2003. 1981년 이후 발견된 국내 발생 외래잡초 현황.
최귀문 등. 1996. 원색 외래잡초 종자도감.
Dunn, S.T. 1905. Alien Flora of Britain.

국화과(Compositae)
쇠채아재비 *Tragopogon dubius* Scop.

원산지 서아시아, 유럽
들어온 시기 분단 이후
발견 기록 1996년 충청북도 단양 매포(박수현 1999)
침입 정도 귀화
참고 제천에서 영월에 이르는 도로가에서도 발견되었다(전의식 1999). 서울 여의도, 경기도 고양, 오산, 대구, 창녕 등에서 확인되었다(김종민 등 2006). 국립생물자원관에서는 추출물의 치주질환 예방 및 치료 효과를 보고했다(김은실 등 2015).

문헌
김은실 등 2015. 쇠채아재비 추출물을 유효성분으로 함유하는 치주질환 예방 또는 치료용 조성물.
김종민 등. 2006. 생태계위해성이 높은 외래종 정밀조사 및 선진외국의 생태계교란종 지정현황 연구.
박수현. 1999. 한국 미기록 귀화식물(XV).
전의식. 1999. 새로 발견된 귀화식물 (19). 쇠채로 잘못 알았던 쇠채아재비.

수레국화 *Cyanus segetum* Hill

다른 이름 센토레아, 콘플라워(Cornflower)
북한 이름 수레국화
이명 *Centaurea cyanus* L.
원산지 유럽
들어온 시기 개항 이후~분단 이전
침입 정도 귀화
참고 화훼(실거초 失車草)로 쓰기 위해 권업모범장(1907) 독도원예지장에서 시험 재배한 기록이 있다. 홍순형과 허만규(1994)가 부산의 귀화식물 목록에 실었다. 중국에서는 1918년에 발견되었고 침입외래생물 목록에 실려 있다(Xu 등 2012).

문헌

홍순형, 허만규. 1994. 부산지역의 귀화식물 조사 보고.
朝鮮總督府勸業模範場. 1907. 纛島園藝支場報告.
Xu 등. 2012. An inventory of invasive alien species in China.

수잔루드베키아 *Rudbeckia hirta* L.

북한 이름 털금광국, 털삿갓국화
원산지 북아메리카
들어온 시기 분단 이후(1959년: 리휘재 1964)
발견 기록 1993년 서울 난지도(박수현 1998), 2000년 제주도 제주시 서부산업도로 자동
차운전면허시험장, 이시돌목장 근처(양영환 등 2002)
침입 정도 귀화
참고 *Rudbeckia bicolor* L.(국명: 원추천인국, 북한명: 이색금광국)은 *Rudbeckia hirta* var.
pulcherrima Farw.의 이명으로 취급한다. 이 책에서는 원추천인국과 수잔루드베키아에
대한 기록을 함께 실었다. 리휘재(1964)는 원추천인국이 관상식물이며 생육이 왕성해
목장 등에 야생한다고 기록했고, 박수현(1994)이 귀화식물 목록에 실었으며, 양영환 등
(2002)은 수잔루드베키아라는 이름의 귀화식물로 보고했다. 임록재 등(1999)은 재배식
물로, 박형선 등(2009)은 일부 개체들이 길 주변에 야생하기도 하지만 식물상에 주는 영
향은 없다고 평가했다. 일본에는 1930년경에 들어왔고, 환경성(2015)은 종합대책이 필
요한 외래종으로 지정했다.

문헌

리휘재. 1964. 한국식물도감. 화훼류 Ⅰ.
박수현. 1994. 한국의 귀화식물에 관한 연구.
박수현. 1998. 서울 난지도의 귀화식물에 관한 연구.
박형선 등. 2009. 조선민주주의인민공화국의 외래식물목록과 영향평가.
양영환 등. 2002. 제주 미기록 귀화식물(Ⅱ).
임록재 등. 1999. 조선식물지 7(증보판).
環境省. 2015. 我が国の生態系等に被害を及ぼすおそれのある外来種リスト.

국화과(Compositae)

실망초 *Erigeron bonariensis* L.

북한 이름 실잔꽃풀

이명 *Conyza bonariensis* (L.) Cronquist, *Erigeron linifolius* Willd.

원산지 남아메리카

들어온 시기 개항 이후~분단 이전

발견 기록 1906년 서울(Y. Oe 채집, Nakai 1911), 1909년 부산(Nakai 1911), 1913년 제주도 밭(中井猛之進 1914)

침입 정도 침입

참고 모리(1913)는 수입(輸入) 종으로, 나카이(1914)는 귀화식물로 기록했다. 전국 각지에서 자란다(정태현 1956; 박형선 등 2009). 중국에서는 1857년 발견되었으며, 침입외래생물 목록에 실려 있다(Xu 등 2012). 일본에는 1890년경에 들어왔다(大橋広好 등 2008).

문헌

박형선 등. 2009. 조선민주주의인민공화국의 외래식물목록과 영향평가.

정태현. 1956. 한국식물도감(하권 초본부).

大橋広好 등. 2008. 新牧野日本植物圖鑑.

森爲三. 1913. 南鮮植物採集目錄.

中井猛之進. 1914. 濟州島並莞島植物調査報告書.

Nakai, T. 1911. Flora Koreana. Pars Secunda.

Xu 등. 2012. An inventory of invasive alien species in China.

아리스타타인디안국화 *Gaillardia aristata* Pursh

다른 이름 다년생천인국
북한 이름 큰천인국
원산지 북아메리카 서부
들어온 시기 개항 이후~분단 이전(1912~1926년: 리휘재 1964)
침입 정도 일시 출현
참고 홍순형과 허만규(1994)가 부산의 귀화식물 목록에 실었다.

문헌
리휘재. 1964. 한국식물도감. 화훼류 Ⅰ.
홍순형, 허만규. 1994. 부산지역의 귀화식물 조사 보고.

애기망초 *Conyza parva* (Nutt.) Cronquist

이명 *Erigeron pusillus* Nutt.

원산지 북아메리카

들어온 시기 분단 이후

발견 기록 1995년 제주도 남제주군 화순, 표선, 성산포(박수현 1996)

침입 정도 귀화

참고 제주도와 남부 지방에 분포한다(박수현 2009). 일본에서는 1926년에 발견되었으며, 환경성(2015)은 종합대책이 필요한 외래종으로 지정했다.

문헌

박수현. 1996. 한국 미기록 귀화식물(VIII).

박수현. 2009. 세밀화와 사진으로 보는 한국의 귀화식물.

環境省. 2015. 我が国の生態系等に被害を及ぼすおそれのある外来種リスト.

국화과(Compositae)

애기해바라기

Helianthus debilis subsp. *cucumerifolius* (Torr. & A. Gray) Heiser

다른 이름 각시해바라기, 오이잎해바라기
북한 이름 애기해바라기
이명 *Helianthus cucumerifolius* Torr. & A. Gray, *Helianthus debilis* var. *cucumerifolius* (Torr. &
A. Gray) A. Gray
원산지 북아메리카
들어온 시기 개항 이후~분단 이전(1912~1945년: 리휘재 1964)
침입 정도 귀화
참고 모리(1922)는 수입 재배종으로 기록했다. 박수현(2001)은 야생하는 것을 2000년에
서울에서 발견했다.

문헌

리휘재. 1964. 한국식물도감. 화훼류 Ⅰ.
박수현. 2001. 한국 귀화식물 원색도감. 보유편.
Mori, T. 1922. An Enumeration of Plants Hitherto Known from Corea.

양미역취 *Solidago altissima* L.

북한 이름 큰꽃미역취
원산지 북아메리카 동부, 중부
들어온 시기 분단 이후
발견 기록 1969년 전라남도 보성 벌교읍 옥전리(이화여자대학교 생물학과 표본관)
침입 정도 침입
참고 양봉농가에서 밀원용으로 수입하기도 했다(김준민 등 2000). 이우철과 임양재
(1978)가 귀화식물로 보고했으며 환경부는 2009년 생태계교란생물로 지정했다(길지현
등 2012). 병해충에 해당하는 잡초다(농림축산검역본부 2016). 중국에서도 재배했다가
널리 귀화해 교란지 잡초가 되었다(Wu 등 2011). 일본에서는 1897년경에 관상식물로
들어온 뒤 급속히 확산했다. 일본생태학회(2002)는 최악의 침입외래생물 100선 중 하나
로 선정했으며, 환경성(2015)은 중점대책이 필요한 외래종으로 지정했다.

문헌

길지현 등. 2012. 생태계교란생물.
김준민 등. 2000. 한국의 귀화식물.
농림축산검역본부. 2016. 병해충에 해당되는 잡초.
이우철, 임양재. 1978. 한반도 관속식물의 분포에 관한 연구.
日本生態学会. 2002. 外来種ハンドブック.
環境省. 2015. 我が国の生態系等に被害を及ぼすおそれのある外来種リスト.
Wu 등. 2011. Flora of China. Vol. 20-21.

양재금방망이 *Senecio scandens* Buch.-Ham. ex D. Don

북한 이름 방망이
원산지 아시아
들어온 시기 분단 이후
발견 기록 2012년 서울 강남 양재천 영동5교(Jang 등 2013)
침입 정도 일시 출현

문헌

Jang 등. 2013. Two newly naturalized plants in Korea: *Senecio inaequidens* DC. and *S. scandens* Buch.-Ham. ex D. Don.

왕도깨비바늘 *Bidens subalternans* DC.

원산지 남아메리카

들어온 시기 분단 이후

발견 기록 2006년 부산 금정구 수영강 제방주변, 2009년 경상북도 경산시 진량읍 문천리 경부고속도로와 농로 주변, 2010년 대구 북구 노곡동 경부고속도로와 금호강 사이 (김선유 등 2012)

침입 정도 일시 출현

문헌

김선유 등. 2012. 한국산 가막사리속(국화과)의 미기록 귀화식물: 왕도깨비바늘.

우선국 *Symphyotrichum novi-belgii* (L.) G.L. Nesom

북한 이름 하란국
이명 *Aster novi-belgii* L.
원산지 북아메리카
들어온 시기 분단 이후
침입 정도 귀화
참고 정태현(1970)이 관상식물로 기록했으며, 재배지를 벗어나 자라는 것을 관찰하고 박수현(1994)이 귀화식물 목록에 실었다. 일본에서는 1912~1926년에 원예식물로 들어온 뒤 야생으로 퍼졌고, 환경성(2015)은 종합대책이 필요한 외래종으로 지정했다.

문헌

박수현. 1994. 한국의 귀화식물에 관한 연구.
정태현. 1970. 한국동식물도감. 제5권. 식물편(목초본류). 보유.
環境省. 2015. 我が国の生態系等に被害を及ぼすおそれのある外来種リスト.

우엉 *Arctium lappa* L.

북한 이름 우웡
이명 *Arctium edule* (Sieb.) Nakai
원산지 서남아시아, 유럽
들어온 시기 개항 이전
발견 기록 1897년 연면수 골짜기, 삼수읍, 압록강 골짜기(Komarov 1907), 1909년 함경북도 무산령(Nakai 1911), 1913년 제주도 한라산(中井猛之進 1914)
침입 정도 귀화
참고 식용, 약용으로 오랫동안 재배했다. 향약집성방(1433)에 우엉씨(우방자 牛蒡子)의 처방 기록이 있고(동의학편집부 1986), 세종실록지리지(1454)에도 약용 재배식물로 나온다. 정태현(1956, 1965)은 귀화식물로 기록했고 이우철(1996)은 야생상으로 자라는 것도 있다고 했다. 그러나 임양재와 전의식(1980)은 귀화하지 않은 재배식물이므로 귀화식물 목록에서 제외해야 한다고 했다. 한편, 북한 학자들은 각지의 길가나 들판에서 저절로 자라며(고명철, 김기윤 1976), 특히 낭림산 일대에서 자생한다고(임록재 등 1999) 했다. 일본에서는 조몬시대 초기 유적지에서 식물 유체가 발견되어 재배 역사가 매우 오래된 것으로 추정한다(Noshiro, Sasaki 2014). 남서 연해주의 침입외래식물이다(Kozhevnikov 등 2015).

문헌

고명철, 김기윤. 1976. 조선식물지 6.
동의학편집부. 1986. 향약집성방.
이우철. 1996. 원색 한국기준식물도감.
임록재 등. 1999. 조선식물지 7(증보판).
임양재, 전의식. 1980. 한반도의 귀화식물 분포.
정태현. 1956. 한국식물도감(하권 초본부).
정태현. 1965. 한국동식물도감. 제5권. 식물편(목초본류).
中井猛之進. 1914. 濟州島竝莞島植物調査報告書.
Komarov, V.L. 1907. Flora Manshuriae. Vol. Ⅲ.
Kozhevnikov 등. 2015. Illustrated Flora of the Southwest Primorye (Russian Far East).
Nakai, T. 1911. Flora Koreana. Pars Secunda.
Noshiro, S., Y. Sasaki. 2014. Pre-agricultural management of plant resources during the Jomon period in Japan- a sophisticated subsistence system on plant resources.

울산도깨비바늘 *Bidens pilosa* L.

북한 이름 긴털가막사리
이명 *Bidens pilosa* var. *minor* (Blume) Sherff, *Bidens albiflora* Makino
원산지 남아메리카
들어온 시기 개항 이후~분단 이전
발견 기록 1935년 경상남도 산청(Okamoto 채집, 강원대학교 생물학과 표본관), 1992년 울산 장생포, 방어진, 경상북도 포항(박수현 1992)
침입 정도 귀화
참고 고명철과 김기윤(1976)은 기본종과 변종 모두 국내에 있다고 기록했으나 한반도로 들어온 시기를 정확히 판단하기는 어렵다. 우선 칼스(A.W. Carles)의 채집품으로 기록되어 있는데(Forbes, Hemsley 1888; Palibin 1898), 북한 학자들은 이것을 국내에 들어온 첫 기록으로 판단하는 듯하다(고명철, 김기윤 1976; 임록재 등 1999). 반면, 박종렬 등(1985)은 이것이 털도깨비바늘(*Bidens biternata* (Lour.) Merr. & Sherff ex Sherff)을 가리키는 것으로 설명했다. 남한에서 기본종은 박수현이 1992년에 울산에서 발견한 뒤 울산도깨비바늘이라는 국명으로 보고했다. 변종으로 분류되었던 흰도깨비바늘(*B. albiflora*, *B. pilosa* var. *minor*)을 우에키(1936)가 수원에서 발견한 기록이 있다. 임양재와 전의식(1980)은 흰도깨비바늘을 재래종으로 판단했으나, 고강석 등(1995)은 외래식물로 인정했다. 중국에서는 1857년에 발견되었고 현재 침입외래생물 목록에 실려 있다(Xu 등 2012). 일본생태학회(2002)는 최악의 침입외래생물 100선 중 하나로 선정했고, 환경성(2015)은 종합대책이 필요한 외래종으로 지정했다.

문헌

고강석 등. 1995. 귀화생물에 의한 생태계 영향 조사(Ⅰ).
고명철, 김기윤. 1976. 조선식물지 6.
박수현. 1992. 한국 미기록 귀화식물(Ⅰ).
박종렬 등. 1985. 한국의 국화과 식물.
임록재 등. 1999. 조선식물지 7(증보판).
임양재, 전의식. 1980. 한반도의 귀화식물 분포.
植木秀幹. 1936. 花山及水原附近植生.
日本生態学会. 2002. 外来種ハンドブック.
環境省. 2015. 我が国の生態系等に被害を及ぼすおそれのある外来種リスト.
Forbes, F.B. and W.B. Hemsley. 1888. An enumeration of all the plants known from China Proper, Formosa, Hainan, the Corea, the Luchu Archipelago, and the Island of Hongkong; together with their distribution and synonymy.
Palibin, J. 1898. Conspectus Florae Koreae. Pars I.
Xu 등. 2012. An inventory of invasive alien species in China.

국화과(Compositae)

유럽조밥나물 *Pilosella caespitosa* (Dumort.) P.D. Sell & C. West

이명 *Hieracium caespitosum* Dumort.

원산지 유럽

들어온 시기 분단 이후

발견 기록 2006년 강원도 양구군 도솔산 군사도로변 절개지(이혜정 등 2008)

침입 정도 일시 출현

참고 일본에서는 1955년에 발견되었고, 환경성(2015)은 종합대책이 필요한 외래종으로 지정했다.

문헌

이혜정 등. 2008. 한국 미기록 귀화식물인 유럽조밥나물(*Hieracium caespitosum* Dumort.)과 진홍토끼
   풀(*Trifolium incarnatum* L.).

環境省. 2015. 我が国の生態系等に被害を及ぼすおそれのある外来種リスト.

인디안국화 *Gaillardia pulchella* Foug.

다른 이름 천인국(天人菊)
북한 이름 천인국
원산지 북아메리카
들어온 시기 개항 이후~분단 이전
침입 정도 일시 출현
참고 화훼로 쓰기 위해 권업모범장(1907) 독도원예지장에서 시험 재배한 기록이 있다. 홍순형과 허만규(1994)가 부산의 귀화식물 목록에 실었으며, 양선규 등(2015)이 울릉도 자생식물 목록에 포함했다.

문헌

양선규 등. 2015. 울릉도의 관속식물상.
홍순형, 허만규. 1994. 부산지역의 귀화식물 조사 보고.
朝鮮總督府勸業模範場. 1907. 鬱島園藝支場報告.

국화과(Compositae)
자주풀솜나물 *Gnaphalium purpureum* L.

이명 *Gamochaeta purpurea* (L.) Cabrera
원산지 북아메리카
들어온 시기 분단 이후
발견 기록 1997년 제주도 성산포읍 시흥리, 비자림천연기념물 입구(박수현 1997)
침입 정도 귀화
참고 박수현(1997)은 제주식물도감(김문홍 1985)에 *Gnaphalium purpureum* L. 으로 기록된 것은 자주풀솜나물이 아니고 선풀솜나물이라고 설명했다.

문헌
김문홍. 1985. 제주식물도감.
박수현. 1997. 한국 미기록 귀화식물(X).

제충국 *Tanacetum cinerariifolium* (Trevir.) Sch.Bip.

북한 이름 제충국
이명 *Chrysanthemum cinerariifolium* (Trevir.) Vis.
원산지 알바니아, 구 유고슬라비아
들어온 시기 개항 이후~분단 이전
침입 정도 일시 출현
참고 화훼로 쓰기 위해 원예모범장(1909)에서 시험 재배한 기록이 있다. 이우철과 임양재(1978)가 귀화식물 목록에 실었고, 임양재와 전의식(1980)은 분포지가 발견되지 않은 것으로 보고했다. 1996년 이우철은 야생상태로 강가 풀밭에서 자란다고 했다. 고강석 등(2001)은 아직 귀화하지 않은 재배식물이므로 귀화식물 목록에서 제외해야 한다고 평가했다.

문헌

고강석 등. 2001. 외래식물의 영향 및 관리방안 연구(Ⅱ).
이우철. 1996. 원색한국기준식물도감.
이우철, 임양재. 1978. 한반도 관속식물의 분포에 관한 연구.
임양재, 전의식. 1980. 한반도의 귀화식물 분포.
農商工部園藝模範場. 1909. 園藝模範場報告 第二號.

족제비쑥 *Matricaria matricarioides* (Less.) Porter

다른 이름 전주개꽃
북한 이름 사과풀
원산지 북아메리카
들어온 시기 개항 이후~분단 이전
발견 기록 1935년 경상남도 함양 함양읍 죽림리(강원대학교 생물학과 표본관)
침입 정도 귀화
참고 남한보다 한반도 북부에서 자라는 것으로 먼저 보고되었다(박만규 1949). 이춘녕과 안학수(1963)가 미국 원산 귀화식물로 기록했다. 주로 집 근처나 개울가의 물기 많은 곳에서 자란다(고명철, 김기윤 1976; 임록재 등 1999). 남한에서는 임양재와 전의식(1980)이 전주에서 처음 발견해 전주개꽃이라는 이름을 붙였다.

문헌

고명철, 김기윤. 1976. 조선식물지 6.
박만규. 1949. 우리나라 식물명감.
이춘녕, 안학수. 1963. 한국식물명감.
임록재 등. 1999. 조선식물지 7(증보판).
임양재, 전의식. 1980. 한반도의 귀화식물 분포.

주걱개망초 *Erigeron strigosus* Muhl. ex Willd.

북한 이름 버들잔꽃풀
원산지 북아메리카
들어온 시기 개항 이후
발견 기록 1992년 대부도, 여주, 서울 한강 둔치(박수현 1992)
침입 정도 귀화

참고 주걱개망초에 대한 기록을 찾다 보면 버들개망초(*Erigeron pseudo-annuus* Makino)라는 이름을 만나게 된다. 버들개망초는 1930년대에 서울에서 발견되었고(경성약전식물동호회 1936), 장형두(1940)는 경기도 일대에 출현하는 *E. pseudo-annuus*가 개망초와는 다른 종이며 귀화품으로 봐야 한다고 했다. 정태현(1956)은 버들개망초가 개망초와 혼생한다고 간단히 설명했고, 이우철(2005)은 개망초의 이명이라 했다. 조선식물지(임록재 등 1999)와 소련식물지(Schischkin 1999)는 *E. pseudo-annuus*를 *E. strigosus*의 이명으로 취급한다. *E. pseudo-annuus*를 처음 기재했던 마키노는 이후에 *E. strigosus*로 정정했으나 *E. pseudo-annuus*와 *E. strigosus*의 잎 모양과 생육지가 서로 다르다는 주장도 있다(淸水建美 2003). 버들개망초가 주걱개망초와 동일한 종이라면 이 식물은 1930년대 서울에서 처음 발견된 것이다. 북한 학자들은 북부 고지대 풀밭에서 자란다고 기록했다(고명철, 김기윤 1976; 임록재 등 1999).

문헌

고명철, 김기윤. 1976. 조선식물지 6.
경성약전식물동호회. 1936. Flora Centro-koreana.
박수현. 1992. 한국 미기록 귀화식물(Ⅰ).
이우철. 2005. 한국 식물명의 유래.
임록재 등. 1999. 조선식물지 7(증보판).
정태현. 1956. 한국식물도감(하권 초본부).
張亨斗. 1940. 朝鮮植物と其の分布上の探求(一).
淸水建美. 2003. 日本の帰化植物.
Schischkin, B.K. 1999. Flora of the USSR. Vol. XXV.

국화과(Compositae)

주홍서나물 *Crassocephalum crepidioides* (Benth.) S. Moore

북한 이름 분홍너슬국화
원산지 아프리카
들어온 시기 분단 이후
발견 기록 1984년 경상남도 남해도 상주해수욕장, 목도(전의식 1991; 김준민 등 2000)
침입 정도 귀화
참고 중국에서는 1930년대에 발견되었고, 현재 침입외래생물 목록에 실려 있다(Xu 등
2012). 일본에서는 1946년에 발견되었다(淸水建美 2003).

문헌

김준민 등. 2000. 한국의 귀화식물.
전의식. 1991. 새로 발견된 귀화식물(1). 대양을 건너 찾아온 진객.
淸水建美. 2003. 日本の帰化植物.
Xu 등. 2012. An inventory of invasive alien species in China.

지느러미엉경퀴 *Carduus crispus* L.

북한 이름 지느러미엉경퀴

원산지 북아프리카, 서남아시아, 유럽

들어온 시기 개항 이전

발견 기록 1877~1882년(Y. Hanabusa 채집, 帝國大學 1886), 1886년 서울(J. Kalinowsky 채집, Palibin 1898), 1897년 양강도 혜산군 상수우리, 나원보(Komarov 1907)

침입 정도 귀화

참고 이춘녕과 안학수(1963)가 전국의 들에서 자라는 유럽 원산 귀화식물로 기록했다. 팔리빈(1898)이 기록한 *Carduus nutans* L. 은 사향엉경퀴가 아니라 지느러미엉경퀴를 가리킨다(Nakai 1911). 나카이(1911)는 유럽, 시베리아, 몽골, 중국, 만주, 일본, 한국에 넓게 분포하는 종으로 설명했다. 따라서 지느러미엉경퀴는 개항 이전에 이미 국내에 들어온 것으로 보인다.

문헌

이춘녕, 안학수. 1963. 한국식물명감.

帝國大學. 1886. 帝國大學理科大學植物標品目錄.

Komarov, V.L. 1907. Flora Manshuriae. Vol. Ⅲ.

Nakai, T. 1911. Flora Koreana. Pars Secunda.

Palibin, J. 1898. Conspectus florae Koreae. Pars Ⅰ.

천수국 *Tagetes erecta* L.

다른 이름 아프리카금잔화, 취부용(臭芙蓉), 아프리칸메리골드(African marigold)
북한 이름 천수국
원산지 멕시코
들어온 시기 개항 이후~분단 이전(1912~1926년: 리휘재 1964)
침입 정도 일시 출현
참고 모리(1922)가 수입재배종으로 기록했고, 홍순형과 허만규(1994)가 부산의 귀화
식물 목록에 실었다. 재배지를 벗어나 자라는 외래잡초로 기록되기도 했다(오세문 등
2002). 박형선 등(2009)은 자연식물상으로 퍼져 나가는 것은 없다고 평가했다. 중국의
침입외래생물 목록에 실려 있다(Xu 등 2012).

문헌
리휘재. 1964. 한국식물도감. 화훼류 I.
박형선 등. 2009. 조선민주주의인민공화국의 외래식물목록과 영향평가.
오세문 등. 2002. 국내 외래잡초의 유입정보 및 발생 현황.
홍순형, 허만규. 1994. 부산지역의 귀화식물 조사 보고.
Mori, T. 1922. An Enumeration of Plants Hitherto Known from Corea.
Xu 등. 2012. An inventory of invasive alien species in China.

국화과(Compositae)

천인국아재비 *Rudbeckia amplexicaulis* Vahl

북한 이름 작은금광국
이명 *Dracopis amplexicaulis* Cass.
원산지 북아메리카
들어온 시기 분단 이후
발견 기록 1999년 경기도 의정부시 도로 절개지(박수현 1999)
침입 정도 귀화
참고 도로변 절개지를 피복하기 위해 뿌린 잔디 종자에 섞여 들어왔다(박수현 1999).

문헌

박수현. 1999. 한국 미기록 귀화식물(XVI).

카나다엉겅퀴 *Cirsium arvense* (L.) Scop.

북한 이름 밭엉겅퀴

원산지 서남아시아, 유럽

들어온 시기 분단 이후

발견 기록 1995년 경기도 수원~시흥 수인산업도로변(농업과학기술원 1996), 1996년 경기도 안산, 시흥(박수현 2001)

침입 정도 귀화

참고 북반구 온대 지역의 주요 잡초다(Holm 등 1991). 최귀문 등(1996)이 외래잡초 종자도감에 실었다. 2006년에 인천, 안산, 시흥 및 화성 등 주로 경기도 일부 지역과 서산에 국소 분포하는 것을 확인했다(김종민 등 2006). 병해충에 해당하는 잡초(관리잡초)다(농림축산검역본부 2016). 미국 버몬트 주에서는 1795년에 유해잡초로 지정했고, 이후에 그 밖의 43개 주에서도 유해잡초로 지정했다(Woodward, Quinn 2011).

문헌

김종민 등. 2006. 생태계위해성이 높은 외래종 정밀조사 및 선진외국의 생태계교란종 지정현황 연구.

농림축산검역본부. 2016. 병해충에 해당되는 잡초.

농업과학기술원. 1996. 1995년도 시험연구사업보고서(작물보호부편).

박수현. 2001. 한국 귀화식물 원색도감. 보유편.

최귀문 등. 1996. 원색 외래잡초 종자도감.

Holm 등. 1991. The World's Worst Weeds. Distribution and Biology.

Woodward, S.L., J.A. Quinn. 2011. Encyclopedia of Invasive Species. Vol 2: Plants.

국화과(Compositae)

카밀레 *Matricaria chamomilla* L.

다른 이름 카모밀라
북한 이름 향사과풀
이명 *Matricaria recutita* L.
원산지 서아시아, 유럽
들어온 시기 분단 이후
침입 정도 일시 출현
참고 이춘녕과 안학수(1963)가 재배식물로 기록했다. 약용식물로 재배하던 것이 퍼져 나갔고(이창복 1980), 1995년에 수도권에서 발생한 외래잡초로 보고되었다(농업과학기술원 1996; 최귀문 등 1996). 북한에는 1956년 도입되어 약용식물로 재배되고 있다(임록재 등 1993). 영국에서는 처음에 약용식물로 도입되었다가, 재배지를 벗어나 도로변과 경작지의 잡초가 되었다(Dunn 1905).

문헌

농업과학기술원. 1996. 1995년도 시험연구사업보고서(작물보호부편).
이창복. 1980. 대한식물도감.
이춘녕, 안학수. 1963. 한국식물명감.
임록재 등. 1993. 조선약용식물(원색).
최귀문 등. 1996. 원색 외래잡초 종자도감.
Dunn, S.T. 1905. Alien Flora of Britain.

국화과(Compositae)

코스모스 *Cosmos bipinnatus* Cav.

북한 이름 코스모스, 길국화
원산지 멕시코, 미국 남부
들어온 시기 개항 이후~분단 이전
침입 정도 귀화
참고 화훼로 쓰기 위해 권업모범장(1907) 독도원예지장에서 시험 재배한 기록이 있다.
이영노와 오용자(1974)는 코스모스가 산야의 습한 곳에 자연상태로 퍼져 있어서 재래
식물의 번식을 억제하고 한국적인 자연경관을 망치는 귀화식물이라고 평가했으며, 우
리나라 식물인 구절초, 산국 또는 감국으로 대체해야 한다고 주장했다. 박형선 등(2009)
은 해당 생육지나 풀밭에 저절로 자라는 것이 있지만, 식물상에 영향을 주지는 않는다고
판단했다. 중국에서는 1911년에 발견되었으며 침입외래생물 목록에 실려 있다(Xu 등
2012).

문헌

박형선 등. 2009. 조선민주주의인민공화국의 외래식물목록과 영향평가.
이영노, 오용자. 1974. 한국의 귀화식물(1).
朝鮮總督府勸業模範場. 1907. 纛島園藝支場報告.
Xu 등. 2012. An inventory of invasive alien species in China.

국화과(Compositae)

큰금계국 *Coreopsis lanceolata* L.

북한 이름 큰금계국, 큰금국
원산지 북아메리카
들어온 시기 개항 이후~분단 이전(1912~1926년: 리휘재 1964)
침입 정도 귀화
참고 관상식물로 재배하던 것이 야생으로 퍼졌고(박수현 1995), 박수현(1994)이 귀화식물 목록에 실었다. 한편 박형선 등(2009)은 자연식물상으로 퍼져 나가는 경우는 없다고 보았다. 중국에는 1911년에 발견되었으며 침입외래생물 목록에 실려 있다(Xu 등 2012). 일본에는 메이지시대 중기에 들어왔으며 환경성(2015)은 2006년에 특정외래생물로 지정해 수입·운반·보관·재배를 금지했다.

문헌

리휘재. 1964. 한국식물도감. 화훼류 Ⅰ.
박수현. 1994. 한국의 귀화식물에 관한 연구.
박수현. 1995. 한국 귀화식물 원색도감.
박형선 등. 2009. 조선민주주의인민공화국의 외래식물목록과 영향평가.
環境省. 2015. 特定外來生物等一覽.
Xu 등. 2012. An inventory of invasive alien species in China.

큰도꼬마리 *Xanthium canadense* Mill.

원산지 북아메리카

들어온 시기 분단 이후

발견 기록 1975년 강원도 춘천 삼악산 배일골 어귀(이우철, 정현배 1976), 1992년 서울 난지도(박수현 1998)

침입 정도 귀화

참고 일본생태학회(2002)는 일본 최악의 침입외래생물 100선 중 하나로 선정했고, 환경성(2015)은 종합대책이 필요한 외래종으로 지정했다.

문헌

박수현. 1998. 서울 난지도의 귀화식물에 관한 연구.

이우철, 정현배. 1976. 삼악산 및 중도의 식물상.

日本生態学会. 2002. 外来種ハンドブック.

環境省. 2015. 我が国の生態系等に被害を及ぼすおそれのある外来種リスト.

큰망초 *Erigeron sumatrensis* Retz.

다른 이름 큰실망초
북한 이름 큰잔꽃풀
이명 *Conyza sumatrensis* E. Walker
원산지 남아메리카
들어온 시기 개항 이후~분단 이전
침입 정도 귀화
참고 박만규(1949)가 *Erigeron musashensis* Makino라는 외래식물로 기록했고, 임양재와 전의식(1980)이 귀화식물 목록에 수록했다. 1920년대에 도쿄에서 이 식물을 발견한 마키노는 망초와 실망초 간의 교잡종으로 생각했다(김준민 등 2000; 淸水建美 2003). 주로 남부 지방과 제주도에서 자란다(박수현 2009). 중국에서는 19세기 중반에 발견되었고 침입외래생물 목록에 실려 있다(Xu 등 2012). 일본생태학회(2002)는 일본 최악의 침입 외래생물 100선 중 하나로 선정했다.

문헌
김준민 등. 2000. 한국의 귀화식물.
박만규. 1949. 우리나라 식물명감.
박수현. 2009. 세밀화와 사진으로 보는 한국의 귀화식물.
임양재, 전의식. 1980. 한반도의 귀화식물 분포.
日本生態学会. 2002. 外来種ハンドブック.
淸水建美. 2003. 日本の帰化植物.
Xu 등. 2012. An inventory of invasive alien species in China.

국화과(Compositae)
큰방가지똥 *Sonchus asper* (L.) Hill

북한 이름 큰방가지풀
원산지 북아프리카, 서아시아, 유럽
들어온 시기 개항 이후~분단 이전
발견 기록 1917년 울릉도(中井猛之進 1919)
침입 정도 귀화
참고 북한에도 분포한다(박형선 등 2009). 중국의 침입외래생물 목록에 실려 있으며
(Xu 등 2012), 남서 연해주의 침입외래식물(Kozhevnikov 등 2015)로도 보고되었다. 병
해충에 해당하는 잡초다(농림축산검역본부 2016).

문헌

농림축산검역본부. 2016. 병해충에 해당되는 잡초.
박형선 등. 2009. 조선민주주의인민공화국의 외래식물목록과 영향평가.
中井猛之進. 1919. 鬱陵島植物調査書.
Kozhevnikov 등. 2015. Illustrated Flora of the Southwest Primorye (Russian Far East).
Xu 등. 2012. An inventory of invasive alien species in China.

국화과(Compositae)

큰비짜루국화 *Symphyotrichum subulatum* var. *squamatum* (Spreng.) S.D. Sundb.

다른 이름 큰샛강사리
이명 *Aster subulatus* var. *sandwicensis* A.G. Jones
원산지 남아메리카
들어온 시기 분단 이후
발견 기록 1992년 서울 난지도(박수현 1993)
침입 정도 귀화
참고 남한 전역으로 확산되었다(박수현 2009).

문헌
박수현. 1993. 한국 미기록 귀화식물(Ⅱ).
박수현. 2009. 세밀화와 사진으로 보는 한국의 귀화식물.

국화과(Compositae)

털별꽃아재비 *Galinsoga quadriradiata* Ruiz & Pav.

다른 이름 큰별꽃아재비, 털쓰레기꽃

북한 이름 털찰잎풀

이명 *Galinsoga ciliata* (Raf.) S.F. Blake

원산지 멕시코부터 칠레까지 아메리카 지역

들어온 시기 분단 이후

침입 정도 침입

참고 1970년대에 들어왔고(박수현 1995), 박수현(1994)이 귀화식물 목록에 실었다. 북한에서는 체코슬로바키아 학자들이 1984년에 발견했다(Mucina 등 1991). 병해충에 해당하는 잡초이며(농림축산검역본부 2016), 중국의 침입외래생물 목록에 실려 있다(Xu 등 2012).

문헌

농림축산검역본부. 2016. 병해충에 해당되는 잡초.

박수현. 1994. 한국의 귀화식물에 관한 연구.

박수현. 1995. 한국 귀화식물 원색도감.

Mucina 등. 1991. Plant communities of trampled habitats in North Korea.

Xu 등. 2012. An inventory of invasive alien species in China.

국화과(Compositae)
퍼르폴리아툼실피움 *Silphium perfoliatum* L.

북한 이름 국화풀, 국화먹이풀
원산지 북아메리카
들어온 시기 분단 이후
침입 정도 귀화
참고 북한에서는 돼지 사료용으로 재배한다(Baik 등 1986). 박형선 등(2009)은 20세기 중엽 유럽에서 수입해 재배했고, 일부가 야생상태로 재배지 밖에서 자란다고 보고했다. 남한에서는 관상용으로 재배한다(송기훈 등 2011).

문헌
박형선 등. 2009. 조선민주주의인민공화국의 외래식물목록과 영향평가.
송기훈 등. 2011. 한국의 재배식물.
Baik 등. 1986. A check-list of the Korean cultivated plants.

국화과(Compositae)

하늘바라기 *Heliopsis helianthoides* (L.) Sweet

북한 이름 해바라기국화
원산지 북아메리카
들어온 시기 분단 이후
침입 정도 일시 출현
참고 재배지를 벗어나 자라는 외래잡초로 기록되었다(농업과학기술원 2000; 오세문 등
2002).

문헌

농업과학기술원. 2000. 1999년도 시험연구사업보고서(작물보호분야, 잠사곤충분야).
오세문 등. 2002. 국내 외래잡초의 유입정보 및 발생 현황.

국화과(Compositae)

흰무늬엉겅퀴 *Silybum marianum* (L.) Gaertn.

다른 이름 밀크시슬(Milk thistle), 스코틀랜드엉겅퀴
북한 이름 얼룩엉겅퀴
원산지 지중해 지역
들어온 시기 분단 이후
발견 기록 1995년 경기도 안산 수인산업도로변(농업과학기술원 1996; 오세문 등 2002)
침입 정도 일시 출현
참고 북한에서는 20세기 중엽부터 약용으로 재배한다(Hammer 등 1987; 박형선 등 2009). 최귀문 등(1996)이 외래잡초 종자도감에 실었지만, 이유미 등(2011)은 국내 분포 정보가 없으므로 귀화식물에서 제외해야 한다고 했다. 중국의 침입외래생물 목록에 실려 있다(Xu 등 2012).

문헌

농업과학기술원. 1996. 1995년도 시험연구사업보고서(작물보호부편).
박형선 등. 2009. 조선민주주의인민공화국의 외래식물목록과 영향평가.
오세문 등. 2002. 국내 외래잡초의 유입정보 및 발생 현황.
이유미 등. 2011. 한국내 귀화식물의 현황과 고찰.
최귀문 등. 1996. 원색 외래잡초 종자도감.
Hammer 등. 1987. Additional notes to the check-list of Korean cultivated plants (1).
Xu 등. 2012. An inventory of invasive alien species in China.

꼭두서니과(Rubiaceae)

꽃갈퀴덩굴 *Sherardia arvensis* L.

원산지 북아프리카, 서아시아, 유럽
들어온 시기 분단 이후
발견 기록 2003년 서울 월드컵공원(박수현 채집, 양영환, 송창길 2007), 2006년 제주도
서귀포시 안덕면 동광리 당오름(양영환, 송창길 2007)
침입 정도 일시 출현

문헌

양영환, 송창길. 2007. 제주 미기록 귀화식물: 향기풀, 미국담쟁이덩굴, 꽃갈퀴덩굴.

민둥갈퀴덩굴 *Galium tricornutum* Dandy

원산지 북아프리카, 서남아시아, 유럽

들어온 시기 분단 이후

발견 기록 1996년 경기도 안산 수인산업도로변(농업과학기술원 1997; 오세문 등 2003)

침입 정도 일시 출현

참고 최귀문 등(1996)이 처음 보고했다.

문헌

농업과학기술원. 1997. 1996년도 시험연구보고서(작물보호부).

오세문 등. 2003. 1981년 이후 발견된 국내 발생 외래잡초 현황.

최귀문 등. 1996. 원색 외래잡초 종자도감.

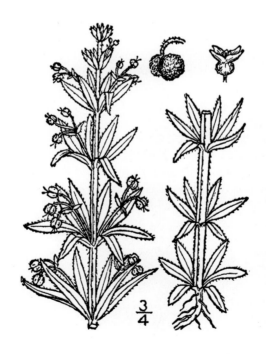

USDA-NRCS PLANTS Database / Britton, N.L., and A. Brown. 1913. *An illustrated flora of the northern United States, Canada and the British Possessions. 3 vols.* Charles Scribner's Sons, New York. Vol. 3: 259.

백령풀 *Diodella teres* (Walter) Small

이명 *Diodia teres* Walter
원산지 북아메리카
들어온 시기 분단 이후
발견 기록 1971년 경상북도 상주시 공검면 중소리(오수영 채집, 경북대학교 생물학과 표본관)
침입 정도 귀화
참고 정태현(1970)이 1956년에 안면도에서 발견한 식물에 수염치자풀(*Hedyotis tenelliflora* Blume)이라는 국명을 붙이고, 안면도 해안 모래땅에 나는 북아메리카 원산 귀화식물로 보고했다. 이때 *Diodia teres* Walter var. *setifer* Fernald를 이명으로 기록했다. 수염치자풀은 귀화식물 목록에 수록되었는데(이우철, 임양재 1978; 임양재, 전의식 1980), 이우철(1982)은 귀화종이 아니라고 밝혔다. *Diodia teres* Walt.라는 학명에 이창복(1976)이 수염풀이란 이름을 붙여 보고했고, 대한식물도감(1980)에는 백령풀로 보고했다. 동해안, 남해안과 백령도 해안가 모래땅에서 자란다(박수현 2009). 일본에는 1927년에 들어왔고, 환경성(2015)은 종합대책이 필요한 외래종으로 지정했다.

문헌
박수현. 2009. 세밀화와 사진으로 보는 한국의 귀화식물.
이우철. 1982. 정태현박사의 신종 및 미기록종식물에 대한 고찰.
이우철, 임양재. 1978. 한반도 관속식물의 분포에 관한 연구.
이창복. 1980. 대한식물도감.
임양재, 전의식. 1980. 한반도의 귀화식물 분포.
정태현. 1970. 한국동식물도감. 제5권. 식물편(목초본류). 보유.
環境省. 2015. 我が国の生態系等に被害を及ぼすおそれのある外来種リスト.
Lee, T.B. 1976. Vascular plants and their uses in Korea.

산방백운풀 *Oldenlandia corymbosa* L.

북한 이름 가시갈퀴방울

이명 *Hedyotis corymbosa* (L.) Lam.

원산지 열대 아프리카, 열대 아시아

들어온 시기 분단 이후

발견 기록 2006년 대구 달서구 대곡동, 2008년 전라남도 영암군 영암읍 망호리, 대전 대덕구 비래동 가양공원(이혜정 등 2009)

침입 정도 일시 출현

참고 열대와 아열대에 분포하는 잡초다(竹松哲夫, 一前宣正 1987). 이혜정 등(2009)은 외래식물이 아니라 자생적으로 분포하는 식물일 가능성도 있지만 열대 지역이 분포 중심이라고 설명했다.

문헌

이혜정 등. 2009. 한국 미기록 귀화식물: 산방백운풀.

竹松哲夫, 一前宣正. 1987. 世界の雜草 I - 合弁花類 -.

꼭두서니과(Rubiaceae)

큰갈퀴덩굴 *Galium aparine* L.

원산지 유라시아

들어온 시기 분단 이후

발견 기록 1995년 경기도 시흥 수인산업도로변(농업과학기술원 1996; 오세문 등 2003)

침입 정도 일시 출현

참고 일부 옛 문헌(Palibin 1898; Nakai 1909; 정태현 등 1949)에 나오는 *Galium aparine* L. 은 갈퀴덩굴(*Galium spurium* var. *echinospermon* (Wallr.) Desp.)을 의미한다(이우철 1996). 병해충에 해당하는 잡초다(농림축산검역본부 2016).

문헌

농림축산검역본부. 2016. 병해충에 해당되는 잡초.

농업과학기술원. 1996. 1995년도 시험연구사업보고서(작물보호부편).

오세문 등. 2003. 1981년 이후 발견된 국내 발생 외래잡초 현황.

이우철. 1996. 한국식물명고.

정태현 등. 1949. 조선식물명집 I 초본편.

Nakai, T. 1909. Flora Koreana. Pars Prima.

Palibin, J. 1898. Conspectus Florae Koreae. Pars I.

큰백령풀 *Diodia virginiana* L.

원산지 북아메리카
들어온 시기 분단 이후
발견 기록 2000년 전라남도 장성군 장성호 주변(전의식 2000)
침입 정도 귀화
참고 열매가 물에 의해 산포되기 때문에 주로 흐르는 물이 있는 곳 주변에서 발견된다
(Wu 등 2011).

문헌

전의식. 2000. 새로 발견된 귀화식물. 큰백령풀 *Diodia virginiana* L.
Wu 등 2011. Flora of China. Vol. 19.

녹양박하 *Mentha spicata* L.

다른 이름 스피어민트(Spearmint)

북한 이름 록박하

원산지 서아시아, 유럽

들어온 시기 분단 이후

침입 정도 일시 출현

참고 약용, 향료용 재배식물이다(이춘녕, 안학수 1963; Hammer 등 1987). 재배지를 벗어나 자라는 외래잡초로 보고되었다(농업과학기술원 1997; 오세문 등 2002). 김중현 등 (2013)이 2011~2012년에 백령도의 관속식물상을 조사하는 과정에서 용기포항 주변 임도에서 발견해 미기록 귀화식물로 보고했다.

문헌

김중현 등. 2013. 백령도 지역의 관속식물상.

농업과학기술원. 1997. 1996년도 시험연구보고서(작물보호부).

오세문 등. 2002. 국내 외래잡초의 유입정보 및 발생 현황.

이춘녕, 안학수. 1963. 한국식물명감.

Hammer 등. 1987. Additional notes to the check-list of Korean cultivated plants (1).

꿀풀과(Labiatae)
들깨 *Perilla frutescens* (L.) Britton

북한 이름 들깨
이명 *Perilla ocimoides* L.
원산지 동남아시아
들어온 시기 개항 이전(신석기시대)
침입 정도 일시 출현
참고 신석기시대 유적지인 진주시 평거 4-1지구에서 종자유체가 발견되었다(안승모 2013). 따라서 가장 오래전에 한반도로 들어온 외래식물 중 하나로 볼 수 있다. 일본에서도 조몬시대 초기 유적지에서 식물유체가 발견되었다(Noshiro, Sasaki 2014). 홍순형과 허만규(1994)가 부산의 귀화식물 목록에, 양영환과 김문홍(1998)이 제주도의 귀화식물 목록에 각각 실었다. 박형선 등(2009)은 재배구역에서 퍼져 나가 저절로 자라는 것도 있지만 자연식물상에 들어가 개체군이 유지되는 경우는 없다고 평가했다.

문헌
박형선 등. 2009. 조선민주주의인민공화국의 외래식물목록과 영향평가.
안승모. 2013. 식물유체로 본 시대별 작물조성의 변천.
양영환, 김문홍. 1998. 제주도의 귀화식물에 관한 연구.
홍순형, 허만규. 1994. 부산지역의 귀화식물 조사 보고.
Noshiro, S., Y. Sasaki. 2014. Pre-agricultural management of plant resources during the Jomon period in Japan - a sophisticated subsistence system on plant resources.

꿀풀과(Labiatae)
살비아 *Salvia officinalis* L.

다른 이름 세이지(Sage), 약샐비어
북한 이름 약쌀비아, 약불꽃
원산지 남유럽
들어온 시기 분단 이후
침입 정도 일시 출현
참고 향료용, 약용으로 재배한다(정태현 1970). 홍순형과 허만규(1994)가 부산의 귀화
식물 목록에 실었다. 재배지 밖에서 자라는 외래잡초로도 기록되었다(농업과학기술원
1997). 양영환과 김문홍(1998)이 제주도의 귀화식물 목록에 실었는데, 이후에는 관찰되
지 않아 양영환 등(2001)이 목록에서 제외했다. 박형선 등(2009)은 자연식물상으로 들
어가는 것은 없다고 평가했다. 영국에서는 정원을 벗어나 자라는 외래식물로 보고되었
다(Dunn 1905).

문헌
농업과학기술원. 1997. 1996년도 시험연구보고서(작물보호부).
박형선 등. 2009. 조선민주주의인민공화국의 외래식물목록과 영향평가.
양영환, 김문홍. 1998. 제주도의 귀화식물에 관한 연구.
양영환 등. 2001. 제주도의 귀화식물에 관한 재검토.
정태현. 1970. 한국동식물도감. 제5권. 식물편(목초본류). 보유.
홍순형, 허만규. 1994. 부산지역의 귀화식물 조사 보고.
Dunn, S.T. 1905. Alien Flora of Britain.

꿀풀과(Labiatae)

소엽 *Perilla frutescens* var. *crispa* (Thunb.) H. Deane

다른 이름 차즈기
북한 이름 차조기
이명 *Perilla nankinensis* (Lour.) Decne.
원산지 중국 중남부
들어온 시기 개항 이전(청동기시대: 안승모 2013)
침입 정도 일시 출현
참고 울산 달천 청동기 유적지에서 소엽의 종자유체가 발견되었는데 들깨와 소엽을 종
실로 구별하기는 어려워 속 수준에서 주로 동정했다(안승모 2013). 세종실록지리지
(1454)에 약용 재배식물로 기록되어 있다. 홍순형과 허만규(1994)가 부산의 귀화식물
목록에, 양영환 등(2001), 김찬수 등(2006)이 제주도의 귀화식물 목록에 각각 실었다.

문헌

김찬수 등. 2006. 제주도의 귀화식물 분포특성.
안승모. 2013. 식물유체로 본 시대별 작물조성의 변천.
양영환 등. 2001. 제주도의 귀화식물상.
홍순형, 허만규. 1994. 부산지역의 귀화식물 조사 보고.

꿀풀과(Labiatae)
애기석잠풀 *Stachys agraria* Schltdl. & Cham.

원산지 미국 남부, 멕시코
들어온 시기 분단 이후
발견 기록 2015년, 2016년 제주도 서귀포시 표선면 경작지 주변 초지(정금선 등 2016)
침입 정도 일시 출현
참고 정금선 등(2016)은 제주도에 작물 또는 목초를 수입하는 과정에서 함께 들어온 것으로 판단했다.

문헌

정금선 등. 2016. 한반도 미기록 귀화식물: 애기석잠풀과 향용머리.

꿀풀과(Labiatae)

유럽광대나물 *Lamium purpureum* var. *hybridum* (Vill.) Vill.

원산지 북아프리카, 유럽
들어온 시기 분단 이후
발견 기록 2011년 전라북도 정읍 시기동 정읍남초등학교, 고창 신림면 도림리, 광주 용
연동 광주천, 도덕동(지성진 등 2012)
침입 정도 일시 출현

문헌

지성진 등. 2012. 한국 미기록 귀화식물: 솔잎해란초와 유럽광대나물.

꿀풀과(Labiatae)
자주광대나물 *Lamium purpureum* L.

다른 이름 광대꽃
북한 이름 보라빛꽃수염풀
원산지 북아프리카, 서아시아, 유럽
들어온 시기 분단 이후
발견 기록 1994년 제주도 제동목장(박수현 2001), 1996년 제주도 목초지(농업과학기술원 1997; 오세문 등 2003)
침입 정도 귀화
참고 최귀문 등(1996)이 처음 보고했다. 남부와 제주도에 분포한다(박수현 2009).

문헌
농업과학기술원. 1997. 1996년도 시험연구보고서(작물보호부).
박수현. 2001. 한국 귀화식물 원색도감. 보유편.
박수현. 2009. 세밀화와 사진으로 보는 한국의 귀화식물.
오세문 등. 2003. 1981년 이후 발견된 국내 발생 외래잡초 현황.
최귀문 등. 1996. 원색 외래잡초 종자도감.

꿀풀과(Labiatae)

페퍼민트 *Mentha* × *piperita* L.

다른 이름 양박하

북한 이름 후추박하

원산지 교배종

들어온 시기 분단 이후

침입 정도 일시 출현

참고 북아프리카, 서남아시아, 유럽 원산인 워터민트(*Mentha aquatica* L.)와 녹양박하 (*Mentha spicata* L.) 사이의 교배종으로(Cullen 등 2011), 약용, 향료용 재배식물이다(이춘녕, 안학수 1963; Hoang 등 1997). 홍순형과 허만규(1994)가 부산의 귀화식물 목록에 실었다. 영국에서는 재배지를 벗어나 자라는 것이 종종 보고되었다(Dunn 1905).

문헌

이춘녕, 안학수. 1963. 한국식물명감.

홍순형, 허만규. 1994. 부산지역의 귀화식물 조사 보고.

Cullen 등. 2011. The European Garden Flora. Flowering Plants. Vol. V.

Dunn, S.T. 1905. Alien Flora of Britain.

Hoang 등. 1997. Additional notes to the checklist of Korean cultivated plants (5).

꿀풀과(Labiatae)
향용머리 *Dracocephalum moldavica* L.

북한 이름 향룡머리

원산지 시베리아, 중앙아시아, 중국

들어온 시기 분단 이후

발견 기록 2009년 인천 남동구, 2016년 강원도 춘천시 신북읍 국도변 절개지 사면(정금선 등 2016)

침입 정도 일시 출현

참고 식물체에 함유된 정유를 향료로 이용하며(Shishkin, Yuzepchuk 1954), 북한에서 재배한다(백설희 등 1989; Hammer 등 1990). 정금선 등(2016)은 남한에 식물원이나 화원으로 들어온 뒤 정착한 것으로 판단했다.

문헌
백설희 등. 1989. 경제식물자원사전.

정금선 등. 2016. 한반도 미기록 귀화식물: 애기석잠풀과 향용머리.

Hammer 등. 1990. Additional notes to the check-list of Korean cultivated plants (4).

Shishkin, B.K., S.V. Yuzepchuk. 1954. Flora of the U.S.S.R. Vol. XX.

황금 *Scutellaria baicalensis* Georgi

북한 이름 속썩은풀
원산지 동아시아
들어온 시기 개항 이전
발견 기록 1902년 황해도 안성~서홍 사이(T. Uchiyama 채집, Nakai 1911)
침입 정도 귀화
참고 약용, 관상용 식물이다. 향약집성방(1433)에 처방 기록이 있고(동의학편집부 1986), 세종실록지리지(1454)에도 약재로 기록되어 있다. 이우철과 임양재(1978), 임양재와 전의식(1980)이 귀화식물 목록에 실었다. 박수현(2009)은 약용식물로 재배하던 것이 일출해 야생으로 퍼졌다고 설명했다. 그러나 한반도, 중국, 몽골, 동시베리아 등 동아시아 원산 식물이라는 의견도 있다(大橋広好 등 2008). 임록재 등(1999)도 동아시아 원산이며 각지 산과 들의 석회암지대에서 자란다고 기록했다.

문헌
동의학편집부. 1986. 향약집성방.
박수현. 2009. 세밀화와 사진으로 보는 한국의 귀화식물.
이우철, 임양재. 1978. 한반도 관속식물의 분포에 관한 연구.
임양재, 전의식. 1980. 한반도의 귀화식물 분포.
임록재 등. 1999. 조선식물지 6(증보판).
大橋広好 등. 2008. 新牧野日本植物圖鑑.
Nakai, T. 1911. Flora Koreana. Pars Secunda.

능소화 *Campsis grandiflora* (Thunb.) K. Schum.

북한 이름 능소화

이명 *Tecoma grandiflora* (Thunb.) Loisel.

원산지 중국

들어온 시기 개항 이전(10세기 이전: 리휘재 1966)

발견 기록 1913년 지리산(中井猛之進 1915)

침입 정도 일시 출현

참고 나카이(1915)는 지리산 식물조사에서 능소화가 재배지를 벗어나 자란다고 기록했다. 특히 전라남도와 경상북도의 절 부근에서 자생상태로 자란다고 했다(中井猛之進 1923). 김찬수 등(2006)이 제주도의 귀화식물 목록에 수록했지만, 양영환(2007)은 귀화하지 않은 것으로 판단했다. 임록재 등(1999)은 평안남도, 계룡산, 지리산 등에서 저절로 자라는 것이 있다고 기록했고, 박형선 등(2009)은 평안남도 이남의 낮은 산이나 집 주변에서 저절로 자라지만, 군락을 형성하는 일은 거의 없다고 평가했다.

문헌

김찬수 등. 2006. 제주도의 귀화식물 분포특성.

리휘재. 1966. 한국동식물도감. 제6권. 식물편(화훼류 II).

박형선 등. 2009. 조선민주주의인민공화국의 외래식물목록과 영향평가.

양영환. 2007. 제주도 귀화식물의 식생에 관한 연구.

임록재 등. 1999. 조선식물지 6(증보판).

中井猛之進. 1915. 智異山植物調査報告書.

中井猛之進. 1923. 朝鮮森林植物編. 第拾四輯.

다래나무과(Actinidiaceae)
델리키오사다래 *Actinidia deliciosa* (A.Chev.) C.F. Liang & A.R. Ferguson

다른 이름 키위, 참다래, 양다래
북한 이름 향다래나무
원산지 중국
들어온 시기 분단 이후(1970년대 말: 박상진 2011)
침입 정도 일시 출현
참고 중국 원산 식물이지만 상업적으로 재배되는 것은 뉴질랜드에서 개량한 품종이다
(Wu 등 2007). 이종석과 김문홍(1980)이 제주도의 재배식물로 기록했다. 드물게 산지에
서 야생하기도 한다(김진석, 김태영 2011). 일본에서는 재배지를 벗어나 자라는 것이 보
고되었으며, 환경성(2015)은 산업상 중요하지만 적절한 관리가 필요한 외래종으로 지정
했다.

문헌
김진석, 김태영. 2011. 한국의 나무.
박상진. 2011. 문화와 역사로 만나는 우리 나무의 세계.
이종석, 김문홍. 1980. 제주도내 도입 조경 및 재배식물의 종류에 관한 조사연구(Ⅰ).
環境省. 2015. 我が国の生態系等に被害を及ぼすおそれのある外来種リスト.
Wu 등. 2007. Flora of China. Vol. 12.

닭의장풀과(Commelinaceae)
고깔닭의장풀 *Commelina benghalensis* L.

북한 이름 둥근잎닭개비

원산지 열대 아프리카, 열대 아시아

들어온 시기 분단 이후

발견 기록 2010년 제주도 제주시 금릉리 선인장 경작지, 인근 돌담 및 농로주변(김찬수, 김수영 2011), 2015년 경상남도 통영시 욕지도 통단해변 인근 고구마 경작지(김중현 등 2016)

침입 정도 일시 출현

참고 구세계 열대 원산이며, 열대와 아열대 지역의 잡초다(Holm 등 1991). 미국 연방정부는 유해잡초로 지정했다(APHIS 2016). 국내에서도 병해충에 해당하는 잡초로 지정되었다(농림축산검역본부 2016).

문헌

김중현 등. 2016. 욕지도(통영시)의 식물다양성과 식생.

김찬수, 김수영. 2011. 우리나라 미기록 식물: 고깔닭의장풀(*Commelina benghalensis* L.)과 큰닭의장풀(*C. diffusa* Burm. f.).

농림축산검역본부. 2016. 병해충에 해당되는 잡초.

Holm 등. 1991. The World's Worst Weeds. Distribution and Biology.

APHIS, USDA. 2016. Federal and state noxious weeds.

닭의장풀과(Commelinaceae)
얼룩닭의장풀 *Tradescantia fluminensis* Vell.

다른 이름 흰얼룩줄달개비

북한 이름 흰얼룩줄닭개비

원산지 브라질 동남부, 아르헨티나 북부

들어온 시기 분단 이후(1956년: 리휘재 1964)

발견 기록 2000년 제주도 제주시 삼성혈 주변(양영환 등 2001)

침입 정도 일시 출현

참고 관상용 재배식물이다(이춘녕, 안학수 1963). 양영환 등(2001)이 제주도의 귀화식물로 보고했지만 이유미 등(2011)은 귀화 여부가 확실치 않으므로 귀화식물 목록에서 제외해야 한다고 했다. 일본에는 1920년대에 관상용으로 들어온 뒤 야생으로 퍼졌다(清水矩宏 등 2001). 일본 환경성(2015)은 중점대책이 필요한 외래종으로 지정했다.

문헌

리휘재. 1964. 한국식물도감. 화훼류 Ⅰ.

양영환 등. 2001. 제주 미기록 귀화식물(I).

이유미 등. 2011. 한국내 귀화식물의 현황과 고찰.

이춘녕, 안학수. 1963. 한국식물명감.

清水矩宏 등. 2001. 日本帰化植物写真図鑑 -Plant invader 600種-.

環境省. 2015. 我が国の生態系等に被害を及ぼすおそれのある外来種リスト.

닭의장풀과(Commelinaceae)
자주닭개비 *Tradescantia ohiensis* Raf.

다른 이름 자주달개비, 양달개비, 자주닭의장풀
북한 이름 자주닭개비
이명 *Tradescantia reflexa* Raf., *Tradescantia canaliculata* Raf.
원산지 북아메리카
들어온 시기 개항 이후~분단 이전(1912~1945년: 리휘재 1964)
침입 정도 귀화
참고 박만규(1949)가 관상용, 실험용 재배식물로 기록했다. 식물세포실험에 자주 이용
되었다(이영노, 주상우 1956). 재배지를 벗어나 자라는 것을 관찰하고 박수현(1994)이
귀화식물 목록에 실었다. 서울과 경기도(박수현 1995), 제주도(양영환 등 2001)에서 발
견되었다.

문헌

리휘재. 1964. 한국식물도감. 화훼류 I.
박만규. 1949. 우리나라 식물명감.
박수현. 1994. 한국의 귀화식물에 관한 연구.
박수현. 1995. 한국 귀화식물 원색도감.
양영환 등. 2001. 제주도의 귀화식물에 관한 재검토.
이영노, 주상우. 1956. 한국식물도감.

닭의장풀과(Commelinaceae)
자주만년청 *Tradescantia spathacea* Sw.

다른 이름 자주만년초
북한 이름 자주만년청
이명 *Rhoeo discolor* (L'Hér.) Hance
원산지 멕시코, 벨리즈, 과테말라
들어온 시기 개항 이후~분단 이전(1912~1945년: 리휘재 1964)
침입 정도 일시 출현
참고 박만규(1949)가 재배식물로 기록했다. 잎 뒷면의 표피세포를 식물생리학 실험 재료로 사용했다(리휘재 1964). 이종석과 김문홍(1980)은 제주도에서 야생하는 추세라고 기록했다. 일본에는 1816년에 들어온 뒤 야생화되었다(植村修二 등 2015).

문헌
리휘재. 1964. 한국식물도감. 화훼류 I.
박만규. 1949. 우리나라 식물명감.
이종석, 김문홍. 1980. 제주도내 도입 조경 및 재배식물의 종류에 관한 조사연구(I).
植村修二 등. 2015. 增補改訂 日本帰化植物写真図鑑 第2巻 - Plant invader 500種 -.

큰닭의장풀 *Commelina diffusa* Burm. f.

원산지 열대 아프리카, 열대 아시아

들어온 시기 분단 이후

발견 기록 2010년 제주도 제주시 용담동 바닷가에 인접한 경작지와 농로 주변(김찬수, 김수영 2011)

침입 정도 일시 출현

참고 열대와 아열대 지역의 잡초다(Holm 등 1991).

문헌

김찬수, 김수영. 2011. 우리나라 미기록 식물: 고깔닭의장풀(*Commelina benghalensis* L.)과 큰닭의장풀 (*C. diffusa* Burm. f.).

Holm 등. 1991. The World's Worst Weeds.

누운땅빈대 *Euphorbia prostrata* Aiton

원산지 북아메리카, 남아메리카
들어온 시기 분단 이후
발견 기록 2007년 충청남도 태안 신진도 길가(Yang 등 2008)
침입 정도 일시 출현

문헌

Yang 등. 2008. Two new naturalized species from Korea, *Andropogon virginicus* L. and
Euphorbia prostrata Aiton.

아메리카대극 *Euphorbia heterophylla* L.

원산지 북아메리카, 남아메리카

들어온 시기 분단 이후

발견 기록 2008년 부산 동래구 안락동 수영강 수변공원(지성진 등 2011)

침입 정도 일시 출현

참고 이춘녕과 안학수(1963)가 홍성초, 뽀인세띠아, 리휘재(1964)가 멕시코불꽃풀이라는 이름의 관상식물로 기록했고, 한라산식물 목록에도 포함된(안학수 등 1968) *E. heterophylla*는 잘못 붙여진 학명으로 보인다. 일본 메이지시대에 들어온 *E. heterophylla*라는 학명의(牧野富太郎 1940) 관상식물은 *Euphorbia cyathophora* Murray이다(大橋広好 등 2008). 또한 관상식물인 *Euphorbia pulcherrima* Willd. ex Klotzsch를 포인세티아라고 부르기도 한다. 수입품 운송 과정에서 종자가 떨어져 자란 것으로 추정한다(지성진 등 2011). 병해충에 해당하는 잡초다(농림축산검역본부 2016).

문헌

농림축산검역본부. 2016. 병해충에 해당되는 잡초.

리휘재. 1964. 한국식물도감. 화훼류 Ⅰ.

안학수 등. 1968. 한라산식물목록. 나자식물 및 쌍자엽식물.

이춘녕, 안학수. 1963. 한국식물명감.

지성진 등. 2011. 한국 미기록 귀화식물: 아메리카대극과 털땅빈대.

大橋広好 등. 2008. 新牧野日本植物圖鑑.

牧野富太郎. 1940. 牧野日本植物図鑑.

애기땅빈대 *Euphorbia maculata* L.

다른 이름 좀땅빈대
북한 이름 애기점박이풀
이명 *Chamaesyce maculata* (L.) Small, *Chamaesyce supina* (Raf.) Moldenke, *Euphorbia supina* Raf.
원산지 북아메리카
들어온 시기 개항 이후~분단 이전
침입 정도 침입
참고 모리(1922)가 *E. maculata*라는 학명으로 경기도 수원에 분포함을 보고한 이래 1960년대 문헌까지는 같은 학명으로 사용되었지만, 그 이후부터 지금까지는 남북한의 문헌에 모두 *E. supina*라는 학명으로 사용된다(이창복 1969; 김현삼 등 1976). 한편 *E. maculata*는 1970년대부터 지금까지 큰땅빈대의 학명으로 적용되고 있다(Lee 1976; 이우철 1996; 이유미 등 2011). 이 책에서는 애기땅빈대의 학명을 *E. maculata*로, 그리고 *E. supina*는 그 이명으로 정리했다(黒沢高秀 2001; Wu 등 2008; 大橋広好 등 2008). 북한에서는 엄상섭(1983)이 서북부 압록강 및 비래봉에서 발견했다. 중국의 침입외래생물 목록에 실려 있다(Xu 등 2012). 일본에는 1887년에 들어왔다(大橋広好 등 2008).

문헌
김현삼 등. 1976. 조선식물지 4.
엄상섭. 1983. 우리 나라 서북부 압록강, 비래봉 지구 식물상에 대한 연구(1) -식물상개요 및 식물분류군의 구성.
이우철. 1996. 한국식물명고.
이유미 등. 2011. 한국내 귀화식물의 현황과 고찰.
이창복. 1969. 자원식물.
大橋広好 등. 2008. 新牧野日本植物圖鑑.
黒沢高秀. 2001. 日本産雑草性ニシキソウ属(トウダイグサ科) 植物の分類と分布.
Lee, T.B. 1976. Vascular plants and their uses in Korea.
Mori, T. 1922. An Enumeration of Plants Hitherto Known from Corea.
Wu 등. 2008. Flora of China. Vol. 11.
Xu 등. 2012. An inventory of invasive alien species in China.

큰땅빈대 *Euphorbia hypericifolia* L.

북한 이름 선점박이풀
원산지 북아메리카
들어온 시기 개항 이후~분단 이전
침입 정도 침입
참고 박만규(1949)가 중부에 분포한다고 보고했고 *Chamaesyce hyssopifolia* Small이라는
학명을 사용했다. 이창복(1969)은 *E. hypericifolia*라는 학명으로 기록됐다. 그 후 큰땅빈
대의 학명으로 *Euphorbia maculata* L.이 계속 사용되었지만 *E. maculta*는 애기땅빈대를 가
리킨다(黒沢高秀 2001; 淸水建美 2003; 大橋広好 등 2008).

문헌

박만규. 1949. 우리나라 식물명감.
이창복. 1969. 자원식물.
大橋広好 등. 2008. 新牧野日本植物圖鑑.
淸水建美. 2003. 日本の帰化植物.
黒沢高秀. 2001. 日本産雑草性ニシキソウ属(トウダイグサ科)植物の分類と分布.

털땅빈대 *Euphorbia hirta* L.

북한 이름 다박등대풀
원산지 북아메리카, 남아메리카
들어온 시기 분단 이후
발견 기록 2008년 제주도 서귀포시 예래동 예래생태체험관 내 탐방로(지성진 등 2011)
침입 정도 일시 출현
참고 열대와 아열대 지역의 잡초이며(Holm 등 1991), 우리나라에서는 병해충에 해당하는 잡초로 관리한다(농림축산검역본부 2016). 중국의 침입외래생물 목록에 실려 있다(Xu 등 2012).

문헌

농림축산검역본부. 2016. 병해충에 해당되는 잡초.
지성진 등. 2011. 한국 미기록 귀화식물: 아메리카대극과 털땅빈대.
Holm 등. 1991. The World's Worst Weeds.
Xu 등. 2012. An inventory of invasive alien species in China.

톱니대극 *Euphorbia dentata* Michx.

원산지 북아메리카

들어온 시기 분단 이후

발견 기록 2007년 경상북도 영천시 대창면 대창리 중부고속도로 사면 및 밭둑(이유미 등 2009)

침입 정도 일시 출현

참고 중국에서는 1976년에 발견되었고, 현재 침입외래생물 목록에 실려 있다(Xu 등 2012).

문헌

이유미 등. 2009. 한국 미기록 귀화식물: 톱니대극(*Euphorbia dentata* Michx.)과 왕관갈퀴나물 (*Securigera varia* (L.) Lassen).

Xu 등. 2012. An inventory of invasive alien species in China.

대극과(Euphorbiaceae)
피마자 *Ricinus communis* L.

다른 이름 아주까리
북한 이름 피마주, 아주까리
원산지 아프리카 열대 지역
들어온 시기 개항 이전(신라시대: 이덕봉 1974)
침입 정도 일시 출현
참고 향약집성방(1433)에 씨의 처방 기록이 있고(동의학편집부 1986), 세종실록지리지(1454)에 약용 재배식물로 기록되어 있다. 홍순형과 허만규(1994)가 부산의 귀화식물 목록에, 양영환과 김문홍(1998)이 제주도의 귀화식물 목록에 각각 실었다. 박형선 등(2009)은 자연식물상에 들어오는 것은 거의 없다고 평가했다. 종자에 함유된 리신(ricin)은 지구에서 가장 치명적인 독 중 하나로, 냉전시대에 암살무기로 이용되기도 했다(BBC 2003). 중국의 침입외래생물 목록에 실려 있다(Xu 등 2012).

문헌

동의학편집부. 1986. 향약집성방.
박형선 등. 2009. 조선민주주의인민공화국의 외래식물목록과 영향평가.
양영환, 김문홍. 1998. 제주도의 귀화식물에 관한 연구.
이덕봉. 1974. 한국동식물도감. 제15권. 식물편(유용식물).
홍순형, 허만규. 1994. 부산지역의 귀화식물 조사 보고.
BBC. 2003. Flashback: Dissident's poisoning.
Xu 등. 2012. An inventory of invasive alien species in China.

멕시코돌나물 *Sedum mexicanum* Britton

원산지 멕시코

들어온 시기 분단 이후

발견 기록 1994년 충청남도 안면도(박수현 2001)

침입 정도 일시 출현

참고 고강석 등(1996)이 처음 귀화식물 목록에 실었다. 제주도와 인천에서도 발견되었
다(박수현 2001).

문헌

고강석 등. 1996. 귀화생물에 의한 생태계 영향 조사(Ⅱ).

박수현. 2001. 한국 귀화식물 원색도감. 보유편.

통탈목 *Tetrapanax papyrifer* (Hook.) K. Koch

북한 이름 넓은잎삼나무, 통달나무
원산지 타이완
들어온 시기 개항 이후~분단 이전(1912-1945년: 리휘재 1966)
침입 정도 귀화
참고 이춘녕과 안학수(1963)가 재배식물로 기록했다. 안학수 등(1968)이 한라산식물목록에 포함했고, 이종석과 김문홍(1980)이 제주도에서 야생한다고 했다. 김찬수 등(2006)과 양영환(2007)이 제주도의 귀화식물 목록에 실었다. 이유미 등(2011)은 제한적으로 분포하거나 식재 여부 등이 불분명해 귀화식물로 인정할 수 없다고 한 반면, 김진석과 김태영(2011), 정수영(2014)은 야생상으로 나타난다고 했다. 일본 환경성(2015)은 종합대책이 필요한 외래종으로 지정했다.

문헌
김진석, 김태영. 2011. 한국의 나무.
김찬수 등. 2006. 제주도의 귀화식물 분포특성.
리휘재. 1966. 한국동식물도감. 제6권. 식물편(화훼류 Ⅱ).
안학수 등. 1968. 한라산식물목록. 나자식물 및 쌍자엽식물.
양영환. 2007. 제주도 귀화식물의 식생에 관한 연구.
이유미 등. 2011. 한국내 귀화식물의 현황과 고찰.
이종석, 김문홍. 1980. 제주도내 도입 조경 및 재배식물의 종류에 관한 조사연구(Ⅰ).
이춘녕, 안학수. 1963. 한국식물명감.
정수영. 2014. 침입외래식물(IAP)의 국내 분포특성 연구.
環境省. 2015. 我が国の生態系等に被害を及ぼすおそれのある外来種リスト.

마디풀과(Polygonaceae)
개마디풀 *Polygonum equisetiforme* Sm.

북한 이름 갯마디풀
원산지 서아시아, 남유럽
들어온 시기 개항 이후~분단 이전
발견 기록 1927년 인천 남구(서울대학교 생물학과 표본관)
침입 정도 일시 출현
참고 정태현 등(1949)의 조선식물명집에 나온다. 정태현(1956)은 해변에서 자라는 시베리아 원산 귀화식물이며 주안에서 발견했다고 기록했다. 이우철과 임양재(1978)가 처음 귀화식물 목록에 수록했으나 박수현(1994)과 고강석 등(2001)은 더 이상 분포하지 않으므로 목록에서 제외했다.

문헌

고강석 등. 2001. 외래식물의 영향 및 관리방안 연구(II).
박수현. 1994. 한국의 귀화식물에 관한 연구.
이우철, 임양재. 1978. 한반도 관속식물의 분포에 관한 연구.
정태현. 1956. 한국식물도감(하권 초본부).
정태현 등. 1949. 조선식물명집 I 초본편.

마디풀과(Polygonaceae)
나도닭의덩굴 *Fallopia convolvulus* (L.) Á. Löve

북한 이름 덩굴메밀

이명 *Bilderdykia convolvulus* (L.) Dumort., *Polygonum convolvulus* L., *Tiniaria convolvulus* (L.) Webb & Moq.

원산지 북아프리카, 아시아, 유럽

들어온 시기 개항 이전

발견 기록 1909년 함경도 무산령(Nakai 1911)

침입 정도 귀화

참고 하쓰시마(1934)는 근래에 동아시아 각지에 넓게 분포하게 된 북미 원산 식물이라고 했고, 정태현(1956)과 도봉섭 등(1958)은 유럽 원산 귀화식물로 기록했다. 박수현(1994)이 귀화식물 목록에 실었는데, 임양재와 전의식(1980)은 외래종이 아닌 재래종으로 판단했다. 한반도 전역에 분포한다.

문헌

도봉섭 등. 1958. 조선식물도감 3.

박수현. 1994. 한국의 귀화식물에 관한 연구.

임양재, 전의식. 1980. 한반도의 귀화식물 분포.

정태현. 1956. 한국식물도감(하권 초본부).

初島柱彦. 1934. 九州帝國大學南鮮演習林植物調査(豫報).

Nakai, T. 1911. Flora Koreana. Pars Secunda.

닭의덩굴 *Fallopia dumetorum* (L.) Holub

북한 이름 산덩굴메밀

이명 *Bilderdykia dumetorum* (L.) Dumort., *Polygonum dumetorum* L., *Polygonum scandens* var. *dumetorum* (L.) Gleason, *Tiniaria dumetora* (L.) Nakai

원산지 서아시아, 유럽

들어온 시기 개항 이전

발견 기록 1863년 한반도(R. Oldham 채집, 큐 식물원 표본관), 1902년 북한산(T. Uchiyama 채집, Nakai 1908)

침입 정도 귀화

참고 정태현(1956)이 유럽 원산 귀화식물로 기록했으며, 박수현(1994)이 귀화식물 목록에 실었다. 임양재와 전의식(1980)은 재래종으로 판단했다. 한반도 전역에 분포한다.

문헌

박수현. 1994. 한국의 귀화식물에 관한 연구.

임양재, 전의식. 1980. 한반도의 귀화식물 분포.

정태현. 1956. 한국식물도감(하권 초본부).

Nakai, T. 1908. Polygonaceae Koreanae.

마디풀과(Polygonaceae)

돌소리쟁이 *Rumex obtusifolius* L.

북한 이름 세포송구지, 오랑캐소루장이
이명 *Rumex obtusifolius* var. *agrestis* Fr., *Rumex obtusifolius* subsp. *agrestis* (Fr.) Danser
원산지 북아프리카, 유럽
들어온 시기 개항 이후~분단 이전
발견 기록 1934년 함경남도 함흥 성천강 연안(Sakata 1935)
침입 정도 귀화
참고 함흥식물지에도 기록되어 있다(長田武正, 鈴木龍雄 1943). 한반도 북부에서 먼저 발견되었고, 현재 중부, 남부, 제주도에도 분포한다(박수현 2009). 박수현(1994)이 귀화 식물 목록에 실었다. 병해충에 해당하는 잡초다(농림축산검역본부 2016). 일본에는 메이지시대 중기에 들어왔으며 환경성(2015)은 종합대책이 필요한 외래종으로 지정했다.

문헌

농림축산검역본부. 2016. 병해충에 해당되는 잡초.
박수현. 1994. 한국의 귀화식물에 관한 연구.
박수현. 2009. 세밀화와 사진으로 보는 한국의 귀화식물.
長田武正, 鈴木龍雄. 1943. 咸興植物誌.
環境省. 2015. 我が国の生態系等に被害を及ぼすおそれのある外来種リスト.
Sakata, T. 1935. Plantae novae ad floram Koreanam.

메밀 *Fagopyrum esculentum* Moench

북한 이름 메밀
이명 *Fagopyrum vulgare* T. Nees
원산지 중국 남서부
들어온 시기 통일신라 시대 또는 그 이전
발견 기록 1886년 서울(J. Kalinowsky 채집, Palibin 1901)
침입 정도 귀화
참고 경상북도 칠곡의 통일신라시대 유적지에서 종실유체가 발견되었다(안승모 2013). 우에키(1936)가 야생한다고 했고, 북한 학자들은 길가나 밭 주변, 낮은 산 풀숲에서 저절로 자란다고 기록했다(김현삼 등 1974; 박형선 등 2009). 임양재와 전의식(1980)은 귀화하지 않은 재배식물로 평가했으나, 이우철(1996)은 재배지를 벗어나 야생하는 것도 있다고 했다. 김찬수 등(2006)은 제주도의 귀화식물 목록에 수록했으며, 오병운 등 (2008)이 중부아구(경기도)의 자생식물 목록에 포함했다.

문헌

김찬수 등. 2006. 제주도의 귀화식물 분포특성.
김현삼 등. 1974. 조선식물지 2.
박형선 등. 2009. 조선민주주의인민공화국의 외래식물목록과 영향평가.
안승모. 2013. 식물유체로 본 시대별 작물조성의 변천.
오병운 등. 2008. 한반도 관속식물 분포도 V. 중부아구(경기도).
이우철. 1996. 한국식물명고.
임양재, 전의식. 1980. 한반도의 귀화식물 분포.
植木秀幹. 1936. 花山及水原附近植生.
Palibin, J. 1901. Conspectus Florae Koreae. Pars II.

메밀여뀌 *Persicaria capitata* (Buch.-Ham. ex D. Don) H. Gross

이명 *Polygonum capitatum* Buch.-Ham. ex D. Don
원산지 히말라야
들어온 시기 분단 이후
발견 기록 1997~2001년 제주도(양영환 등 2001)
침입 정도 귀화
참고 양영환 등(2001)이 제주도 귀화식물 목록에 실었다. 일본에서는 메이지시대에 화훼로 쓰기 위해 도입한 것이 야생화되었고(清水矩宏 등 2001), 환경성(2015)은 종합대책이 필요한 외래종으로 지정했다.

문헌

양영환 등. 2001. 제주도의 귀화식물상.
清水矩宏 등. 2001. 日本帰化植物写真図鑑 - Plant invader 600種 -.
環境省. 2015. 我が国の生態系等に被害を及ぼすおそれのある外来種リスト.

마디풀과(Polygonaceae)

묵밭소리쟁이 *Rumex conglomeratus* Murray

북한 이름 묵밭송구지
원산지 북아프리카, 서아시아, 유럽
들어온 시기 개항 이후~분단 이전
발견 기록 1914년 지리산(中井猛之進 1915), 1917년 울릉도(中井猛之進 1919)
침입 정도 귀화
참고 박수현(1994)이 귀화식물 목록에 실었고, 임양재와 전의식(1980)은 구귀화식물(개항 이전에 귀화한 식물)로 분류했다. 중부아구(경기도), 남부아구(경상남도) 및 울릉도아구의 자생식물목록에 포함되었다(오병운 등 2008; 오병운 등 2010). 묵밭소리쟁이 표본에 잘못 동정된 것이 많다는 지적이 있었다. 고강석 등(2001)은 국내에 발표된 묵밭소리쟁이를 잘못 동정한 것으로 판정해 외래식물 목록에서 제외했다. 이유미 등(2011)은 정태현(1956)의 『한국식물도감』에 기재된 묵밭소리쟁이를 좀소리쟁이로 판단했으며, 박수현 등(2002)이 『우리나라 귀화식물의 분포』에 수록한 묵밭소리쟁이 역시 잘못 동정한 것으로 보았다.

문헌

고강석 등. 2001. 외래식물의 영향 및 관리방안 연구(Ⅱ).
박수현. 1994. 한국의 귀화식물에 관한 연구.
박수현 등. 2002. 우리나라 귀화식물의 분포.
오병운 등. 2008. 한반도 관속식물 분포도 Ⅴ. 중부아구(경기도).
오병운 등. 2010. 한반도 관속식물 분포도. Ⅶ. 남부아구(경상남도) 및 울릉도아구.
이유미 등. 2011. 한국내 귀화식물의 현황과 고찰.
임양재, 전의식. 1980. 한반도의 귀화식물 분포.
정태현. 1956. 한국식물도감(하권 초본부).
中井猛之進. 1915. 智異山植物調査報告書.
中井猛之進. 1919. 鬱陵島植物調査書.

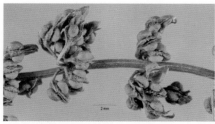 

Jose Hernandez, hosted by the USDA-NRCS PLANTS Database

Public Domain, https://commons.wikimedia.org/w/index.php?curid=587919

마디풀과(Polygonaceae)

미국갯마디풀 *Polygonum ramosissimum* Michx.

원산지 북아메리카

들어온 시기 분단 이후

발견 기록 2016년 경기도 화성 시화호, 인천 소래습지공원(최지은 등 2016)

침입 정도 일시 출현

참고 일본에서는 1951년에 처음 발견되었다(植村修二 등 2015).

문헌

최지은 등. 2016. 한국 미기록 귀화식물: 미국갯마디풀(마디풀과)과 끈적털갯개미자리(석죽과).

植村修二. 등. 2015. 增補改訂 日本帰化植物写真図鑑 第2巻 - Plant invader 500種 -.

소리쟁이 *Rumex crispus* L.

북한 이름 송구지
원산지 북아프리카, 아시아, 유럽
들어온 시기 개항 이전
발견 기록 1902년 함경도 마천령(Ainosuke Mishima 채집, Nakai 1908)
침입 정도 귀화
참고 세계에서 가장 성공적으로 새로운 지역에 정착하는 종 중 하나다(Holm 등 1991).
향약집성방(1433)에 처방(양제 羊蹄) 기록이 있으며(동의학편집부 1986), 세종실록지리
지(1454)에도 약재로 기록되어 있다. 임양재와 전의식(1980)은 구귀화식물로 추정해 귀
화식물 목록에서 제외한 반면, 박수현(1994)은 개항 이후 북미와 일본을 경유해서 이입
된 귀화식물로 판단했다. 한반도 전역에 분포한다. 병해충에 해당하는 잡초다(농림축산
검역본부 2016). 일본에는 1891년경에 들어왔으며 환경성(2015)은 종합대책이 필요한
외래종으로 지정했다.

문헌

농림축산검역본부. 2016. 병해충에 해당되는 잡초.
박수현. 1994. 한국의 귀화식물에 관한 연구.
동의학편집부. 1986. 향약집성방.
임양재, 전의식. 1980. 한반도의 귀화식물 분포.
環境省. 2015. 我が国の生態系等に被害を及ぼすおそれのある外来種リスト.
Holm 등 1991. The World's Worst Weeds. Distribution and Biology.
Nakai, T. 1908. List of plants collected at Mt. Matinryöng.

마디풀과(Polygonaceae)
쓴뫼밀 *Fagopyrum tataricum* (L.) Gaertn.

북한 이름 두메메밀
이명 *Fagopyrum rotundatum* Bab.
원산지 중국 남서부, 히말라야
들어온 시기 개항 이전
침입 정도 귀화
참고 모리(1922)가 백두산에 분포한다고 기록했다. 임양재와 전의식(1980)이 귀화식물
목록에 실었으나, 고강석 등(2001)은 남한에는 분포하지 않으므로 목록에서 제외했다.
북부의 높은 산 풀숲에서 자란다(김현삼 등 1974; 임록재 등 1996). 중국 윈난 성에서 처
음 재배하기 시작했고(Tsuji, Ohnishi 2000), 도입된 지역에서는 잡초로 자라는 경우도
있다. 캐나다의 알버타, 사스카체완, 마니토바 주에서는 유해잡초로 분류한다(Sharma
1986).

문헌
고강석 등. 2001. 외래식물의 영향 및 관리방안 연구(Ⅱ).
김현삼 등. 1974. 조선식물지 2.
임록재 등. 1996. 조선식물지 1(증보판).
임양재, 전의식. 1980. 한반도의 귀화식물 분포.
Mori, T. 1922. An Enumeration of Plants Hitherto Known from Corea.
Sharma, M.P. 1986. The biology of Canadian weeds. 74. *Fagopyrum tataricum* (L.) Gaertn.
Tsuji, K., O. Ohnishi. 2000. Origin of cultivated Tatary buckwheat (*Fagopyrum tataricum*
Gaertn.) revealed by RAPD analyses.

마디풀과(Polygonaceae)
애기수영 *Rumex acetosella* L.

북한 이름 애기괴싱아
원산지 유럽
들어온 시기 개항 이후~분단 이전
발견 기록 1897년 함경북도 무산(Komarov 1904)
침입 정도 침입

참고 오스트레일리아에서는 소리쟁이와 함께 농경지와 정원에 위협적인 유럽 원산 잡초로 보고되었다. 특히 뿌리를 깊게 내려 제거하기 어렵고, 땅속 뿌리줄기가 잘려 나간 부분에서도 다시 자라날 수 있다(Schomburgk 1879). 수원(Mori 1922)과 인천(武藤治夫 1928)에서도 발견되었고, 우에키와 사카타(1935)가 울릉도에서 발견한 뒤 귀화식물로 기록했다. 환경부는 2009년 생태계교란생물로 지정했으며, 제주도, 영암, 평창, 무주 등 대규모 목장을 중심으로 퍼져 나가고 있다(길지현 등 2012). 병해충에 해당하는 잡초다(농림축산검역본부 2016). 일본에는 메이지시대 초기에 들어왔고, 환경성(2015)은 종합대책이 필요한 외래종으로 지정했다.

문헌
길지현 등. 2012. 생태계교란생물.
농림축산검역본부. 2016. 병해충에 해당되는 잡초.
武藤治夫. 1928. 仁川地方ノ植物.
植木秀幹, 佐方敏南. 1935. 鬱陵島の事情.
環境省. 2015. 我が国の生態系等に被害を及ぼすおそれのある外来種リスト.
Komarov, V.L. 1904. Flora Manshuriae. Vol. Ⅱ.
Mori, T. 1922. An Enumeration of Plants Hitherto Known from Corea.
Schomburgk, R. 1879. On the Naturalized Weeds and Other Plants in South Australia.

마디풀과(Polygonaceae)
좀소리쟁이 *Rumex dentatus* L.

다른 이름 톱날소루쟁이, 부산소리쟁이
북한 이름 톱날송구지, 작은송구지
이명 *Rumex nipponicus* Franch. & Sav.
들어온 시기 개항 이전
원산지 북아프리카, 아시아, 남유럽
발견 기록 1859년 부산(C. Wilford 채집, Forbes, Hemsley 1891)
침입 정도 귀화
참고 오이(1965)는 일본식물지에 *R. nipponicus*(= *R. obtusifolius* var. *nipponicus*, *R. dentatus* subsp. *nipponicus*)를 설명하며 일본, 중국, 한국에 분포한다고 기록했고, 박수현(1995)은 이 내용을 근거로 *R. nipponicus*에 좀소리쟁이라는 국명을 붙여 일본 원산의 귀화식물로 보고했다. 중국식물지(Wu 등 2003)와 The Plant List(2013)에서는 *R. nipponicus*를 *R. dentatus*의 이명으로 정리했다. 남한 문헌에는 1970년대까지 *R. dentatus*라는 학명만 톱날소루쟁이 또는 부산소리쟁이라는 이름으로 기록되었다. 북한 문헌에도 역시 톱날소루장이라는 이름으로 기록되었고 조선식물지(김현삼 1974)부터 *R. nipponicus*라는 학명에 작은송구지라는 이름이 붙어 소개된다. 중국식물지에는 동아시아에 분포하는 것은 *R. dentatus* subsp. *klotzschianus*라고 설명한다.

문헌
김현삼 등. 1974. 조선식물지 2.
박수현. 1995. 한국 귀화식물 원색도감.
Forbes, F.B., W.B. Hemsley. 1891. An enumeration of all the plants known from China Proper, Formosa, Hainan, the Corea, the Luchu Archipelago, and the Island of Hongkong; together with their distribution and synonymy.
Ohwi, J. 1965. Flora of Japan.
The Plant List. 2013. Version 1.1.
Wu 등 2003. Flora of China. Vol. 5.

쪽 *Persicaria tinctoria* (Aiton) H. Gross

북한 이름 쪽

이명 *Polygonum tinctorium* Aiton

원산지 중국

들어온 시기 개항 이전

발견 기록 1884~1885년(A. W. Carles 채집, Forbes, Hemsley 1891)

침입 정도 귀화

참고 향약집성방(1433)에 씨(남실 藍實)의 처방 기록이 있고(동의학편집부 1986), 세종실록지리지(1454)에도 약재로 기록되어 있다. 김현삼 등(1974)이 자연에서 저절로 자라는 것도 있다고 보고했으며, 박형선 등(2009)은 완전히 귀화해 자연생태계에서 자란다고 했다. 임양재와 전의식(1980)이 귀화식물 목록에 처음 실었지만, 김준민 등(2000)은 남한에서 야생하는 개체는 모두 사라진 것으로 추정했다.

문헌

김준민 등. 2000. 한국의 귀화식물.

김현삼 등. 1974. 조선식물지 2.

동의학편집부. 1986. 향약집성방.

박형선 등. 2009. 조선민주주의인민공화국의 외래식물목록과 영향평가.

임양재, 전의식. 1980. 한반도의 귀화식물 분포.

Forbes, F.B., W.B. Hemsley. 1891. An enumeration of all the plants known from China Proper, Formosa, Hainan, the Corea, the Luchu Archipelago, and the Island of Hongkong; together with their distribution and synonymy.

마디풀과(Polygonaceae)

털여뀌 *Persicaria orientalis* (L.) Spach

북한 이름 붉은털여뀌

이명 *Amblygonum orientale* (L.) Nakai, *Amblygonum pilosum* (Roxb. ex Meisn.) Nakai, *Lagunea orientalis* (L.) Nakai, *Persicaria cochinchinensis* (Lour.) Kitag., *Polygonum orientale* L.

원산지 동남아시아

들어온 시기 개항 이전

발견 기록 1886년 서울(J. Kalinowsky 채집, Palibin 1901)

침입 정도 귀화

참고 향약집성방(1433)에 전초(홍초 葒草)의 처방 기록이 있다(동의학편집부 1986). 도봉섭 등(1958)은 각지에 귀화한 아시아 원산 식물로 보고했으며, 임양재와 전의식 (1980)이 귀화식물 목록에 실었다.

문헌

도봉섭 등. 1958. 조선식물도감 3.

동의학편집부. 1986. 향약집성방.

임양재, 전의식. 1980. 한반도의 귀화식물 분포.

Palibin, J. 1901. Conspectus Florae Koreae. Pars Ⅱ.

하수오 *Reynoutria multiflora* (Thunb.) Moldenke

북한 이름 하수오

이명 *Fallopia multiflora* (Thunb.) Haraldson, *Pleuropterus multiflorus* (Thunb.) Turcz. ex Nakai

원산지 중국

들어온 시기 개항 이전

발견 기록 1897년 북부(Komarov 1904)

침입 정도 귀화

참고 세종실록지리지(1454)에 재배식물로 기록되어 있다. 이창복(1971)이 중국에서 들어온 덩굴성 약용식물로 오랫동안 재배된 바 있고 때로 들로 퍼져 나간 것이 있다고 기록했다. 이우철과 임양재(1978)가 귀화식물 목록에 실었는데, 고강석 등(2001)은 더 이상 분포하지 않으므로 목록에서 제외했다. 오병운 등(2005)은 남부아구(전라도 및 지리산)의 자생식물 목록에 포함했다. 한편 임양재와 전의식(1980)은 재래종으로 평가했다. 일본에서는 약초로 쓰기 위해 1720년에 중국으로부터 들여왔고, 재배지를 벗어나 야생화되었다(淸水矩宏 등 2001). 환경성(2015)은 종합대책이 필요한 외래종으로 지정했다.

문헌

고강석 등. 2001. 외래식물의 영향 및 관리방안 연구(Ⅱ).

오병운 등. 2005. 한반도 관속식물 분포도 Ⅱ. 남부아구(전라도 및 지리산).

이우철, 임양재. 1978. 한반도 관속식물의 분포에 관한 연구.

이창복. 1971. 약용식물도감.

임양재, 전의식. 1980. 한반도의 귀화식물 분포.

淸水矩宏 등. 2001. 日本帰化植物写真図鑑 - Plant invader 600種 -.

環境省. 2015. 我が国の生態系等に被害を及ぼすおそれのある外来種リスト.

Komarov, V.L. 1904. Flora Manshuriae. Vol. Ⅱ.

히말라야여뀌 *Persicaria wallichii* Greuter & Burdet

원산지 히말라야

들어온 시기 개항 이후~분단 이전

발견 기록 1932년 부산(東吉正 채집, 홍석표, 문혜경 2003)

침입 정도 일시 출현

참고 한반도 식물지 개정을 위해 도쿄대학교 표본관에 소장된 나카이의 표본을 조사하는 과정에서 발견되었다(홍석표, 문혜경 2003). 이유미 등(2011)이 귀화식물 목록에 실었지만, 더 이상 분포하지 않는 것으로 보인다.

문헌

이유미 등. 2011. 한국내 귀화식물의 현황과 고찰.

홍석표, 문혜경. 2003. 한반도 미기록 귀화식물 1종: 히말라야여뀌(여뀌속, 마디풀과).

워터칸나 *Thalia dealbata* Fraser

다른 이름 물칸나
원산지 북아메리카
들어온 시기 분단 이후
발견 기록 2010~2014년 제주도(강대현 등 2015)
침입 정도 일시 출현
참고 연못을 장식하는 관엽 또는 관화식물로 재배된다(윤평섭 2001). 강대현 등(2015)
이 제주도 서부 지역 인가 주변의 연 재배지에서 월동하며 자라는 것을 관찰했다. 일본
에는 1920년대에 관상용으로 들어온 뒤 야생화되었다(植村修二 등 2015).

문헌
강대현 등. 2015. 제주도의 수생 및 습생 식물상.
윤평섭. 2001. 한국의 화훼원예식물.
植村修二 등. 2015. 增補改訂 日本帰化植物写真図鑑 第2巻 - Plant invader 500種 -.

마편초과(Verbenaceae)

버들마편초 *Verbena bonariensis* L.

다른 이름 아르헨티나베르베나
북한 이름 큰무지개초리꽃
원산지 브라질 남부, 아르헨티나
들어온 시기 분단 이후
발견 기록 2001년 경상남도 마산 제4부두(길지현 등 2001)
침입 정도 귀화
참고 관상식물로 재배한다(리휘재 1964; 임록재, 라응칠 1987). 일본 환경성(2015)은 종합대책이 필요한 외래종으로 지정했다.

문헌

길지현 등. 2001. 한국 미기록 귀화식물(XVII).
리휘재. 1964. 한국식물도감. 화훼류 I.
임록재, 라응칠. 1987. 중앙식물원 재배식물.
環境省. 2015. 我が国の生態系等に被害を及ぼすおそれのある外来種リスト.

마편초과(Verbenaceae)

브라질마편초 *Verbena brasiliensis* Vell.

원산지 남아메리카

들어온 시기 분단 이후

발견 기록 1998년 제주도 중문관광단지 여미지식물원 정문 앞(박수현 1998)

침입 정도 귀화

참고 일본 환경성(2015)은 종합대책이 필요한 외래종으로 지정했다.

문헌

박수현. 1998. 한국 미기록 귀화식물(XⅢ).

環境省. 2015. 我が国の生態系等に被害を及ぼすおそれのある外来種リスト.

참죽나무 *Toona sinensis* (Juss.) M. Roem.

북한 이름 참중나무

이명 *Cedrela sinensis* Juss.

원산지 중국

들어온 시기 개항 이전(신라 중엽 5~6세기: 박상진 2011)

발견 기록 1902년 경상북도 개경(T. Uchiyama 채집, Nakai 1909)

침입 정도 일시 출현

참고 이우철과 임양재(1978)가 처음 귀화식물 목록에 실었으나 임양재와 전의식(1980)은 귀화하지 않은 재배식물로 평가했다. 홍성천 등(2005)은 인가 부근에 심고 있으나 거의 야생으로 퍼졌다고 했고, 박형선 등(2009)은 낮은 산 변두리에 개별적으로 자라는 개체가 있지만 식물상에는 영향을 주지 않는다고 기록했다.

문헌

박상진. 2011. 문화와 역사로 만나는 우리 나무의 세계.

박형선 등. 2009. 조선민주주의인민공화국의 외래식물목록과 영향평가.

이우철, 임양재. 1978. 한반도 관속식물의 분포에 관한 연구.

임양재, 전의식. 1980. 한반도의 귀화식물 분포.

홍성천 등. 2005. 실무용 원색식물도감. 목본.

Nakai, T. 1909. Flora Koreana. Pars Prima.

메꽃과(Convolvulaceae)

나팔꽃 *Ipomoea nil* (L.) Roth

북한 이름 나팔꽃

이명 *Pharbitis nil* (L.) Choisy

원산지 멕시코, 남아메리카

들어온 시기 개항 이전

발견 기록 1913년 제주도(中井猛之進 1914)

침입 정도 귀화

참고 향약집성방(1433)에 나팔꽃씨(견우자 牽牛子)의 처방 기록이 있으며(동의학편집부 1986), 세종실록지리지(1454)에도 약용 재배식물로 기록되어 있다. 나카이(1914)는 재배 중 일출해 초지에 자생한다고 기록했고, 이우철(1996)은 야생상태로 나는 것도 있다고 했다. 귀화식물 목록에 실렸지만(고강석 등 1996), 귀화하지 않은 것으로 다시 평가받아 목록에서 제외되었다(고강석 등 2001). 부산과 제주도의 귀화식물 목록에 각각 실렸고(홍순형, 허만규 1994; 양영환, 김문홍 1998), 오병운 등(2008)이 중부아구(경기도)의 자생식물 목록에 포함했다. 중국에는 명조 때 들어왔으며, 현재 침입외래생물 목록에 실려 있다(Xu 등 2012). 일본 환경성(2015)은 종합대책이 필요한 외래종으로 지정했다.

문헌

고강석 등. 1996. 귀화생물에 의한 생태계 영향 조사(Ⅱ).

고강석 등. 2001. 외래식물의 영향 및 관리방안 연구(Ⅱ).

동의학편집부. 1986. 향약집성방.

양영환, 김문홍. 1998. 제주도의 귀화식물에 관한 연구.

오병운 등. 2008. 한반도 관속식물 분포도 Ⅴ. 중부아구(경기도).

이우철. 1996. 한국식물명고.

홍순형, 허만규. 1994. 부산지역의 귀화식물 조사 보고.

中井猛之進. 1914. 濟州島竝莞島植物調査報告書.

環境省. 2015. 我が国の生態系等に被害を及ぼすおそれのある外来種リスト.

Xu 등. 2012. An inventory of invasive alien species in China.

메꽃과(Convolvulaceae)

둥근잎나팔꽃 *Ipomoea purpurea* (L.) Roth

북한 이름 둥근잎나팔꽃

이명 *Pharbitis hispida* Choisy, *Pharbitis purpurea* (L.) Voigt

원산지 북아메리카, 남아메리카

들어온 시기 개항 이후~분단 이전

침입 정도 귀화

참고 모리(1922)는 수입(輸入) 종이며 서울에 반자생상으로 나타난다고 기록했다. 임양재와 전의식(1980)이 귀화식물 목록에 실었다. 한반도의 중부와 남부에 널리 분포한다(박수현 1995). 중국에서는 1890년에 발견되었으며, 침입외래생물 목록에 실려 있다(Xu 등 2012). 일본에는 에도시대에 들어왔으며 환경성(2015)은 중점대책이 필요한 외래종으로 지정했다.

문헌

박수현. 1995. 한국 귀화식물 원색도감.

임양재, 전의식. 1980. 한반도의 귀화식물 분포.

環境省. 2015. 我が国の生態系等に被害を及ぼすおそれのある外来種リスト.

Mori, T. 1922. An Enumeration of Plants Hitherto Known from Corea.

Xu 등. 2012. An inventory of invasive alien species in China.

메꽃과(Convolvulaceae)
둥근잎유홍초 *Ipomoea coccinea* L.

북한 이름 붉은유홍초
이명 *Quamoclit coccinea* Moench
원산지 북아메리카
들어온 시기 개항 이후~분단 이전
침입 정도 귀화
참고 모리(1922)는 수입(輸入) 종으로 서울에 자생상으로 나타난다고 기록했으며, 무
토(1928)는 인천의 귀화(歸化)식물로 표시했다. 임양재와 전의식(1980)이 귀화식물 목
록에 실었다. 한반도의 중부와 남부(오병운 등 2010), 제주도(박수현 2009)에서 자란다.
Quamoclit angulata (Lam.) Bojer이라는 학명을 한동안 사용했다.

문헌
박수현. 2009. 세밀화와 사진으로 보는 한국의 귀화식물.
오병운 등. 2010. 한반도 관속식물 분포도. VII. 남부아구 (경상남도) 및 울릉도아구.
임양재, 전의식. 1980. 한반도의 귀화식물 분포.
武藤治夫. 1928. 仁川地方ノ植物.
Mori, T. 1922. An Enumeration of Plants Hitherto Known from Corea.

미국나팔꽃 *Ipomoea hederacea* Jacq.

북한 이름 담장나팔꽃
원산지 북아메리카, 남아메리카
들어온 시기 분단 이후
발견 기록 1978년 충청남도 장항, 전라북도 군산(김준민 등 2000)
침입 정도 귀화
참고 임양재와 전의식(1980)이 처음 보고했다. 중부와 남부에서 확산되고 있다(박수현 1995). 일본에는 1882년경 들어왔으며, 환경성(2015)은 중점대책이 필요한 외래종으로 지정했다. 잎이 갈라지지 않는 것을 둥근잎미국나팔꽃(*Ipomoea hederacea* var. *integriuscula* A. Gray)으로 부르기도 한다.

문헌

김준민 등. 2000. 한국의 귀화식물.
박수현. 1995. 한국 귀화식물 원색도감.
임양재, 전의식. 1980. 한반도의 귀화식물 분포.
環境省. 2015. 我が国の生態系等に被害を及ぼすおそれのある外来種リスト.

미국나팔꽃   둥근잎미국나팔꽃

미국실새삼 *Cuscuta pentagona* Engelm.

원산지 북아메리카

들어온 시기 분단 이후

침입 정도 침입

참고 수입 곡물이나 사방공사용 풀씨에 섞여 들어온 것으로 추정하며, 전의식(1997)은 주변에서 흔히 보는 새삼은 대부분 이 종일 정도로 널리 퍼졌다고 했다. 환경부의 제3차 전국자연환경조사 결과 남한 전역에 분포하며, 주로 경작지나 도로변과 같이 토양 교란이 심한 환경에서 발견된다(황선민 등 2013). *Cuscuta*속 전 종은 병해충에 해당하는 잡초(관리잡초)다(농림축산검역본부 2016). 일본 환경성(2015)은 종합대책이 필요한 외래종으로 지정했다.

문헌

농림축산검역본부. 2016. 병해충에 해당되는 잡초.

전의식. 1997. 새로 발견된 귀화식물(14). 국화과의 귀화식물.

황선민 등. 2013. 기생식물 미국실새삼의 분포 및 기주식물상.

環境省. 2015. 我が国の生態系等に被害を及ぼすおそれのある外来種リスト.

메꽃과(Convolvulaceae)

밤메꽃 *Ipomoea alba* L.

북한 이름 밤메꽃

이명 *Calonyction aculeatum* (L.) House, *Calonyction bona-nox* (L.) Bojer

원산지 북아메리카, 남아메리카

들어온 시기 개항 이후~분단 이전

침입 정도 일시 출현

참고 박만규(1949)가 재배식물로 기록했고, 홍순형과 허만규(1994)가 부산의 귀화식물 목록에 실었다.

문헌

박만규. 1949. 우리나라 식물명감.

홍순형, 허만규. 1994. 부산지역의 귀화식물 조사 보고.

별나팔꽃 *Ipomoea triloba* L.

원산지 북아메리카, 남아메리카

들어온 시기 분단 이후

발견 기록 1995년 제주도 중문(박수현 2001)

침입 정도 귀화

참고 고강석 등(1996)이 처음 귀화식물 목록에 실었다. 제주도와 중부 지역에 분포한다 (박수현 2001). 중국의 침입외래생물 목록에 실렸으며(Xu 등 2012), 일본 환경성은 종합 대책이 필요한 외래종으로 지정했다(環境省 2015).

문헌

고강석 등. 1996. 귀화생물에 의한 생태계 영향 조사(Ⅱ).

박수현. 2001. 한국 귀화식물 원색도감. 보유편.

環境省. 2015. 我が国の生態系等に被害を及ぼすおそれのある外来種リスト.

Xu 등. 2012. An inventory of invasive alien species in China.

서양메꽃 *Convolvulus arvensis* L.

북한 이름 들메꽃
원산지 북아프리카, 아시아, 유럽
들어온 시기 분단 이후
발견 기록 1979년 전라북도 군산항 부근 철로가, 충청남도 장항 제련소 부근 길가(전의식 1994)
침입 정도 귀화
참고 임양재와 전의식(1980)이 처음 보고했다. 중부, 남부, 울릉도에서 자란다(김준민 등 2000; 박수현 2009). 북한에서는 자강도 오가산의 길가와 밭둑에서 자란다(임록재 등 1999).

문헌

김준민 등. 2000. 한국의 귀화식물.
박수현. 2009. 세밀화와 사진으로 보는 한국의 귀화식물.
임록재 등. 1999. 조선식물지 6(증보판).
임양재, 전의식. 1980. 한반도의 귀화식물 분포.
전의식. 1994. 새로 발견된 귀화식물(8). 서양메꽃과 도깨비가지.

메꽃과(Convolvulaceae)

선나팔꽃 *Jacquemontia tamnifolia* (L.) Griseb.

원산지 북아메리카, 남아메리카
들어온 시기 분단 이후
발견 기록 1992년 서울 난지도(박수현 1993)
침입 정도 귀화
참고 중국의 침입외래생물 목록에 실렸다(Xu 등 2012).

문헌

박수현. 1993. 한국 미기록 귀화식물(Ⅱ).
Xu 등. 2012. An inventory of invasive alien species in China.

애기나팔꽃 *Ipomoea lacunosa* L.

원산지 북아메리카

들어온 시기 분단 이후

발견 기록 1978년 인천항 부근(전의식 1993)

침입 정도 귀화

참고 임양재와 전의식(1980)이 처음 보고해 귀화식물 목록에 실었다. 제주도, 남부, 중부에서 자란다.

문헌

임양재, 전의식. 1980. 한반도의 귀화식물 분포.

전의식. 1993. 새로 발견된 귀화식물(7). 가시상치와 만수국아재비.

메꽃과(Convolvulaceae)
유홍초 *Ipomoea quamoclit* L.

북한 이름 유홍초
이명 *Quamoclit pennata* (Desr.) Bojer, *Quamoclit vulgaris* Choisy
원산지 북아메리카, 남아메리카
들어온 시기 개항 이후~분단 이전(1920~1926년: 리휘재 1964)
침입 정도 일시 출현
참고 정태현 등(1937)이 재배식물로 기록했다. 귀화식물 목록에 실렸지만(홍순형, 허만규 1994; 고강석 등 1996; 양영환, 김문홍 1998; 김찬수 등 2006), 귀화하지 않은 재배식물이라는 평가도 있다(고강석 등 2001). 박형선 등(2009)은 재배지를 벗어나는 경우는 없다고 평가했다.

문헌
고강석 등. 1996. 귀화생물에 의한 생태계 영향 조사(Ⅱ).
고강석 등. 2001. 외래식물의 영향 및 관리방안 연구(Ⅱ).
김찬수 등. 2006. 제주도의 귀화식물 분포특성.
리휘재. 1964. 한국식물도감. 화훼류 I.
박형선 등. 2009. 조선민주주의인민공화국의 외래식물목록과 영향평가.
양영환, 김문홍. 1998. 제주도의 귀화식물에 관한 연구.
정태현 등. 1937. 조선식물향명집.
홍순형, 허만규. 1994. 부산지역의 귀화식물 조사 보고.

일본목련 *Magnolia obovata* Thunb.

다른 이름 떡갈후박

북한 이름 황목련

원산지 일본

들어온 시기 개항 이후~분단 이전(1920년경: 조무행, 최명섭 1992)

발견 기록 2006년 경기도 이천시 호법면 매곡리 유네스코 평화센터 주변 산림(김용훈, 오충현 2009)

침입 정도 귀화

참고 1895년에 서울에서 손탁(A. Sontag)이 채집한 기록이 있는데(Palibin 1898), 이것은 일본목련이 아닌 자목련(*Magnolia liliiflora* Desr.)을 가리킨다(中井猛之進 1933). 이춘녕과 안학수(1963)가 관상용 재배식물로 기록했다. 김용훈과 오충현(2009)은 일본목련을 아까시나무, 가죽나무, 벽오동, 족제비싸리와 함께 목본성 귀화식물로 판단했다. 조경수로 식재된 모수에서 자연 산포해 산림 내에 다수가 자라며, 신갈나무와 졸참나무보다 생장속도가 빠르고, 내음성도 강해 이들 나무와의 경쟁에서 우위에 있는 것으로 보았다. 또한 정수영(2014)은 귀화식물로 검토가 필요하다고 제안했다. 북한에서도 생육상태가 좋으며 종자로 자연 증식하지만 아직 산림식물군락에 들어간 것은 발견되지 않았다(박형선 등 2009).

문헌

김용훈, 오충현. 2009. 일본목련의 분산 및 식물군집 특성에 관한 연구: 한국유네스코평화센터 주변을 대상으로.

박형선 등. 2009. 조선민주주의인민공화국의 외래식물목록과 영향평가.

이춘녕, 안학수. 1963. 한국식물명감.

정수영. 2014. 침입외래식물(IAP)의 국내 분포특성 연구.

조무행, 최명섭. 1992. 한국수목도감.

中井猛之進. 1933. 朝鮮森林植物編. 第貳拾輯.

Palibin, J. 1898. Conspectus Florae Koreae. Pars I.

서양고추나물 *Hypericum perforatum* L.

다른 이름 세인트존스워트(St. John's wort)
북한 이름 선물레나물
원산지 북아프리카, 서아시아, 유럽
들어온 시기 분단 이후
발견 기록 1997년 인천 월미도(박수현 1999)
침입 정도 일시 출현

참고 월미도 해변에서 자라는 것이 확인되었지만 도시개발로 생육지가 사라지면서 더 이상 확산하지 못했다(박수현 등 2002). 북한에는 1959년에 도입되었으며 약용식물로 재배된다(임록재 등 1993). 유럽에서 수 세기 동안 약용식물로 사용했다. 특히 식물체에 함유된 히페리신(hypericin)의 항우울제 효과가 알려졌다. 광독소를 지니고 있어 빛에 대한 과민반응을 일으키기도 한다(Wink, Van Wik 2008). 미국에서는 17세기에 장미십자회원들이 들여왔고 재배지를 벗어나 확산했다(Woodward, Quinn 2011).

문헌

박수현. 1999. 한국 미기록 귀화식물(XⅣ).
박수현 등. 2002. 우리나라 귀화식물의 분포.
임록재 등. 1993. 조선약용식물(원색).
Wink, M., B.-E. Van Wyk. 2008. Mind-Altering and Poisonous Plants of the World.
Woodward, S.L., J.A. Quinn. 2011. Encyclopedia of Invasive Species. Vol 2: Plants.

부레옥잠 *Eichhornia crassipes* (Mart.) Solms

다른 이름 배옥잠, 부대물옥잠

북한 이름 풍옥란

원산지 브라질

들어온 시기 개항 이후~분단 이전(1912~1945년: 리휘재 1964)

발견 기록 1986년 평양시로 연결되는 보통강 지류와 연결된 연못(Dostálek 등 1989), 1991년 낙동강 하류(김구연 1991; 윤해순 등 2002)

침입 정도 귀화

참고 박만규(1949)가 재배식물로 기록했다. 주로 연못이나 어항에 넣어 관상하는 부생식물이다(리휘재 1964). 고경식(1993)은 논이나 못에서 야생상태로 크게 무리 지어 자란다고 했다. 김구연(2001)은 2001년에 낙동강 하류에서 부레옥잠 군락을 관찰했고, 부영양상태인 서낙동강 물의 영양염류를 흡수하면서 대번성한 것으로 설명했다. 김찬수 등(2006)이 제주도의 귀화식물 목록에 실었지만, 양영환(2007)은 귀화하지 않았다고 판단했다. 부레옥잠은 IUCN이 선정한 100대 악성외래종 중 하나다(Lowe 등 2000). *Eichhornia*속의 다른 식물에 비해 침입성이 매우 높으며, 빠르게 영양 번식하므로 미국 플로리다 주에서는 도입된 지 70년 만에 면적 5,100헥타르를 뒤덮었다(Woodward, Quinn 2011). 일본생태학회(2002)가 선정한 최악의 침입외래종 100선에 들었으며, 환경성(2015)은 중점대책이 필요한 외래종으로 지정했다. 중국의 침입외래생물 목록에도 실려 있다(Xu 등 2012).

문헌

고경식. 1993. 야생식물생태도감.

김구연. 2001. 낙동강 하구의 수생관속식물의 분포와 생장에 관한 연구.

김찬수 등. 2006. 제주도의 귀화식물 분포특성.

리휘재. 1964. 한국식물도감. 화훼류 Ⅰ.

박만규. 1949. 우리나라 식물명감.

양영환. 2007. 제주도 귀화식물의 식생에 관한 연구.

윤해순 등. 2002. 서낙동강 수질의 이화학적 특성과 수생관속식물의 분포.

日本生態学会. 2002. 外来種ハンドブック.

環境省. 2015. 我が国の生態系等に被害を及ぼすおそれのある外来種リスト.

Dostálek 등. 1989. A few taxa new to the flora of North Korea.

Lowe 등. 2000. 100 of the World's Worst Invasive Alien Species.

Woodward, S.L., J.A. Quinn. 2011. Encyclopedia of Invasive Species. Vol 2: Plants.

Xu 등. 2012. An inventory of invasive alien species in China.

구골나무목서 *Osmanthus* × *fortunei* Carrière

다른 이름 가시암계목

북한 이름 가시목서나무

원산지 교배종

들어온 시기 분단 이후(1958년: 리휘재 1966)

침입 정도 일시 출현

참고 중국 원산 구골나무(*Osmanthus heterophyllus* (G. Don) P.S. Green)와 목서(*Osmanthus fragrans* Lour.)의 잡종이며, 재배식물이다(大橋広好 등 2008). 홍순형과 허만규(1994)가 부산의 귀화식물 목록에 실었다.

문헌

리휘재. 1966. 한국동식물도감. 제6권. 식물편(화훼류 Ⅱ).

홍순형, 허만규. 1994. 부산지역의 귀화식물 조사 보고.

大橋広好 등. 2008. 新牧野日本植物圖鑑.

물푸레나무과(Oleaceae)
서양수수꽃다리 *Syringa vulgaris* L.

다른 이름 라일락(Lilac)
북한 이름 큰꽃정향나무
원산지 남유럽
들어온 시기 개항 이후~분단 이전(1912~1925년: 리휘재 1966)
침입 정도 일시 출현
참고 관상용 재배식물이며, 약용되기도 한다(임록재 등 1993). 홍순형과 허만규(1994)
가 부산의 귀화식물 목록에 실었다.

문헌
리휘재. 1966. 한국동식물도감. 제6권. 식물편(화훼류 Ⅱ).
임록재 등. 1993. 조선약용식물(원색).
홍순형, 허만규. 1994. 부산지역의 귀화식물 조사 보고.

나도독미나리 *Conium maculatum* L.

북한 이름 독삼

원산지 지중해 지역

들어온 시기 분단 이후

발견 기록 1999년 경기도 시흥 수인산업도로변(박수현 1999)

침입 정도 일시 출현

참고 병해충에 해당하는 잡초(관리잡초)다(농림축산검역본부 2016). 일본에는 1959년에 들어왔고, 환경성(2015)은 종합대책이 필요한 외래종으로 지정했다. 식물체에 함유된 알칼로이드 화합물 coniine과 ɣ-coniceine은 강한 신경독소다(Wink, Van Wyk 2008).

문헌

농림축산검역본부. 2016. 병해충에 해당되는 잡초

박수현. 1999. 한국 미기록 귀화식물(XVI).

環境省. 2015. 我が国の生態系等に被害を及ぼすおそれのある外来種リスト.

Wink, M., B.-E. Van Wyk. 2008. Mind-Altering and Poisonous Plants of the World.

미나리과(Apiaceae)

당근 *Daucus carota* subsp. *sativus* (Hoffm.) Arcang.

북한 이름 홍당무
원산지 재배에서 기원
들어온 시기 개항 이후~분단 이전
침입 정도 일시 출현
참고 1907년부터 국내에서 재배했다(이정명 등 2003). 김찬수 등(2006)이 제주도의 귀화식물 목록에 실었다. 박형선 등(2009)은 재배지를 벗어나 자연계로 들어가는 것은 없다고 평가했다.

문헌
김찬수 등. 2006. 제주도의 귀화식물 분포특성.
박형선 등. 2009. 조선민주주의인민공화국의 외래식물목록과 영향평가.
이정명 등. 2003. 신고 채소원예각론.

물미나리 *Oenanthe aquatica* (L.) Poir.

북한 이름 물미나리
원산지 서아시아, 유럽
들어온 시기 분단 이후
발견 기록 1986년 개성 강변(Jarolímek 등 1991)
침입 정도 일시 출현
참고 남한 문헌에는 나타나지 않는다. 북한 문헌에는 식물분류명사전(리용재 2011)에
물미나리라는 이름이 실려 있지만, 분포에 관한 기록은 없고, 체코슬로바키아 학자들의
북한 식물 조사 기록에서만 한 차례 보고되었다.

문헌

리용재 등. 2011. 식물분류명사전(종자식물편).
Jarolímek 등. 1991. Annual nitrophilous pond and river bank communities in north part of Korean
　　Peninsula.

바늘풀 *Scandix pecten-veneris* L.

원산지 북아프리카, 아시아, 유럽
들어온 시기 분단 이후
발견 기록 1995년 경기도 안산 수인산업도로변(농업과학기술원 1996; 오세문 등 2003)
침입 정도 일시 출현

문헌

농업과학기술원. 1996. 1995년도 시험연구사업보고서(작물보호부편).
오세문 등. 2003. 1981년 이후 발견된 국내 발생 외래잡초 현황.

미나리과(Apiaceae)
셀러리 *Apium graveolens* L.

북한 이름 진채
원산지 지중해 지역
들어온 시기 개항 이후~분단 이전
침입 정도 일시 출현
참고 고종은 1884년에 최경석의 청원으로 서울에 최초의 농업시험장을 설치했다. 이 시험장에서 재배한 작물과 가축을 기록한 문서가 농무목축시험장 소존곡채종(農務牧畜試驗場 所存穀菜種 1886)이다(김영진 1982). 셀러리(Celery)가 해방 이후에 들어왔다는 기록(이정명 등 2003)에 따라 분단 이후에 들어온 외래식물로 보고되었지만(Kim, Kil 2016), 소존곡채종 문서에 기록된 것으로 보아 개항 이후에 들여와 시험 재배한 것으로 보인다. 북한에서는 저절로 번식하는 것이 발견되었다(박형선 등 2009). 현재 재배되는 셀러리의 야생형은 지중해 지역과 서남아시아의 습지에 퍼져 있다(Zohary 등 2012).

문헌
김영진. 1982. 농림수산 고문헌 비요.
박형선 등. 2009. 조선민주주의인민공화국의 외래식물목록과 영향평가.
이정명 외 27인. 2003. 신고 채소원예각론.
Kim, C.G., J. Kil. 2016. Alien flora of the Korean Peninsula.
Zohary 등. 2012. Domestication of Plants in the Old World.

솔잎미나리 *Cyclospermum leptophyllum* (Pers.) Sprague

이명 *Apium leptophyllum* F. Muell. ex Benth.

원산지 북아메리카, 남아메리카

들어온 시기 분단 이후

발견 기록 1969년, 1970년 제주도 제주시 근교, 한라산 저지대 및 제주공항 주변(육창수 등 1979), 1979년 제주도 제주시, 서귀포시(전의식 1992)

침입 정도 귀화

참고 중국의 침입외래식물 목록에 실려 있다(Xu 등 2012).

문헌

육창수 등. 1979. 한국산 식물의 보유(Ⅰ).

전의식. 1992. 새로 발견된 신귀화식물 (2). 우단담배잎풀과 솔잎미나리.

Xu 등. 2012. An inventory of invasive alien species in China.

쌍구슬풀 *Bifora radians* M. Bieb.

원산지 서아시아, 유럽
들어온 시기 분단 이후
발견 기록 1995년 경기도 안산 수인산업도로변(농업과학기술원 1996; 오세문 등 2003)
침입 정도 일시 출현

문헌

농업과학기술원. 1996. 1995년도 시험연구사업보고서(작물보호부편).
오세문 등. 2003. 1981년 이후 발견된 국내 발생 외래잡초 현황.

유럽전호 *Anthriscus caucalis* M. Bieb.

원산지 북아프리카, 서아시아, 유럽
들어온 시기 분단 이후
발견 기록 1998년 경기도 안산시 부곡동 수인산업도로변(박수현 1999)
침입 정도 귀화
참고 울릉도와 제주도에서도 발견되었다(박수현 2009).

문헌
박수현. 1999. 한국 미기록 귀화식물(XV).
박수현. 2009. 세밀화와 사진으로 보는 한국의 귀화식물.

미나리과(Apiaceae)

이란미나리 *Lisaea heterocarpa* Boiss.

원산지 서아시아

들어온 시기 분단 이후

발견 기록 1998년 경기도 안산 수인산업도로변(박수현 1999), 2001년 경상북도 성주군
수륜면 가야산(박수현, 정수영 채집, 국립수목원 표본관)

침입 정도 귀화

문헌

박수현. 1999. 한국 미기록 귀화식물(XIV).

쟁반시호 *Bupleurum lancifolium* Hornem.

원산지 지중해 지역

들어온 시기 분단 이후

발견 기록 1995년 경기도 안산 수인산업도로변(농업과학기술원 1996; 오세문 등 2003)

침입 정도 일시 출현

문헌

농업과학기술원. 1996. 1995년도 시험연구사업보고서(작물보호부편).

오세문 등. 2003. 1981년 이후 발견된 국내 발생 외래잡초 현황.

ⒸⒷⓎ BY Gideon Pisanty (Gidip)　　　　　ⒸⒷⓎ-SA H. Zel

전호아재비 *Chaerophyllum tainturieri* Hook. & Arn.

원산지 북아메리카
들어온 시기 분단 이후
발견 기록 2009년 서울 마포구 상암동 월드컵공원 내 하늘공원(홍정기 등 2012)
침입 정도 일시 출현

문헌

홍정기 등. 2012. 한국 미기록 귀화식물: 전호아재비(산형과)와 봄나도냉이(십자화과).

미나리과(Apiaceae)

파슬리 *Petroselinum crispum* (Mill.) Fuss

북한 이름 향미나리, 곱실미나리
이명 *Petroselinum sativum* Hoffm.
원산지 지중해 지역
들어온 시기 분단 이후
침입 정도 일시 출현
참고 이춘녕과 안학수(1963)가 식용 재배식물로 기록했다. 홍순형과 허만규(1994)가 부
산의 귀화식물 목록에 실었다. 박형선 등(2009)은 파슬리가 재배지에서는 정상적으로
결실하지만 자연식물상으로 퍼져 나가지는 않는다고 했다.

문헌

박형선 등. 2009. 조선민주주의인민공화국의 외래식물목록과 영향평가.
이춘녕, 안학수. 1963. 한국식물명감.
홍순형, 허만규. 1994. 부산지역의 귀화식물 조사 보고.

미나리과(Apiaceae)

회향 *Foeniculum vulgare* Mill.

다른 이름 펜넬(Fennel)

북한 이름 회향

이명 *Foeniculum officinale* All.

원산지 지중해 지역

들어온 시기 개항 이전

발견 기록 1916년 경기도 시흥(정태현 채집, 이재두 1977)

침입 정도 귀화

참고 향약집성방(1433)에 씨의 처방 기록이 있고(동의학편집부 1986), 세종실록지리지 (1454)에도 약용 재배식물로 기록되어 있다. 이창복(1971)은 유럽 원산 식물로 재배되 며 때로 야생하는 것이 있다고 기록했으며, 박수현(1994)이 귀화식물 목록에 실었다. 북 한에서도 귀화식물로 보고되었다(박형선 등 2009). 제주도, 울릉도, 서울 한강 둔치에서 발견된다(박수현 2009).

문헌

동의학편집부. 1986. 향약집성방.

박수현. 1994. 한국의 귀화식물에 관한 연구.

박수현. 2009. 세밀화와 사진으로 보는 한국의 귀화식물.

박형선 등. 2009. 조선민주주의인민공화국의 외래식물목록과 영향평가.

이재두. 1977. 성균관대학교 소장 고 정태현 식물석엽 표본 목록.

이창복. 1971. 약용식물도감.

유럽미나리아재비 *Ranunculus muricatus* L.

다른 이름 가시열매개구리자리
북한 이름 가시젖가락바구지
원산지 북아프리카, 서아시아, 남유럽
들어온 시기 분단 이후
발견 기록 1996년 제주도 목초지(농업과학기술원 1996; 오세문 등 2003)
침입 정도 귀화
참고 전의식(1998)이 제주도에서 발견하고 목초나 구근을 도입할 때 섞여 들어온 것으로 추정했다. 일본에서는 1915년에 발견되었다(淸水矩宏 등 2001).

문헌

농업과학기술원. 1996. 1995년도 시험연구사업보고서(작물보호부편).
오세문 등. 2003. 1981년 이후 발견된 국내 발생 외래잡초 현황.
전의식. 1998. 새로 발견된 귀화식물(15). 가시민들레아재비와 긴열매꽃양귀비.
淸水矩宏 등. 2001. 日本帰化植物写真図鑑 - Plant invader 600種 -.

미나리아재비과(Ranunculaceae)

좀미나리아재비 *Ranunculus arvensis* L.

북한 이름 밭바구지

원산지 북아프리카, 서남아시아, 유럽

들어온 시기 분단 이후

발견 기록 1995년 인천 항만 곡물사일로 주변, 경기도 안산 수인산업도로변(농업과학기술원 1996; 오세문 등 2003)

침입 정도 귀화

참고 중국의 침입외래생물 목록에 실려 있다(Xu 등 2012).

문헌

농업과학기술원. 1996. 1995년도 시험연구사업보고서(작물보호부편).

오세문 등. 2003. 1981년 이후 발견된 국내 발생 외래잡초 현황.

Xu 등. 2012. An inventory of invasive alien species in China.

미나리아재비과(Ranunculaceae)
참제비고깔 *Delphinium ornatum* C.D. Bouché

원산지 북아프리카, 아시아, 유럽
들어온 시기 개항 이후~분단 이전(1912~1926: 리휘재 1964)
침입 정도 일시 출현
참고 정태현 등(1949)이 기록했으며, 정태현(1956)은 김해에 야생하는 관상식물이라
고 했다. 이우철과 임양재(1978)가 귀화식물 목록에 실었는데 임양재와 전의식(1980)은
귀화하지 않은 재배식물로 평가했다. 그 후 국내에는 더 이상 분포하지 않는 것으로 보
고되었다(박수현 1994). 분단 이후에 들어온 외래식물로 잘못 기록되기도 했지만(Kim,
Kil 2016), 분단 이전에 들어온 식물이다. 리휘재(1964), 안학수 등(1982)의 문헌에 나오
는 비연초(*Delphinium ajacis* L.)는 참제비고깔과 동일한 식물로 보인다. 정태현(1956)은
*D. ajacis*를 *D. ornatum*의 이명으로 기록했고 이우철(1996)은 비연초와 참제비고깔의 관
계 재조사가 필요하다고 설명했다. 원예학 서적에는 비연초(또는 참제비꽃)라는 이름
만 나오며, 식물분류학 서적에는 참제비고깔이라는 이름만 나타난다. 정태현 등(1949),
정태현(1956)은 참제비고깔의 일본명을 비연초의 일본식 이름인 ヒエンサウ로 기록했
다. 마쓰무라(1895), 마키노와 네모토(1925)는 ヒエンサウ의 학명으로 *D. ornatum*을 사
용했지만, 이후 일본 문헌에는 *D. ajacis*로 기록되어 있다(牧野富太郎 1940; 大橋広好 등
2008).

문헌
리휘재. 1964. 한국식물도감. 화훼류 I.
박수현. 1994. 한국의 귀화식물에 관한 연구.
안학수 등. 1982. 한국농식물자원명감.
이우철. 1996. 한국식물명고.
이우철, 임양재. 1978. 한반도 관속식물의 분포에 관한 연구.
임양재, 전의식. 1980. 한반도의 귀화식물 분포.
정태현 등. 1949. 조선식물명집 I 초본편.
정태현. 1956. 한국식물도감 (하권 초본부).
Kim, C.G., J. Kil. 2016. Alien flora of the Korean Peninsula.
大橋広好 등. 2008. 新牧野日本植物圖鑑.
松村任三. 1895. 改正增補 植物名彙.
牧野富太郎. 1940. 牧野日本植物図鑑.
牧野富太郎, 根本莞爾. 1925. 日本植物總覽.

바늘꽃과(Onagraceae)

긴잎달맞이꽃 *Oenothera stricta* Ledeb. ex Link

원산지 칠레

들어온 시기 개항 이후~분단 이전

발견 기록 1992년 제주도 성판악에서 제주시 방향 도로변(전의식 1993)

침입 정도 귀화

참고 외국에서는 *Oenothera odorata* Jacq. 라는 학명이 *O. stricta*에 잘못 적용된 경우가 많았다. 1851년 일본에 관상용으로 수입되었다가 야생화된 식물을 마쓰무라(1895)와 마키노(1940)가 マツヨヒグサ로 기록하며 *O. odorata*라는 학명을 사용했지만, 이것은 *O. stricta*를 가리킨다(大橋広好 등 2008). 중국에도 역시 *O. stricta*를 *O. odorata*로 동정한 표본이 많은데, *O. odorata*는 원산지를 벗어난 지역에 거의 귀화하지 않은 식물이며, 중국에는 분포하지 않는다(Wu 등 2007). 영국에서도 *O. stricta*에 *O. odorata*라는 학명이 잘못 적용되기도 했다(Clement, Foster 1994). 긴잎달맞이꽃을 처음 보고한 전의식(1993) 역시 김문홍의 1992년 제주식물도감 증보판에 *O. odorata*라는 학명으로 실린 식물이 *O. stricta*임을 밝혔다. 중국의 침입외래생물 목록에 실려 있다(Xu 등 2012).

문헌

전의식. 1993. 새로 발견된 귀화식물 (6). 한라산 기슭의 긴잎달맞이꽃.

大橋広好 등. 2008. 新牧野日本植物圖鑑.

牧野富太郎. 1940. 牧野日本植物図鑑.

武藤治夫. 1928. 仁川地方ノ植物.

松村任三. 1895. 改正增補 植物名彙.

Clement, E.J., M.C. Foster. 1994. Alien Plants of the British Isles.

Wu 등. 2007. Flora of China. Vol. 13.

Xu 등. 2012. An inventory of invasive alien species in China.

달맞이꽃 *Oenothera biennis* L.

다른 이름 겹달맞이꽃
북한 이름 올달맞이꽃
원산지 북아메리카
들어온 시기 개항 이후~분단 이전
발견 기록 1913년 제주도 곽지리(中井猛之進 1914)
침입 정도 침입

참고 국내에서 *Oenothera odorata* Jacq.로 동정된 식물표본은 대부분 달맞이꽃(*O. biennis*)
이다(Park 2015). 나카이는 *O. odorata*를 제주도에 3년 전에 도래한 식물로 보고했다. 모
리(1922)는 관상용 수입재배식물로, 무토(1928)는 인천의 귀화식물로 기록했다. 이일구
(1956)는 강원도 정선에 달맞이꽃이 침입해 수백 정보(町步)의 면적을 차지했고 수년 사
이에 갑자기 침입한 귀화식물이었으므로 주민들이 이름도 모른 채 그저 "소도 못 먹는
無用之草"라고 한탄했다고 한다. 중국에서는 1918년에 발견되었고 지금은 침입외래생
물 목록에 실려 있다(Xu 등 2012). 일본에는 1920년대에 들어왔다(淸水建美 2003).

문헌

이일구. 1956. 식물의 천이.
武藤治夫. 1928. 仁川地方ノ植物.
中井猛之進. 1914. 濟州島竝莞島植物調査報告書.
淸水建美. 2003. 日本の帰化植物.
Mori, T. 1922. An Enumeration of Plants Hitherto Known from Corea.
Park, C.W. 2015. Flora of Korea. Vol. 5b.
Xu 등. 2012. An inventory of invasive alien species in China.

바늘꽃과(Onagraceae)

분홍달맞이 *Oenothera rosea* L'Hér. ex Aiton

다른 이름 애기분홍낮달맞이꽃

북한 이름 북아메리카, 남아메리카

들어온 시기 분단 이후

발견 기록 2013년 경상남도 양산시 원동면 용당리 원동배후습지 도로변(김중현 등 2014)

침입 정도 일시 출현

참고 관상용으로 재배한다(송기훈 등 2011). 중국의 침입외래생물 목록에 실려 있다 (Xu 등 2012). 일본에는 메이지시대에 관상식물로 들어온 뒤 야생화되었다(竹松哲夫, 一前宣正 1993).

문헌

김중현 등. 2014. 한반도 미기록 귀화식물: 댕돌보리와 애기분홍낮달맞이꽃.

송기훈 등. 2011. 한국의 재배식물.

竹松哲夫, 一前宣正. 1993. 世界の雑草 II -離弁花類-.

Xu 등. 2012. An inventory of invasive alien species in China.

바늘꽃과(Onagraceae)

애기달맞이꽃 *Oenothera laciniata* Hill

북한 이름 좀달맞이꽃

원산지 북아메리카

들어온 시기 분단 이후

발견 기록 1977년 제주도 삼방산 입구 밭(김준민 등 2000)

침입 정도 귀화

참고 임양재와 전의식(1980)이 처음 보고했다. 중국의 침입외래생물 목록에 실려 있으며(Xu 등 2012), 일본에서는 중점대책이 필요한 외래종 중 하나다(環境省 2015).

문헌

김준민 등. 2000. 한국의 귀화식물.

임양재, 전의식. 1980. 한반도의 귀화식물 분포.

環境省. 2015. 我が国の生態系等に被害を及ぼすおそれのある外来種リスト.

Xu 등. 2012. An inventory of invasive alien species in China.

바늘꽃과(Onagraceae)
큰달맞이꽃 *Oenothera* × *erythrosepala* Borbás

다른 이름 왕달맞이꽃
북한 이름 달맞이꽃
이명 *Oenothera lamarckiana* Ser.
원산지 북아메리카 원산 식물의 교배종
들어온 시기 개항 이후~분단 이전
침입 정도 침입
참고 정태현 등(1937)이 재배식물로, 박만규(1949)가 외래식물로 기록했으며, 도봉섭
등(1956)이 각지에 야생한다고 보고했다. 이일구(1956)는 1956년 속리산 법주사 주변
에서 큰달맞이꽃 군락을 관찰했다. 이우철과 임양재(1978)가 귀화식물 목록에 수록했
으며, Xu 등(2012)은 중국의 침입외래생물 목록에 실었다. 일본에는 메이지시대 초기에
들어온 뒤 야생화되었다(牧野富太郞 1940).

문헌
도봉섭 등. 1956. 조선식물도감 1.
박만규. 1949. 우리나라 식물명감.
이우철, 임양재. 1978. 한반도 관속식물의 분포에 관한 연구.
이일구. 1956. 식물의 천이.
정태현 등. 1937. 조선식물향명집.
牧野富太郞. 1940. 牧野日本植物図鑑.
Xu 등. 2012. An inventory of invasive alien species in China.

박과(Cucurbitaceae)

가시박 *Sicyos angulatus* L.

다른 이름 안동오이
북한 이름 각털오이
원산지 캐나다 동부, 미국
들어온 시기 분단 이후
발견 기록 1989년 경상북도 안동 옥동 개천 둑(이원형 등 1991)
침입 정도 침입
참고 안동과 대구 팔공산, 포천 등에서 처음 발견되었고, 박과 작물의 대목으로 활용하기 위한 연구도 진행되었다(이원형 등 1991). 주로 하천을 따라 군락을 형성하며 춘천, 원주, 서울, 양수리 부근과 안동을 중심으로 낙동강 하류 지역, 금강권에도 넓게 분포해 환경부는 2009년 생태계교란생물로 지정했다(길지현 등 2012). 병해충에 해당하는 잡초다(농림축산검역본부 2016). 일본에는 1952년에 들어왔으며, 2006년에 특정외래생물로 지정되어 수입·재배·보관·운반이 금지되었다(環境省 2015). 중국의 침입외래생물 목록에 실려 있다(Xu 등 2012).

문헌

길지현 등. 2012. 생태계교란생물.
농림축산검역본부. 2016. 병해충에 해당되는 잡초.
이원형 등. 1991. 안동 지방에 자생하는 *Sicyos angulatus* L.의 특성 및 박과 작물 대목으로서의 이용 가능성.
環境省. 2015. 特定外来生物等一覧.
Xu 등. 2012. An inventory of invasive alien species in China.

참외 *Cucumis melo* L.

북한 이름 참외
원산지 아프리카, 아시아
들어온 시기 개항 이전(청동기시대: 안승모 2013)
침입 정도 일시 출현
참고 청동기시대 유적지에서 종자유체가 발견되었으므로(안승모 2013) 가장 오래전에 국내로 이입된 외래식물 중 하나이며, 세종실록지리지(1454)에도 재배식물로 기록되어 있다. 김찬수 등(2006)이 제주도 귀화식물 목록에 실었다. 박형선 등(2009)은 재배지 밖에서 자연번식하는 것은 없다고 평가했지만, 김중현과 김선유(2013)는 강화도 길상산의 관속식물상 조사에서 토마토, 수박, 참외 등의 재배작물이 경작지를 벗어나 자라는 것을 관찰했다.

문헌

김중현, 김선유. 2013. 길상산(강화도)의 관속식물상.
김찬수 등. 2006. 제주도의 귀화식물 분포특성.
박형선 등. 2009. 조선민주주의인민공화국의 외래식물목록과 영향평가.
안승모. 2013. 식물유체로 본 시대별 작물조성의 변천.

밭뚝외풀과(Linderniaceae)

가는미국외풀 *Lindernia anagallidea* Pennell

원산지 북아메리카, 남아메리카
들어온 시기 분단 이후
발견 기록 1995년 경기도 화성 어천저수지 주변(박수현 1995)
침입 정도 귀화
참고 충주에서도 확인되었다(박수현 2009).

문헌
박수현. 1995. 한국 미기록 귀화식물(VII).
박수현. 2009. 세밀화와 사진으로 보는 한국의 귀화식물.

미국외풀 *Lindernia dubia* (L.) Pennell

이명 *Lindernia attenuata* Muhl.

원산지 북아메리카

들어온 시기 분단 이후

발견 기록 1993년 경상북도 문경(김동성 채집, 박수현 1994)

침입 정도 귀화

참고 병해충에 해당하는 잡초다(농림축산검역본부 2016). 일본에서는 1935년에 발견되었다(大橋広好 등 2008).

문헌

농림축산검역본부. 2016. 병해충에 해당되는 잡초.

박수현. 1994. 한국 미기록 귀화식물(V).

大橋広好 등. 2008. 新牧野日本植物圖鑑.

용버들 *Salix matsudana* var. *tortuosa* Vilm.

북한 이름 고수버들

원산지 중국

들어온 시기 개항 이후~분단 이전(1911년경 만주 안동에서 도입: 石戸谷勉, 都逢涉 1932)

침입 정도 귀화

참고 박형선 등(2009)은 귀화해 저절로 자라는 개체들이 있으나 산지 군락으로는 확산하지 않는다고 평가했다. 정수영(2014)은 침입외래식물로 검토할 필요가 있는 목본성 외래식물에 포함했다.

문헌

박형선 등. 2009. 조선민주주의인민공화국의 외래식물목록과 영향평가.

정수영. 2014. 침입외래식물(IAP)의 국내 분포특성 연구.

石戸谷勉, 都逢涉. 1932. 京城附近植物小誌.

이태리포플러 *Populus* × *canadensis* Moench

북한 이름 평양뽀뿌라
이명 *Populus euramericana* Guinier
원산지 교배종
들어온 시기 분단 이후
침입 정도 귀화
참고 박형선 등(2009)은 자연갱신이 잘 되어 도시 주변 어디에서나 자라지만 산림으로
확산하지는 않는다고 평가했다. 남한에는 1955년에 도입되었다(홍성천 등 2005).

문헌

박형선 등. 2009. 조선민주주의인민공화국의 외래식물목록과 영향평가.
홍성천 등. 2005. 실무용 원색식물도감. 목본.

범의귀과(Saxifragaceae)

히말라야바위취 *Bergenia stracheyi* (Hook. f. & Thomson) Engl.

북한 이름 큰잎돌부채
원산지 히말라야
들어온 시기 개항 이후~분단 이전(1912~1935년: 리휘재 1964)
침입 정도 일시 출현
참고 홍순형과 허만규(1994)가 부산의 귀화식물 목록에 실었다. 북한에서는 관상용으로 온실에서 재배한다(임록재, 라응칠 1987).

문헌

리휘재. 1964. 한국식물도감. 화훼류 Ⅰ.

임록재, 라응칠, 1987. 중앙식물원 재배식물.

홍순형, 허만규. 1994. 부산지역의 귀화식물 조사 보고.

벼과(Poaceae)
가는수크령 *Pennisetum flaccidum* Griseb.

북한 이름 흰털수크령
원산지 아시아
들어온 시기 분단 이후
발견 기록 2012년 전라북도 군산 여방리 군산 IC 주변 도로(Kim 등 2013)
침입 정도 일시 출현

문헌

Kim 등. 2013. A newly naturalized species in Korea, *Pennisetum flaccidum* Griseb. (Poaceae).

개나래새 *Arrhenatherum elatius* (L.) P. Beauv. ex J. Presl & C. Presl.

다른 이름 쇠미기풀, 큰잠자리피, 잠자리새, 톨오트그래스(Tall oat grass)
북한 이름 쇠미기풀
원산지 유럽
들어온 시기 개항 이후~분단 이전
발견 기록 1931년 함경북도 부령(정태현 채집, 성균관대학교 생물학과 표본관)
침입 정도 침입
참고 영양이 풍부하고 부드러우며 수확량이 많아 좋은 목초다(Komarov 1934). 목초로 쓰기 위해 권업모범장(1909)에서 시험 재배한 기록이 있다. 박만규(1949)와 리종오 (1964)가 북부와 제주도에 분포한다고 했으며, 정태현(1970)이 귀화식물로 기록했다. 박형선 등(2009)은 지금은 거의 재배하지 않으며, 자연식물상에서 출현빈도와 밀도도 매우 낮다고 평가했다. 일본에서는 메이지시대 초기에 목초로 들여왔고, 재배지를 벗어나 야생화되었다(牧野富太郎 1940).

문헌
리종오. 1964. 조선고등식물분류명집.
박만규. 1949. 우리나라 식물명감.
박형선 등. 2009. 조선민주주의인민공화국의 외래식물목록과 영향평가.
정태현. 1970. 한국동식물도감. 제5권. 식물편(목초본류). 보유.
牧野富太郎. 1940. 牧野日本植物図鑑.
朝鮮總督府勸業模範場. 1909. 事業報告書.
Komarov, V.L. 1934. Flora of the U.S.S.R. Vol. II.

개쇠치기풀 *Rottboellia cochinchinensis* (Lour.) Clayton

원산지 동남아시아

들어온 시기 분단 이후

발견 기록 2009년 제주도 서귀포시 하효동(Jung 등 2013)

침입 정도 일시 출현

참고 미국 연방에서 지정한 유해잡초다(APHIS 2016).

문헌

Jung 등. 2013. Three newly recorded plants of South Korea: *Muhlenbergia ramose* (Hack. ex Matsum.) Makino, *Dichanthelium acuminatum* (Sw.) Gould & C.A. Clark and *Rottboellia cochinchinensis* (Lour.) Clayton.

APHIS, USDA. 2016. Federal and state noxious weeds.

벼과(Poaceae)
개이삭포아풀 *Poa bulbosa* L.

북한 이름 비늘줄기꿰미풀

이명 *Poa bulbosa* var. *vivipara* Koeler

원산지 유럽

들어온 시기 분단 이후

발견 기록 1993년 서울 샛강(이창복 채집, 서울대학교 산림자원학과 표본관), 1995년 경기도 시흥 수인산업도로변(박수현 2001; 오세문 등 2003), 1999년 경기도 광명(박수현 2001)

침입 정도 귀화

참고 농업과학기술원(1997)에서 처음 보고했다. 조양훈 등(2016)이 이삭포아풀(*P. bulbosa* var. *vivipara*)의 원아종 국명을 개이삭포아풀로 붙였다.

문헌

농업과학기술원. 1997. 1996년도 시험연구보고서(작물보호부).

박수현. 2001. 한국 귀화식물 원색도감. 보유편.

오세문 등. 2003. 1981년 이후 발견된 국내 발생 외래잡초 현황.

조양훈 등. 2016. 벼과·사초과 생태도감.

갯드렁새 *Leptochloa fusca* (L.) Kunth

북한 이름 염새풀

이명 *Diplachne fusca* (L.) P. Beauv. ex Roem. & Schult.

원산지 열대 아프리카, 아시아, 오스트레일리아

들어온 시기 분단 이후

발견 기록 1971년 전라남도 목포 간척지(김철수 1971), 1993년 인천 해안 매립지(박수현 1993), 1999년 황해도 과일군 포구리 해안가(박형선, 오세봉 2006)

침입 정도 귀화

참고 김철수(1971)와 박수현(1993)이 귀화식물로 보고했는데, 박형선과 오세봉(2006)은 외래종이 아닌 재래종으로 취급했다. 내염성이 있으며(Wu 등 2006), 서해안과 남해안 바닷가에서 자란다.

문헌

김철수. 1971. 간척지 식물군락형성 과정에 관한 연구 - 목포지방을 중심으로 -.

박수현. 1993. 한국 미기록 귀화식물(IV).

박형선, 오세봉. 2006. 우리 나라 식물상에서 기재되는 몇 가지 새로운 종들에 대하여.

Wu 등. 2006. Flora of China. Vol. 22.

벼과(Poaceae)

갯줄풀 *Spartina alterniflora* Loisel.

다른 이름 갯쥐꼬리풀
원산지 북아메리카, 남아메리카
들어온 시기 분단 이후
발견 기록 2014년 진도 남동리 갯벌(정수영 등 2015; 박정원 등 2015)
침입 정도 일시 출현
참고 환경부에서 2013년 위해우려종으로 지정했다(김동언 등 2014). 2015년 문헌에서
(김수환 등 2015; 정수영 등 2015) 진도에서 자라는 것이 보고되었다. 2008년부터 분포
했으며 분포 면적이 지속적으로 늘어난 것으로 추정한다(박정원 등 2015). 환경부는
2016년 6월에 생태계교란생물로 지정했다. 일본 환경성(2015)은 *Spartina*속 전 종을 특
정외래생물로 지정해 수입과 재배를 금지했다. 중국은 해안선 침식을 방지하기 위해
1979년 미국에서 도입했고(Wu 등 2006), 빠르게 확산되어 지금은 침입외래생물 목록에
실려 있다(Xu 등 2012).

문헌

김동언 등. 2014. 수입과 반입에 심사가 필요한 환경부 지정 위해우려종.
김수환 등. 2015. 외래생물 정밀조사(Ⅱ).
박정원 등. 2015. 지상라이다를 이용한 미기록 외래종 갯쥐꼬리풀(*Spartina alterniflora*)의 분포특성과
　　관리방안 연구.
정수영 등. 2015. 국내에 유입된 *Spartina*속(벼과) 외래식물 현황 및 잠재적 위험성.
環境省. 2015. 特定外来生物等一覧.
Wu 등. 2006. Flora of China. Vol. 22.
Xu 등. 2012. An inventory of invasive alien species in China.

고사리새 *Catapodium rigidum* (L.) C.E. Hubb.

북한 이름 굳은풀

이명 *Desmazeria rigida* (L.) Tutin

원산지 북아프리카, 서아시아, 남유럽

들어온 시기 분단 이후

발견 기록 1995년 전라남도 광양 황금동 바닷가 논(박수현 1995)

침입 정도 귀화

참고 박수현(2009)은 하동과 제주도의 논에서도 발견했다. 남해안 간척지 경작지에 대규모 군락으로 자란다(조양훈 등 2016).

문헌

박수현. 1995. 한국 미기록 귀화식물(VII).

박수현. 2009. 세밀화와 사진으로 보는 한국의 귀화식물.

조양훈 등. 2016. 벼과·사초과 생태도감.

구주개밀 *Elymus repens* (L.) Gould

북한 이름 누운들밀

이명 *Agropyron repens* (L.) P. Beauv, *Elytrigia repens* (L.) Nevski

원산지 북아프리카, 아시아, 유럽

발견 기록 1897년 함경도 아무산, 서계수 골짜기(Komarov 1901)

들어온 시기 개항 이전

침입 정도 귀화

참고 정태현(1970)이 목초용으로 재배하는 귀화식물로 기록했다. 전의식(1997)도 목초로 재배하던 것이 빠져나와 야생한다고 설명했다. 서울 근교와 중부 지역에서 주로 발견된다(박수현 2009). 함경도에서 먼저 발견된 것으로 보아 중국을 통해 북한으로 퍼져들어온 것도 있는 것으로 보인다.

문헌

박수현. 2009. 세밀화와 사진으로 보는 한국의 귀화식물.

전의식. 1997. 새로 발견된 귀화식물(13). 노랑개아마와 덩이괭이밥.

정태현. 1970. 한국동식물도감. 제5권. 식물편(목초본류). 보유.

Komarov, V.L. 1901. Flora Manshuriae. Vol. Ⅰ.

벼과(Poaceae)
귀리 *Avena sativa* L.

북한 이름 귀밀
원산지 유라시아
들어온 시기 개항 이전(고려시대: 이덕봉 1974; 백설희 등 1989)
침입 정도 귀화
참고 유럽과 서아시아의 밀과 보리 경작지에서 잡초로 자라던 야생 메귀리와 *Avena sterilis* L. 등에서 진화한 것으로 추정하며, 종자가 탈립되지 않는 재배형 귀리는 유럽에서 기원전 3,000~4,000년경에 처음 발견되었다(Zohary 등 2012). 북부 고산지대에서 일부 재배하지만 면적이 많이 줄었다(박형선 등 2009). 재배지를 벗어나 야생화된 것을 관찰하고 박수현(1994)이 귀화식물 목록에 실었으며, 박형선 등(2009)도 일부가 자연식물상으로 퍼져 나갔음을 보고했다.

문헌
박수현. 1994. 한국의 귀화식물에 관한 연구.
박형선 등. 2009. 조선민주주의인민공화국의 외래식물목록과 영향평가.
백설희 등. 1989. 경제식물자원사전.
이덕봉. 1974. 한국동식물도감. 제15권. 식물편(유용식물).
Zohary 등. 2012. Domestication of Plants in the Old World.

그늘납작귀리 *Chasmanthium latifolium* (Michx.) H.O. Yates

다른 이름 라티폴리움카스만티움
원산지 북아메리카 동부
들어온 시기 분단 이후
발견 기록 2016년 경기도 용인시(길지현 채집)
침입 정도 일시 출현
참고 북아메리카 고유종으로 미국 남동부와 중남부에 주로 자란다(Flora of North America Committee 2003). 화서가 아름다워 관상식물로 쓰이며(Cullen 등 2011), 남한에서도 재배한다(송기훈 등 2011). 재배지를 벗어나 자라는 것을 2016년에 발견했다. 내음성이 있고, 화서가 납작하게 눌린 점이 특징이어서 그늘납작귀리라고 이름 붙였다.

문헌

송기훈 등. 2011. 한국의 재배식물.
Cullen 등. 2011. The European Garden Flora. Flowering Plants. Vol. I.
Flora of North America Editorial Committee. 2003. Flora of North America. Vol. 25.

기장 *Panicum miliaceum* L.

원산지 아시아
들어온 시기 개항 이전(신석기시대: 안승모 2013)
침입 정도 귀화
참고 신석기시대부터 재배했던 작물로, 시흥시 능곡동 유적지 등 신석기시대 유적지에서 종자유체가 발견되었다(안승모 2013). 따라서 가장 오래전에 국내로 이입된 외래식물로 볼 수 있다. 주로 도서 지역과 서남해안에서 재배하며(조양훈 등 2016), 재배지를 벗어나 야생으로 퍼졌다(박수현 등 2011). 재배 기장의 야생형 조상에 대해서는 아직 명확히 규명되지 않았으나 잡초성 기장은 중앙아시아에 널리 분포한다(Zohary 등 2012).

문헌

박수현 등. 2011. 한국식물도해도감 1. 벼과(개정증보판).
안승모. 2013. 식물유체로 본 시대별 작물조성의 변천.
조양훈 등. 2016. 벼과·사초과 생태도감.
Zohary 등. 2012. Domestication of Plants in the Old World.

벼과(Poaceae)

긴까락보리풀 *Hordeum jubatum* L.

다른 이름 여우보리풀
북한 이름 까끄라기보리
원산지 북아메리카
들어온 시기 분단 이후
발견 기록 1980년 인천(강원대학교 생물학과 표본관, 길지현 등 2001)
침입 정도 귀화
참고 북한에서 먼저 발견되었으며, 개울 주변이나 들판에서 자란다(식물학연구소 1976;
임록재 등 2000; 박형선 등 2009). 남한에서는 1995년 수원의 축산과학원 사료포장 주변
(농업과학기술원 1996)과 2001년 서인천의 쓰레기 매립지(길지현 등 2001)에서 발견되
었다. 중국의 침입외래생물 목록에 실려 있다(Xu 등 2012).

문헌

길지현 등. 2001. 한국 미기록 귀화식물(XVII).
농업과학기술원. 1996. 1995년도 시험연구사업보고서(작물보호부편).
박형선 등. 2009. 조선민주주의인민공화국의 외래식물목록과 영향평가.
식물학연구소. 1976. 조선식물지 7.
임록재 등. 2000. 조선식물지 8(증보판).
Xu 등. 2012. An inventory of invasive alien species in China.

긴까락빕새귀리 *Bromus rigidus* Roth

원산지 북아프리카, 서아시아, 유럽
발견 기록 1996년 울산 인포 경부고속도로변, 인천 장수동 수인산업도로변(박수현 1996)
침입 정도 귀화
참고 해변의 초지, 냇가, 둑, 도시 근처 황폐지에서 자란다(박수현 등 2011). 박수현 (2009)은 대청도, 울릉도, 제주도에서도 확인했다.

문헌

박수현. 1996. 한국 미기록 귀화식물(IX).
박수현. 2009. 세밀화와 사진으로 보는 한국의 귀화식물.
박수현 등. 2011. 한국식물도해도감 1. 벼과(개정증보판).

벼과(Poaceae)

긴털참새귀리 *Bromus alopecuros* Poir.

원산지 북아프리카, 서아시아, 남유럽
들어온 시기 분단 이후
발견 기록 2013년 서울 하늘공원(조양훈 등 2016)
침입 정도 일시 출현
참고 일본에서는 1997년에 발견되었다(植村修二 등 2015).

문헌

조양훈 등. 2016. 벼과·사초과 생태도감.
植村修二 등. 2015. 增補改訂 日本帰化植物写真図鑑 第2巻 - Plant invader 500種 -.

까락빕새귀리 *Bromus sterilis* L.

원산지 북아프리카, 서남아시아, 유럽
들어온 시기 분단 이후
침입 정도 귀화
참고 최귀문 등(1996)이 외래잡초 종자도감에 보고했다. 인천, 시흥, 대청도, 서울 월드컵공원에 분포한다(박수현 2009).

문헌

박수현. 2009. 세밀화와 사진으로 보는 한국의 귀화식물.
최귀문 등. 1996. 원색 외래잡초 종자도감.

꼬인새 *Danthonia spicata* (L.) Roem. & Schult.

북한 이름 단토니아
이명 *Avena spicata* L.
원산지 북아메리카
들어온 시기 분단 이후
발견 기록 2012년 경상북도 목장지대(조양훈 등 2016)
침입 정도 일시 출현

문헌

조양훈 등. 2016. 벼과·사초과 생태도감.

CC BY Rob Routledge

Doug Goldman, USDA-NRCS PLANTS Database

Doug Goldman, USDA-NRCS PLANTS Database

Doug Goldman, USDA-NRCS PLANTS Database

벼과(Poaceae)

나도강아지풀 *Pennisetum latifolium* Spreng.

다른 이름 네이피어그래스(Napier grass)

북한 이름 넓은잎수크령

원산지 남아메리카

들어온 시기 분단 이후

침입 정도 일시 출현

참고 목초로 재배했으며(정태현 1970), 이우철과 임양재(1978)가 귀화식물 목록에 실었다. 이후에 귀화하지 않은 재배종으로 재평가되었고(임양재, 전의식 1980), 분포가 불확실해 귀화식물 목록에서 제외되었다(박수현 1994).

문헌

박수현. 1994. 한국의 귀화식물에 관한 연구.

이우철, 임양재. 1978. 한반도 관속식물의 분포에 관한 연구.

임양재, 전의식. 1980. 한반도의 귀화식물 분포.

정태현. 1970. 한국동식물도감. 제5권. 식물편(목초본류). 보유.

Jose Hernandez, USDA-NRCS PLANTS Database

나도바랭이 *Chloris virgata* Sw.

북한 이름 나도바랭이
원산지 열대 아프리카, 아메리카
들어온 시기 개항 이후~분단 이전
발견 기록 1909년 대동강 유역(H. Imai 채집, Nakai 1911)
침입 정도 귀화
참고 박수현(1994)이 귀화식물 목록에 실었다. 북부, 중부, 남부의 길가, 들판, 모래땅에
서 자라며(임록재 등 2000), 서해안 바닷가나 매립지에도 분포한다(박수현 2009).

문헌

박수현. 1994. 한국의 귀화식물에 관한 연구.
박수현. 2009. 세밀화와 사진으로 보는 한국의 귀화식물.
임록재 등. 2000. 조선식물지 8(증보판).
Nakai, T. 1911. Flora Koreana. Pars Secunda.

나도솔새 *Andropogon virginicus* L.

다른 이름 미새
북한 이름 참쇠풀
원산지 북아메리카, 남아메리카
들어온 시기 분단 이후
발견 기록 1999년 울산 도로변(농업과학기술원 2000; 오세문 등 2003), 2006년 울산 주
전동(박수현 채집, Yang 등 2008)
침입 정도 귀화
참고 오세문 등(2003)이 미새, 양종철 등(2008)이 나도솔새로 이름을 붙여 보고했다. 전
라도 도로변과 공사장 주변에서도 발견되며, 남부 지역에서 빠르게 퍼지고 있다(조양훈
등 2016). 일본에서는 1940년에 발견되었고, 환경성(2015)은 종합대책이 필요한 외래종
으로 지정했다.

문헌
농업과학기술원. 2000. 1999년도 시험연구사업보고서(작물보호분야, 잠사곤충분야).
오세문 등. 2003. 1981년 이후 발견된 국내 발생 외래잡초 현황.
조양훈 등. 2016. 벼과·사초과 생태도감.
環境省. 2015. 我が国の生態系等に被害を及ぼすおそれのある外来種リスト.
Yang 등. 2008. Two new naturalized species from Korea, *Andropogon virginicus* L. and *Euphorbia prostrata* Aiton.

벼과(Poaceae)
날개카나리새풀 *Phalaris paradoxa* L.

원산지 서아시아, 북아프리카, 남유럽
들어온 시기 분단 이후
발견 기록 2016년 제주도 서귀포시 안덕면 송악목장 인근 공터(류태복 등 2016)
침입 정도 일시 출현
참고 제주도 목장 지역에서 발견되었으므로, 수입 목초 및 건초와 함께 유입된 것으로 추정한다(류태복 등 2016). 중국에서는 1958년에 발견되었고, 침입외래생물 목록에 실려 있다(Xu 등 2012). 중국에는 멕시코로부터 밀 종자를 수입할 때 섞여 들어오기도 했다(Wu 등 2006).

문헌

류태복 등. 2016. 한국 미기록 외래식물: 날개카나리새풀(*Phalaris paradoxa*).
Wu 등. 2006. Flora of China. Vol. 22.
Xu 등. 2012. An inventory of invasive alien species in China.

넓은김의털 *Festuca pratensis* Huds.

다른 이름 메도우페스큐(Meadow fescue)

북한 이름 넓은잎김의털

원산지 유럽

들어온 시기 분단 이후

발견 기록 1996년 전라남도 신안군 임자도(임형탁 등 1998)

침입 정도 귀화

참고 북한에서는 황해북도에서 재배하는 식물로 보고되었다(Hammer 등 1987). 1800년대 말부터 1900년대 초까지 전 세계에서 목초로 이용하기 위해 재배했다(Wu 등 2006).

문헌

임형탁 등. 1998. 넓은김의털: 우리 나라 신귀화식물.

Hammer 등. 1987. Additional notes to the check-list of Korean cultivated plants (1).

Wu 등. 2006. Flora of China. Vol. 22.

ⓒ BY-SA Kristian Peters

ⓒ BY-SA T. Voekler

능수참새그령 *Eragrostis curvula* (Schrad.) Nees

다른 이름 위핑러브그래스(weeping love grass), 희망새그령

북한 이름 활크령

원산지 열대 아프리카

들어온 시기 분단 이후

발견 기록 1992년 경기도 안산시 외곽 바닷가 언덕(박수현 1993)

침입 정도 귀화

참고 목초(Lee 1966) 및 사방용(박수현 1993)으로 국내에 들어온 뒤 야생으로 퍼졌다. 일본생태학회(2002)는 일본 최악의 침입외래종 100선 중 하나로 선정했고, 환경성(2015)은 중점대책이 필요한 외래종으로 지정했다. 관상식물로도 이용한다(Wu 등 2006).

문헌

박수현. 1993. 한국 미기록 귀화식물(II).

日本生態学会. 2002. 外来種ハンドブック.

環境省. 2015. 我が国の生態系等に被害を及ぼすおそれのある外来種リスト.

Lee, Y.N. 1966. Manual of the Korean Grasses.

Wu 등. 2006. Flora of China. Vol. 22.

벼과(Poaceae)
대청가시풀 *Cenchrus longispinus* (Hack.) Fernald

다른 이름 이삭가시풀
원산지 북아메리카, 남아메리카
들어온 시기 분단 이후
발견 기록 1996년 경상북도 경산 도로변(농업과학기술원 1997; 오세문 등 2003)
침입 정도 귀화
참고 대청도 바닷가 풀밭에서 발견되었고 열매에 가시가 있어서 대청가시풀이라는 이름이 붙었다(이창복 2003). 백령도에서도 자란다(박수현 2009). 병해충에 해당하는 잡초(관리잡초)다(농림축산검역본부 2016).

문헌

농림축산검역본부. 2016. 병해충에 해당되는 잡초.
농업과학기술원. 1997. 1996년도 시험연구보고서(작물보호부).
박수현. 2009. 세밀화와 사진으로 보는 한국의 귀화식물.
오세문 등. 2003. 1981년 이후 발견된 국내 발생 외래잡초 현황.
이창복. 2003. 원색 대한식물도감.

댕돌보리 *Lolium rigidum* Gaudin

북한 이름 굳은호밀풀
원산지 북아프리카, 서남아시아, 유럽
들어온 시기 분단 이후
발견 기록 2012년 전라남도 완도 보길면 예송리 예송해변, 2013년 신지면 신리 명사십리 해변(김중현 등 2014)
침입 정도 일시 출현
참고 김중현 등(2014)은 목초로 쓰기 위해 도입한 것이 정착했거나, 수입 사료와 곡물 운반 과정에서 종자가 섞여 들어온 것으로 추정했다.

문헌

김중현 등. 2014. 한반도 미기록 귀화식물: 댕돌보리와 애기분홍낮달맞이꽃.

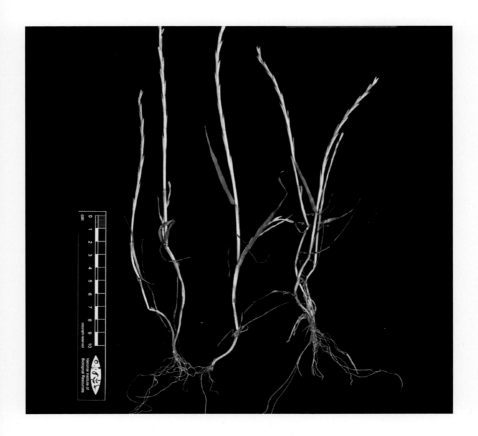

도랑들밀 *Brachypodium pinnatum* (L.) P. Beauv.

북한 이름 도랑들밀, 나래숲새밀
원산지 유럽, 서아시아
들어온 시기 분단 이후
발견 기록 2002년 평양 주변 강기슭(박형선, 오세봉 2006)
침입 정도 귀화
참고 평양시와 평안남도 일대의 들판과 풀밭에 퍼져 있다(박형선 등 2009). 기타가와 (1979)가 북만주 분포를 기록했다. 남한에서는 보고된 적이 없다.

문헌

박형선, 오세봉. 2006. 우리 나라 식물상에서 기재되는 몇가지 새로운 종들에 대하여.
박형선 등. 2009. 조선민주주의인민공화국의 외래식물목록과 영향평가.
Kitagawa, M. 1979. Neo-Lineamenta Florae Manshuricae.

Jose Hernandez, USDA-NRCS PLANTS Database

독보리 *Lolium temulentum* L.

다른 이름 지네보리
북한 이름 독호밀풀
원산지 북아프리카, 서남아시아, 남유럽
들어온 시기 분단 이후
침입 정도 일시 출현
참고 이춘녕과 안학수(1963)가 전라북도 이리(현 익산)의 길가나 들판에서 자라는 식물
로, 정태현(1970)이 전라남도에 분포하는 귀화식물로 기록했다. 인천과 안산에서도 발
견되었다(박수현 2009). 씨앗이 곰팡이에 감염되면 테물린(temulin)이라는 알칼로이드
화합물이 생성되고 이를 섭취한 가축에게 식중독을 일으킨다(Wu 등 2006). 밀과 작은
곡류 재배지의 잡초이므로, 곡물에 섞여 여러 나라로 퍼져 나갔다(Holm 등 1991). 중국
의 침입외래생물 목록에 실려 있다(Xu 등 2012).

문헌

박수현. 2009. 세밀화와 사진으로 보는 한국의 귀화식물.
이춘녕, 안학수. 1963. 한국식물명감.
정태현. 1970. 한국동식물도감. 제5권. 식물편(목초본류). 보유.
Holm 등. 1991. The World's Worst Weeds. Distribution and Biology.
Wu 등. 2006. Flora of China. Vol. 22.
Xu 등. 2012. An inventory of invasive alien species in China.

벼과(Poaceae)

돌피 *Echinochloa crus-galli* (L.) P. Beauv.

북한 이름 돌피
원산지 아시아, 유럽
들어온 시기 개항 이전
발견 기록 1863년 한반도(R. Oldham 채집, Palibin 1902)
침입 정도 귀화
참고 벼 재배지의 주요 잡초이며, 아프리카를 제외한 전 세계 농경지에서 흔히 발견된다(Holm 등 1991). 마에카와(1943)는 벼 재배와 함께 일본에 들어오게 된 사전귀화식물(史前歸化植物)로 추정했으며, 김준민 등(2000)도 이 견해를 따라 국내에 벼와 함께 들어온 사전귀화식물로 보았다. 부여 송국리의 청동기시대 유적지에 종자유체가 발견되었다(안승모 2013). 병해충에 해당하는 잡초다(농림축산검역본부 2016).

문헌

김준민 등. 2000. 한국의 귀화식물.
농림축산검역본부. 2016. 병해충에 해당되는 잡초.
안승모. 2013. 한반도 출토 작물유체 집성표.
前川文夫. 1943. 史前歸化植物 について.
Holm 등. 1991. The World's Worst Weeds. Distribution and Biology.
Palibin, J. 1902. Conspectus Florae Koreae. Pars Ⅲ.

들묵새 *Vulpia myuros* (L.) C.C. Gmel.

다른 이름 구주김의털

북한 이름 꼬리새

이명 *Festuca myuros* L., *Festuca megalura* Nutt., *Vulpia megalura* (Nutt.) Rydb.

원산지 아프리카, 서남아시아, 유럽

들어온 시기 개항 이후~분단 이전

발견 기록 1938년 전라남도 고흥군 동일면 덕흥리(강원대학교 생물학과 표본관)

침입 정도 귀화

참고 이 책에서는 들묵새와 큰묵새(*F. megalura*)를 동일한 종으로 취급한다(Wu 등 2006; The Plant List 2013). 오이(1931)가 남부에 분포함을 보고했으며 정태현(1970)이 귀화식물로 기록했다. 부산과 제주도에서 자란다(박수현 2001). 일본에는 메이지시대 초기에 들어왔고, 환경성(2015)은 산업상 중요하지만 적절한 관리가 필요한 외래종으로 지정했다.

문헌

박수현. 2001. 한국 귀화식물 원색도감. 보유편.

정태현. 1970. 한국동식물도감. 제5권. 식물편(목초본류). 보유.

環境省. 2015. 我が国の生態系等に被害を及ぼすおそれのある外来種リスト.

Ohwi, J. 1931. Symbolae ad Floram Asiae Orientalis Ⅲ.

The Plant List. 2013. Version 1.1.

Wu 등. 2006. Flora of China. Vol. 22.

들묵새아재비 *Vulpia bromoides* (L.) Gray

원산지 아프리카, 서아시아, 유럽

들어온 시기 분단 이후

발견 기록 2014년 전라남도 영암군 영암읍 학송리 도로변 황폐지(Cho 등 2016; 조양훈 등 2016)

침입 정도 일시 출현

참고 환경부가 유럽들묵새라는 이름으로 2013년 위해우려종으로 지정했다(김동언 등 2014). 위해우려종으로 지정된 식물 중 영국갯끈풀, 갯줄풀에 이어 세 번째로 국내 분포 가 확인된 종이다.

문헌

김동언 등. 2014. 수입과 반입에 심사가 필요한 환경부 지정 위해우려종.

조양훈 등. 2016. 벼과·사초과 생태도감

Cho 등. 2016. Vascular plants of Poaceae (I) new to Korea: *Vulpia bromoides* (L.) Gray, *Agrostis capillaris* L. and *Eragrostis pectinacea* (Michx.) Nees.

ⒸⒷ⒴ BY Forest and Kim Starr, Starr Environmental

Sheri Hagwood, USDA-NRCS PLANTS Database

벼과(Poaceae)

메귀리 *Avena fatua* L.

북한 이름 메귀밀

이명 *Avena fatua* var. *glabrata* Stapf

원산지 북아프리카, 서남아시아, 유럽

들어온 시기 개항 이전

발견 기록 1884~1885년 인천(A.W. Carles 채집, Nakai 1911), 1913년 제주도(中井猛之進 1914)

침입 정도 귀화

참고 새로운 지역에 들어가 가장 성공적으로 정착하는 식물 중 하나다(Holm 등 1991). 한반도 전역에서 자라며, 박수현(1994)이 귀화식물 목록에 실었다. 병해충에 해당하는 잡초다(농림축산검역본부 2016). 마에카와(1943)는 유럽에서 중국을 경유해 일본에 유사시대 초기에 도래하게 된 외래식물로 추정했다. 중국의 침입외래생물 목록에 실려 있다(Xu 등 2012).

문헌

농림축산검역본부. 2016. 병해충에 해당되는 잡초.

박수현. 1994. 한국의 귀화식물에 관한 연구.

中井猛之進. 1914. 濟州島竝莞島植物調査報告書.

前川文夫. 1943. 史前歸化植物について.

Holm 등. 1991. The World's Worst Weeds. Distribution and Biology.

Nakai, T. 1911. Flora Koreana. Pars Secunda.

Xu 등. 2012. An inventory of invasive alien species in China.

벼과(Poaceae)

물참새피 *Paspalum distichum* L.

북한 이름 쌍둥이참새피

이명 *Paspalum distichum var. indutum* Shinners

원산지 북아메리카, 남아메리카

들어온 시기 분단 이후

발견 기록 1994년 제주도 북제주군 한경면 용수리(박수현 1995)

침입 정도 침입

참고 제주도, 전라남북도, 경상남도, 충청남도에 분포하고 주로 하천, 저수지 및 농수로 주변에서 자라며, 물의 흐름을 따라 먼 거리까지 확산한다(길지현 등 2012). 환경부는 변종으로 분류되었던 털물참새피(*P. distichum var. indutum*)와 함께 2002년 생태계교란생물로 지정했다. 병해충에 해당하는 잡초다(농림축산검역본부 2016). 일본에서는 1924년에 발견되었고, 환경성(2015)은 중점대책이 필요한 외래종으로 지정했다.

문헌

길지현 등. 2012. 생태계교란생물.

농림축산검역본부. 2016. 병해충에 해당되는 잡초.

박수현. 1995. 한국 미기록 귀화식물(VI).

環境省. 2015. 我が国の生態系等に被害を及ぼすおそれのある外来種リスト.

미국개기장 *Panicum dichotomiflorum* Michx.

북한 이름 벌기장
원산지 북아메리카
들어온 시기 분단 이후
발견 기록 1959년 경기도 과천시 관악산(이창복 채집, 서울대학교 산림자원학과 표본
관), 1964년 서울(Lee 1966), 1999년 평양시 룡성구역 밭주변(박형선, 오세봉 2006)
침입 정도 침입
참고 이영노(1966)가 북아메리카 원산으로 길가와 황폐지에서 자라는 식물로 기록했
고, 이우철과 임양재(1978)가 귀화식물 목록에 실었다. 박형선 등(2009)은 남한에서 북
한으로 확산된 종이며, 길가, 밭주변, 낮은산 변두리의 물기가 많은 곳에서 자란다고 기
록했다. 병해충에 해당하는 잡초이며(농림축산검역본부 2016), 중국의 침입외래생물
목록에 실려 있다(Xu 등 2012). 일본에서는 1927년에 발견되었고, 환경성(2015)은 종합
대책이 필요한 외래종으로 지정했다.

문헌

농림축산검역본부. 2016. 병해충에 해당되는 잡초.
박형선, 오세봉. 2006. 우리 나라 식물상에서 기재되는 몇가지 새로운 종들에 대하여.
박형선 등. 2009. 조선민주주의인민공화국의 외래식물목록과 영향평가.
이우철, 임양재. 1978. 한반도 관속식물의 분포에 관한 연구.
環境省. 2015. 我が国の生態系等に被害を及ぼすおそれのある外来種リスト.
Lee, Y.N. 1966. Manual of the Korean Grasses.
Xu 등. 2012. An inventory of invasive alien species in China.

민둥참새귀리 *Bromus racemosus* L.

원산지 북아프리카, 아시아, 유럽
들어온 시기 분단 이후
발견 기록 1985년 경기 안산 수인산업도로(박수현 등 2011)
침입 정도 귀화
참고 강우창 등(2004)이 처음 귀화식물로 보고했다. 평지의 길가나 둑에서 자란다(박수현 등 2011).

문헌

강우창 등. 2004. 한국식물도해도감 1. 벼과.
박수현 등. 2011. 한국식물도해도감 1. 벼과(개정증보판).

민둥참새피 *Paspalum notatum* Flüggé

다른 이름 바히아그래스(Bahiagrass)
북한 이름 얼룩참새피
원산지 북아메리카, 남아메리카
들어온 시기 분단 이후
발견 기록 2011년 제주도 서귀포시 강정동(Lee 등 2013)
침입 정도 일시 출현
참고 국내에 목초로 수입해 재배하기도 했다(Lee 1966). 일본 환경성(2015)은 산업상 중요하지만 적절한 관리가 필요한 외래종으로 지정했다.

문헌

環境省. 2015. 我が国の生態系等に被害を及ぼすおそれのある外来種リスト.
Lee 등. 2013. First records of *Paspalum notatum* Flüggé and *P. urvillei* Steud. (Poaceae) in Korea.
Lee, Y.N. 1966. Manual of the Korean Grasses.

방석기장 *Panicum acuminatum* Sw.

이명 *Dichanthelium acuminatum* (Sw.) Gould & C. A. Clark
원산지 북아메리카, 남아메리카
들어온 시기 분단 이후
발견 기록 2010년 전라북도 전주시 덕진구 덕진동 조경단(Jung 등 2013)
침입 정도 일시 출현

문헌

Jung 등. 2013. Three newly recorded plants of South Korea: *Muhlenbergia ramose* (Hack. ex Matsum.) Makino, *Dichanthelium acuminatum* (Sw.) Gould & C.A. Clark and *Rottboellia cochinchinensis* (Lour.) Clayton.

벼과(Poaceae)

방울새풀 *Briza minor* L.

북한 이름 방울새풀
원산지 북아프리카, 서남아시아, 남유럽
들어온 시기 개항 이후~분단 이전
발견 기록 1913년 제주도(中井猛之進 1914)
침입 정도 귀화
참고 이창복(1973)이 제주도에서 흩어져 자란다고 기록했다. 목포 유달산에서 자란다
는 기록도 있다(정태현 1956). 박수현(1994)이 귀화식물 목록에 실었다.

문헌

박수현. 1994. 한국의 귀화식물에 관한 연구.
이창복. 1973. 초자원도감.
정태현. 1956. 한국식물도감 (하권 초본부).
中井猛之進. 1914. 濟州島竝莞島植物調査報告書.

벼과(Poaceae)
보리풀 *Hordeum murinum* L.

북한 이름 좀보리
원산지 북아프리카, 아시아, 유럽
들어온 시기 분단 이후
발견 기록 1996년 인천 장수동 수인산업도로변(박수현 1996)
참고 서울 월드컵공원에서도 확인되었다(박수현 2009). 일본에는 메이지시대 초기에
들어와 귀화했다(淸水建美 2003).
침입 정도 귀화

문헌

박수현. 1996. 한국 미기록 귀화식물(IX).
박수현. 2009. 세밀화와 사진으로 보는 한국의 귀화식물.
淸水建美. 2003. 日本の帰化植物.

비리새풀 *Aegilops caudata* L.

북한 이름 비리새풀
원산지 지중해 지역
들어온 시기 분단 이후
발견 기록 2003년 강원도 원산 바닷가 주변(박형선, 오세봉 2006)
침입 정도 귀화
참고 강원도 원산, 평안남도, 평양시 일대에서 발견되었으며, 묵밭이나 들판에 다른 풀들과 섞여 자란다(박형선 등 2009). 남한에서는 아직 보고되지 않았다.

문헌
박형선, 오세봉. 2006. 우리 나라 식물상에서 기재되는 몇 가지 새로운 종들에 대하여.
박형선 등. 2009. 조선민주주의인민공화국의 외래식물목록과 영향평가.

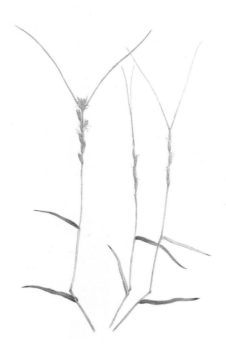

빗살새 *Cynosurus cristatus* L.

북한 이름 빗쌀새

원산지 북아프리카, 서남아시아, 유럽

들어온 시기 분단 이후

침입 정도 일시 출현

참고 정태현(1970)이 재배용 목초로 기록했으며, 이우철과 임양재(1978)가 귀화식물
목록에 실었다. 이후에 임양재와 전의식(1980)은 귀화하지 않은 재배종으로, 박수현
(1994)은 더 이상 분포하지 않는 것으로 추정했다.

문헌

박수현. 1994. 한국의 귀화식물에 관한 연구.

이우철, 임양재. 1978. 한반도 관속식물의 분포에 관한 연구.

임양재, 전의식. 1980. 한반도의 귀화식물 분포.

정태현. 1970. 한국동식물도감. 제5권. 식물편(목초본류). 보유.

벼과(Poaceae)

뿔이삭풀 *Parapholis incurva* (L.) C.E. Hubb.

원산지 북아프리카, 서남아시아, 유럽

들어온 시기 분단 이후

발견 기록 1994년 제주도 대정읍 동일리 바닷가(박수현 1995)

침입 정도 귀화

참고 목포와 신안에서도 확인되었다(박수현 2009). 내염성이 있으며 바닷가와 염습지에서 자란다(Wu 등 2009).

문헌

박수현. 1995. 한국 미기록 귀화식물(VI).

박수현. 2009. 세밀화와 사진으로 보는 한국의 귀화식물.

Wu 등. 2006. Flora of China. Vol. 22.

사방김의털 *Festuca heterophylla* Lam.

북한 이름 이형김의털
원산지 서아시아, 유럽
들어온 시기 분단 이후
발견 기록 2006년 충청남도 아산, 금산(박수현 등 2011)
침입 정도 일시 출현
참고 사방용으로 들어온 뒤 귀화했다(박수현 등 2011).

문헌

박수현 등. 2011. 한국식물도해도감 1. 벼과(개정증보판).

성긴이삭풀 *Bromus carinatus* Hook. & Arn.

원산지 북아메리카 서부
들어온 시기 분단 이후
발견 기록 2000년 울릉도(강우창 등 2004)
침입 정도 귀화

문헌

강우창 등. 2004. 한국식물도해도감 1. 벼과.

벼과(Poaceae)

수수 *Sorghum bicolor* (L.) Moench

북한 이름 수수

이명 *Andropogon sorghum* (L.) Brot., *Sorghum vulgare* Pers.

원산지 아프리카

들어온 시기 개항 이전

침입 정도 일시 출현

참고 석기시대 토실 안에서 토기, 석기와 함께 발견되었으므로 재배 역사가 오래되었다 (백설희 등 1989). 홍순형과 허만규(1994)가 부산의 귀화식물 목록에 실었다. 현재 재배 되는 수수의 야생형은 아프리카의 사하라 남부에서 발견되지만, 가장 오래된 재배 기록 은 아프리카가 아니라 인도와 파키스탄에 있다(Zohary 등 2012).

문헌

백설희 등. 1989. 경제식물자원사전.

홍순형, 허만규. 1994. 부산지역의 귀화식물 조사 보고.

Zohary 등. 2012. Domestication of Plants in the Old World.

벼과(Poaceae)
시리아수수새 *Sorghum halepense* (L.) Pers.

다른 이름 존슨그래스(Johnson grass)
북한 이름 들수수
원산지 북아프리카
들어온 시기 분단 이후
발견 기록 1992년 전라북도 군산, 1993년 제주도 한림(박수현 1993)
침입 정도 귀화
참고 전 세계 농경지에 피해를 주는 심각한 잡초다(Holm 등 1991). 박수현(1993)이 귀화식물로 보고했는데, 국내에 목초로 수입된 기록도 있다(Lee 1966). 박수현(2009)은 서울 월드컵공원에서도 확인했다. 중국의 침입외래생물 목록에 실려 있으며(Xu 등 2012), 일본 환경성(2015)은 종합대책이 필요한 외래종으로 지정했다.

문헌
박수현. 1993. 한국 미기록 귀화식물(IV).
박수현. 2009. 세밀화와 사진으로 보는 한국의 귀화식물.
環境省. 2015. 我が国の生態系等に被害を及ぼすおそれのある外来種リスト.
Holm 등. 1991. The World's Worst Weeds. Distribution and Biology.
Lee, Y.N. 1966. Manual of the Korean Grasses.
Xu 등. 2012. An inventory of invasive alien species in China.

애기카나리새풀 *Phalaris minor* Retz.

북한 이름 좀갈풀

원산지 북아프리카, 서남아시아, 남유럽

들어온 시기 분단 이후

발견 기록 1997년 인천 백석동(박수현 1998)

침입 정도 귀화

참고 중국에는 멕시코에서 밀 종자를 수입할 때 섞여 들어온 뒤 정착했고(Wu 등 2006), 침입외래생물 목록에 실려 있다(Xu 등 2012).

문헌

박수현. 1998. 한국 미기록 귀화식물(XII).

Wu 등. 2006. Flora of China. Vol. 22.

Xu 등. 2012. An inventory of invasive alien species in China.

열대피 *Echinochloa colona* (L.) Link

북한 이름 애기피
원산지 열대 아시아
들어온 시기 분단 이후
발견 기록 2009·2011년 대부도(Jang 등 2013), 2015년 제주도(조양훈 등 2016)
침입 정도 일시 출현
참고 벼 재배지역의 주요 잡초이며(Holm 등 1991), 인도에서는 사료작물로 재배하기도
했다(Komarov 1934). 병해충에 해당하는 잡초다(농림축산검역본부 2016).

문헌

농림축산검역본부. 2016. 병해충에 해당되는 잡초.
조양훈 등. 2016. 벼과·사초과 생태도감.
Holm 등. 1991. The World's Worst Weeds. Distribution and Biology.
Jang 등. 2013. Diversity of vascular plants in Daebudo and its adjacent regions, Korea.
Komarov, V.L. 1934. Flora of the U.S.S.R. Vol. II.

염소풀 *Aegilops cylindrica* Host

원산지 지중해 지역, 중앙아시아
들어온 시기 분단 이후
발견 기록 1993년 경기도 시흥 수인산업도로변(박수현 1993)
침입 정도 귀화
참고 인천 영흥도, 울릉도에서도 확인되었다(박수현 2009).

문헌

박수현. 1993. 한국 미기록 귀화식물(Ⅲ).
박수현. 2009. 세밀화와 사진으로 보는 한국의 귀화식물.

염주 *Coix lacryma-jobi* L.

북한 이름 구슬율무

원산지 열대 아시아

들어온 시기 개항 이후~분단 이전

발견 기록 1913년 제주도(中井猛之進 1914)

침입 정도 귀화

참고 나카이(1914)가 제주도식물조사에서 수변에 자란다고 기록했다. 박수현(1994)이 재배지를 벗어나 야생하는 것을 관찰하고 귀화식물 목록에 실었다.

문헌

박수현. 1994. 한국의 귀화식물에 관한 연구.

中井猛之進. 1914. 濟州島竝莞島植物調査報告書.

염주개나래새 *Arrhenatherum elatius* subsp. *bulbosum* (Willd.) Schübl. & G. Martens

원산지 북아프리카, 남유럽

들어온 시기 분단 이후

침입 정도 일시 출현

참고 박수현 등(2011)이 처음 보고했다. 관상용으로 재배한다(Wu 등 2006).

문헌

박수현 등. 2011. 한국식물도해도감 1. 벼과(개정증보판).

Wu 등. 2006. Flora of China. Vol. 22.

벼과(Poaceae)

영국갯끈풀 *Spartina anglica* C.E. Hubb.

북한 이름 대미초(大米草)
원산지 유럽
들어온 시기 분단 이후
발견 기록 2012년 강화도 동막해변(김은규 등 2015)
침입 정도 일시 출현
참고 북한에서는 사료용으로 재배한다(Hoang 등 1997). 국내에서는 환경부가 2013년 위해우려종으로 지정했다(김동언 등 2014). 강화도에 분포하는 것이 보고(김은규 등 2015)된 후, 환경부는 2016년에 생태계교란생물로 지정했다. IUCN이 선정한 100대 악성외래종 중 하나이고(Lowe 등 2000), 일본 환경성(2015)은 2014년에 *Spartina*속 전 종을 특정외래생물로 지정해 수입과 재배를 금지했다. 중국에서는 1963년에 영국에서 들여와 해안 지역에 심은 것이 확산되었다(Wu 등 2006). 중국의 침입외래생물 목록에 실려 있으며(Xu 등 2012), 유럽의 100대 악성 외래종으로도 선정되었다(DAISIE 2009).

문헌

김동언 등. 2014. 수입과 반입에 심사가 필요한 환경부 지정 위해우려종.
김은규 등. 2015. 미기록 외래잡초 영국갯끈풀의 국내 분포와 식물학적 특성.
環境省. 2015. 特定外来生物等一覧.
DAISIE. 2009. Handbook of Alien Species in Europe.
Hoang 등. 1997. Additional notes to the checklist of Korean cultivated plants (5). Consolidated summary and indexes.
Lowe 등. 2000. 100 of the World's Worst Invasive Alien Species.
Wu 등. 2006. Flora of China. Vol. 22.
Xu 등. 2012. An inventory of invasive alien species in China.

벼과(Poaceae)
오리새 *Dactylis glomerata* L.

다른 이름 오차드그래스(Orchard grass)
북한 이름 오리새
원산지 북아프리카, 서남아시아, 유럽
들어온 시기 개항 이후~분단 이전
발견 기록 1909년 강원도 원산(Nakai 1911)
침입 정도 침입
참고 목초로 쓰기 위해 권업모범장(1909)에서 시험 재배한 기록이 있다. 우에키와 사카타(1935)가 울릉도에서 발견한 뒤 귀화식물로 기록했다. 완전히 정착해 한반도 전역에 널리 퍼졌다(박수현 1995; 박형선 등 2009). 일본에서는 1861~1864년에 목초로 들어온 것이 야생화되었고(牧野富太郎 1940), 환경성(2015)은 산업상 중요하지만 적절한 관리가 필요한 외래종으로 지정했다.

문헌

박수현. 1995. 한국 귀화식물 원색도감.
박형선 등. 2009. 조선민주주의인민공화국의 외래식물목록과 영향평가.
牧野富太郎. 1940. 牧野日本植物図鑑
植木秀幹, 佐方敏南. 1935. 鬱陵島の事情.
朝鮮總督府勸業模範場. 1909. 事業報告書.
環境省. 2015. 我が国の生態系等に被害を及ぼすおそれのある外来種リスト.
Nakai, T. 1911. Flora Koreana. Pars Secunda.

벼과(Poaceae)

오죽 *Phyllostachys nigra* (Lodd. ex Lindl.) Munro

북한 이름 검정대

원산지 중국

들어온 시기 개항 이전

발견 기록 1913년 제주도(中井猛之進 1914)

침입 정도 일시 출현

참고 세종실록지리지(1454)에 재배식물로 기록되어 있다. 정태현(1965)은 제주도, 전라북도, 경상남도에 야생한다고 기록했지만, 리휘재(1966)는 야생상태인 것은 없다고 했다. 홍순형과 허만규(1994)가 부산의 귀화식물 목록에 실었다. 귀화했다는 보고도 있지만(Kim, Kil 2016), 아직 귀화했다고 판단하기는 어렵다. 일본 환경성(2015)은 *Phyllostachys*속 식물을 산업상 중요하지만 적절한 관리가 필요한 외래종으로 지정했다.

문헌

리휘재. 1966. 한국동식물도감. 제6권. 식물편(화훼류 II).

정태현. 1965. 한국동식물도감. 제5권. 식물편(목초본류).

홍순형, 허만규. 1994. 부산지역의 귀화식물 조사 보고.

中井猛之進. 1914. 濟州島竝莞島植物調査報告書.

環境省. 2015. 我が国の生態系等に被害を及ぼすおそれのある外来種リスト.

Kim, C.-G., J. Kil. 2016. Alien flora of the Korean Peninsula.

벼과(Poaceae)

왕대 *Phyllostachys bambusoides* Siebold & Zucc.

북한 이름 참대

이명 *Phyllostachys reticulata* (Rupr.) K. Koch,

원산지 중국

들어온 시기 개항 이전(삼국시대: 박상진 2011)

발견 기록 1900년 전라남도 목포(T. Uchiyama 채집, Nakai 1911)

침입 정도 일시 출현

참고 모리(1922)는 수입 재배종으로 기록했으며, 정태현(1943)은 전라도, 경상도, 충청도, 강원도에서 자란다고 했다. 홍순형과 허만규(1994)가 부산의 귀화식물 목록에 실었다. 귀화했다는 보고도 있지만(Kim, Kil 2016), 아직 판단하기 어렵다. 국내 죽림의 90%를 왕대가 차지하고, 더 이상 재배·관리하지 않는 경우 지하경을 이용해 산림으로 급속히 확산하는 현상이 관찰되므로 관리가 필요하다(공우석 2001). 일본 환경성(2015)은 *Phyllostachys*속 식물을 산업상 중요하지만 적절한 관리가 필요한 외래종으로 지정했다.

문헌

공우석. 2001. 대나무의 시·공간적 분포역 변화.

박상진. 2011. 문화와 역사로 만나는 우리 나무의 세계.

홍순형, 허만규. 1994. 부산지역의 귀화식물 조사 보고.

鄭台鉉. 1943. 朝鮮森林植物圖說.

環境省. 2015. 我が国の生態系等に被害を及ぼすおそれのある外来種リスト.

Kim, C.-G., J. Kil. 2016. Alien flora of the Korean Peninsula.

Mori, T. 1922. An Enumeration of Plants Hitherto Known from Corea.

Nakai, T. 1911. Flora Koreana. Pars Secunda.

벼과(Poaceae)

왕포아풀 *Poa pratensis* L.

다른 이름 켄터키블루그래스(Kentucky bluegrass)
북한 이름 왕꿰미풀
원산지 유라시아
들어온 시기 개항 이전
발견 기록 1897년 함경도 아무산(Komarov 1901)
침입 정도 귀화
참고 목초로 쓰기 위해 권업모범장(1909)에서 시험 재배한 기록이 있다. 이춘녕과 안학수(1963)가 북부, 중부, 남부 및 제주도의 산과 들에서 자라는 유럽 원산 귀화식물로 기록했고, 박수현(1994)이 귀화식물 목록에 실었다. 유럽에서 들어온 것도 있지만 이미 산지에서 자라던 것도 있다(이창복 1973). 북반구 온대에 광범위하게 분포하는 종으로, 임양재와 전의식(1980)은 외래식물이 아닌 재래식물로 평가했다. 일본에도 메이지시대에 목초로 도입되었다가 야생화한 것이 있지만 산지에서 본래 자라던 것도 있다는 보고가 있다(淸水矩宏 등 2001). 중국의 침입외래생물 목록에 실려 있다(Xu 등 2012).

문헌

박수현. 1994. 한국의 귀화식물에 관한 연구.
이창복. 1973. 초자원도감.
이춘녕, 안학수. 1963. 한국식물명감.
임양재, 전의식. 1980. 한반도의 귀화식물 분포.
朝鮮總督府勸業模範場. 1909. 事業報告書.
Komarov, V.L. 1901. Flora Manshuriae. Vol. I.
Xu 등. 2012. An inventory of invasive alien species in China.

외대쇠치기아재비 *Eremochloa ophiuroides* (Munro) Hack.

북한 이름 지네풀
원산지 동남아시아, 중국 남부
들어온 시기 분단 이후
발견 기록 1995년 제주도(이남숙 채집, 이화여자대학교 생물학과 표본관)
침입 정도 귀화
참고 이영노(1996)가 보고했고, 양영환과 김문홍(1998)이 제주도의 귀화식물 목록에 실었다.

문헌

양영환, 김문홍. 1998. 제주도의 귀화식물에 관한 연구.
이영노. 1996. 원색 한국식물도감.

유럽강아지풀 *Setaria verticillata* (L.) P. Beauv.

북한 이름 돌이강아지풀
원산지 북아프리카, 아시아, 남유럽
들어온 시기 분단 이후
발견 기록 2003년 서울 상암동(강우창 등 2004)
침입 정도 귀화
참고 사료작물로 이용하기도 한다(Komarov 1934).

문헌

강우창 등. 2004. 한국식물도해도감 1. 벼과.
Komarov, V.L. 1934. Flora of the U.S.S.R. Vol. II.

벼과(Poaceae)
유럽뚝새풀 *Alopecurus geniculatus* L.

북한 이름 무릎둑새풀
원산지 유라시아
들어온 시기 분단 이후
침입 정도 일시 출현
참고 임도 주변 초지에서 자란다(조양훈 등 2016).

문헌

조양훈 등. 2016. 벼과·사초과 생태도감.

유럽육절보리풀 *Glyceria declinata* Bréb.

원산지 북아프리카, 유럽

들어온 시기 분단 이후

발견 기록 2009년 전라남도 구례군 구례읍 섬진강부근, 광주 동구 사동 광주천부근(정수영 등 2009)

침입 정도 일시 출현

참고 평지 습지나 하천변에서 자란다(박수현 등 2011).

문헌

박수현 등. 2011. 한국식물도해도감 1. 벼과(개정증보판).

정수영 등. 2009. 한국 미기록 벼과 귀화식물: 유럽육절보리풀과 처진미꾸리광이.

벼과(Poaceae)

은털새 *Aira caryophyllea* L.

원산지 북아프리카, 서남아시아, 유럽

들어온 시기 분단 이후

발견 기록 2002년 제주도 북제주 구좌읍 제동목장(박수현 등 2003)

침입 정도 귀화

참고 일본에는 메이지시대 초기에 들어왔고 야생화되었다(牧野富太郎 1940).

문헌

박수현 등. 2003. 한국 미기록 귀화식물(ⅩⅧ).

牧野富太郎. 1940. 牧野日本植物図鑑.

작은조아재비 *Phleum paniculatum* Huds.

북한 이름 키다리초풀
원산지 아프리카, 서남아시아, 유럽
들어온 시기 분단 이후
발견 기록 2005년 서울 월드컵공원(박수현 2009)
침입 정도 일시 출현

문헌

박수현. 2009. 세밀화와 사진으로 보는 한국의 귀화식물.

벼과(Poaceae)

좀보리풀 *Hordeum pusillum* Nutt.

원산지 북아메리카
들어온 시기 분단 이후
발견 기록 1997년 제주도 중문관광단지와 중문 사이 다리 밑 해변(박수현 1997)
침입 정도 귀화

문헌

박수현. 1997. 한국 미기록 귀화식물(X).

좀빗살새 *Cynosurus echinatus* L.

원산지 북아프리카, 서아시아, 유럽
들어온 시기 분단 이후
발견 기록 2011년 울릉도 계곡 주변(조양훈 등 2016)
침입 정도 일시 출현
참고 일본에서는 1957년에 발견되었다(植村修二 등 2015).

문헌

조양훈 등. 2016. 벼과·사초과 생태도감.
植村修二 등. 2015. 增補改訂 日本帰化植物写真図鑑 第2巻 - Plant invader 500種 -.

좀참새귀리 *Bromus inermis* Leyss.

다른 이름 브롬그래스(Brome grass)
북한 이름 애기참새귀리, 들새귀밀
이명 *Zerna inermis* (Leyss.) Lindm.
원산지 서남아시아, 유럽
들어온 시기 분단 이후
발견 기록: 1967년 경기도(충북대학교 임학과 표본관), 1972년 경기도 남양주시 화도읍(이화여자대학교 생물학과 표본관), 2001년 평양 룡성구역 밭 주변(박형선, 오세봉 2006)
침입 정도 귀화
참고 축산시험장(1958)에 목초로 시험 재배된 기록이 있고, 이영노(1966)도 수입 목초로 기록했다. 이우철과 임양재(1978)가 귀화식물 목록에 실었다. 임양재와 전의식(1980)은 귀화하지 않은 것으로 판단했다. 북한에서는 박형선과 오세봉(2003)이 처음 보고했고, 현재 평양 주변 지역에 넓게 퍼져 있다(박형선 등 2009).

문헌

박형선, 오세봉. 2003. 조선의 북부식물상에서 최근에 발견된 새로운 분류군들에 대하여.
박형선, 오세봉. 2006. 우리 나라 식물상에서 기재되는 몇가지 새로운 종들에 대하여.
박형선 등. 2009. 조선민주주의인민공화국의 외래식물목록과 영향평가.
이우철, 임양재. 1978. 한반도 관속식물의 분포에 관한 연구.
임양재, 전의식. 1980. 한반도의 귀화식물 분포.
축산시험장. 1958. 시험연구사업보고서.
Lee, Y.N. 1966. Manual of the Korean Grasses.

좀포아풀 *Poa compressa* L.

다른 이름 캐나다블루그래스(Canada bluegrass)
북한 이름 작은께미풀
원산지 유라시아
들어온 시기 개항 이후~분단 이전
발견 기록 1937년 인천(Park 채집, Lee 1966), 1990년 평양(Kolbek, Sádlo 1996)
침입 정도 귀화
참고 목초로 쓰기 위해 권업모범장(1909)에서 시험 재배한 기록이 있다. 고강석 등
(1995)이 귀화식물 목록에 실었다. 도로변 초지에서 자란다(박수현 등 2011). 북한 문헌
에는 아직 실려 있지 않다. 중국의 침입외래생물 목록에 실려 있다(Xu 등 2012).

문헌

고강석 등. 1995. 귀화생물에 의한 생태계 영향 조사(Ⅰ).
박수현 등. 2011. 한국식물도해도감 1. 벼과(개정증보판).
朝鮮總督府勸業模範場. 1909. 事業報告書.
Kolbek, J., J. Sádlo. 1996. Some short-lived ruderal plant communities of non-trampled habitats in North Korea.
Lee, Y.N. 1966. Manual of the Korean Grasses.
Xu 등. 2012. An inventory of invasive alien species in China.

죽순대 *Phyllostachys edulis* (Carrière) J. Houz.

다른 이름 맹종죽
북한 이름 죽신대
이명 *Phyllostachys pubescens* J. Houz, *Sinoarundinaria pubescens* Honda
원산지 중국
들어온 시기 개항 이후~분단 이전(1898년: 김준호 2000)
침입 정도 일시 출현
참고 1822~1836년경 중국에서 일본 류큐를 거쳐 교토에 들어갔다가 1898년에 부산 대신동으로 옮겨진 것을 남부 지방에 옮겨 심었다는 기록이 있다(김준호 2000). 나카이 (1933)가 중국 원산 재배식물로 기록했다. 정태현(1943)은 전라남북도에서 자란다고 했고, 홍순형과 허만규(1994)가 부산의 귀화식물 목록에 실었다. 귀화했다는 보고도 있지만(Kim, Kil 2016), 아직 판단하기 어렵다. 일본의 침입생물데이터베이스에 등재되었고, 환경성(2015)은 산업상 중요하지만 적절한 관리가 필요한 외래종으로 지정했다.

문헌
김준호. 2000. 대나무.
홍순형, 허만규. 1994. 부산지역의 귀화식물 조사 보고.
鄭台鉉. 1943. 朝鮮森林植物圖說.
中井猛之進. 1933. 朝鮮森林植物編. 第貳拾輯.
環境省. 2015. 我が国の生態系等に被害を及ぼすおそれのある外来種リスト.
Kim, C.-G., J. Kil. 2016. Alien flora of the Korean Peninsula.

쥐꼬리뚝새풀 *Alopecurus myosuroides* Huds.

북한 이름 밭둑새풀
원산지 북아프리카, 서남아시아, 유럽
들어온 시기 분단 이후
발견 기록 1994년 인천 남항 바닷가(박수현 1994)
침입 정도 귀화
참고 안산 수인산업도로변에서도 발견되었다(박수현 2009).

문헌

박수현. 1994. 한국 미기록 귀화식물(V).
박수현. 2009. 세밀화와 사진으로 보는 한국의 귀화식물.

벼과(Poaceae)
쥐보리 *Lolium multiflorum* Lam.

다른 이름 이탈리안라이그래스(Italian ryegrass)
북한 이름 꽃호밀풀
원산지 북아프리카, 서남아시아, 유럽
들어온 시기 개항 이후~분단 이전
침입 정도 침입
참고 목초로 쓰기 위해 권업모범장(1909)에서 시험 재배한 기록이 있다. 이영노(1966) 가 수입 목초로 기록했고, 이우철과 임양재(1978)가 처음 귀화식물 목록에 실었다. 북한 에서는 사료작물로 재배하며(Hammer 등 1987), 남한에서는 사방용으로도 많이 이용한 다(조양훈 등 2016). 중국의 침입외래생물 목록에 실려 있다(Xu 등 2012). 일본에는 메 이지 시대에 들어와 야생화되었고, 환경성(2015)은 산업상 중요하지만 적절한 관리가 필요한 외래종으로 지정했다.

문헌

이우철, 임양재. 1978. 한반도 관속식물의 분포에 관한 연구.
조양훈 등. 2016. 벼과·사초과 생태도감.
朝鮮總督府勸業模範場. 1909. 事業報告書.
環境省. 2015. 我が国の生態系等に被害を及ぼすおそれのある外来種リスト.
Hammer 등. 1987. Additional notes to the check-list of Korean cultivated plants (1).
Lee, Y.N. 1966. Manual of the Korean Grasses.
Xu 등. 2012. An inventory of invasive alien species in China.

지네발새 *Dactyloctenium aegyptium* (L.) Willd.

북한 이름 룡발톱새
원산지 열대 아프리카, 열대 아시아
들어온 시기 분단 이후
발견 기록 2002년 서울 상암동 하늘공원(박수현 2003)
침입 정도 귀화

문헌

박수현 등. 2003. 한국 미기록 귀화식물(XVIII).

벼과(Poaceae)

처진미꾸리광이 *Puccinellia distans* (Jacq.) Parl.

북한 이름 미꾸리꿰미풀
원산지 북아프리카, 서남아시아, 유럽
들어온 시기 분단 이후
발견 기록 2009년 인천 영종도, 용유도, 강화도 길상면 초지진(정수영 등 2009)
침입 정도 일시 출현
참고 염분이 있는 환경에서 자란다(Tutin 등 1980).

문헌

정수영 등. 2009. 한국 미기록 벼과 귀화식물: 유럽육절보리풀과 처진미꾸리광이.
Tutin 등. 1980. Flora Europaea. Vol. 5.

카나리새풀 *Phalaris canariensis* L.

다른 이름 카나리갈풀
북한 이름 까나리갈풀
원산지 북서 아프리카
들어온 시기 개항 이후~분단 이전(1924년: 농촌진흥청 2008)
발견 기록 1993년 경기도 원당 고양시 종합운동장 건설예정 공한지(박수현 1993)
침입 정도 귀화
참고 1924년에 미국에서 종자를 수입해 1926년 권업모범장에서 시험 재배한 기록이 있다(농촌진흥청 2008). 박수현(1993)이 귀화식물로 보고했다. 일본에서는 에도시대 말기에 목초로 쓰기 위해 수입했다(竹松哲夫, 一前宣正 1997).

문헌

농촌진흥청. 2008. 조선총독부 권업모범장 보고. 제21호(其1).
박수현. 1993. 한국 미기록 귀화식물(Ⅳ).
竹松哲夫, 一前宣正. 1997. 世界の雑草 Ⅲ -単子葉類-.

큰개기장 *Panicum virgatum* L.

다른 이름 스위치그래스(Switchgrass)
북한 이름 가지기장
원산지 북아메리카, 남아메리카
들어온 시기 분단 이후
발견 기록 2000년 경기도 포천군 국립수목원 물푸레봉 임도(박수현 등 2003)
침입 정도 귀화
참고 목초로 쓰기 위해 시험 재배하기도 했다(Lee 1966).

문헌

박수현 등. 2003. 한국 미기록 귀화식물(ⅩⅧ).
Lee, Y.N. 1966. Manual of the Korean Grasses.

벼과(Poaceae)

큰개사탕수수 *Saccharum arundinaceum* Retz.

북한 이름 물대사탕갈

원산지 인도, 동남아시아

들어온 시기 분단 이후

발견 기록 2004년 전라남도 화순군 북면 옥리 화순온천 주변, 2005년 서울 양재천 영동 6교, 2009년 서울 마포구 상암동 월드컵공원(정수영 등 2011)

침입 정도 일시 출현

참고 일본 환경성(2015)은 중점대책이 필요한 외래종으로 지정했다.

문헌

정수영 등. 2011. 한국 미기록 벼과식물: 애기향모(*Anthoxanthum glabrum* (Trin.) Veldkamp)와 큰개사탕수수(*Saccharum arundinaceum* Retz.).

環境省. 2015. 我が国の生態系等に被害を及ぼすおそれのある外来種リスト.

큰김의털 *Festuca arundinacea* Schreb.

다른 이름 톨페스큐(Tall fescue)
북한 이름 새김의털
원산지 북아프리카, 서아시아, 유럽
들어온 시기 개항 이후~분단 이전
침입 정도 침입

참고 목초로 쓰기 위해 권업모범장(1909)에서 시험 재배한 기록이 있다. 이영노(1966)가 수입 목초로 기록했고, 이우철과 임양재(1978)가 귀화식물 목록에 실었다. 도로변 사방녹화를 위해 재배하던 것이 주변 자연생태계로 확산했다. 특히 치악산과 덕유산 등 국립공원 내 인위시설 지역에서 대규모로 발생한다. 생장이 빠르고 종자를 많이 생산하므로 김종민 등(2008)은 생태계교란생물로 지정할 것을 제안하기도 했다. 일본에는 1905년 도입되었다. 일본생태학회(2002)는 최악의 침입외래종 100선 중 하나로 선정했고, 환경성(2015)은 산업상 중요하지만 적절한 관리가 필요한 외래종으로 지정했다.

문헌

김종민 등. 2008. 생태계위해성이 높은 외래종의 정밀조사 및 관리방안(III).
이우철, 임양재. 1978. 한반도 관속식물의 분포에 관한 연구.
日本生態学会. 2002. 外来種ハンドブック.
朝鮮總督府勸業模範場. 1909. 事業報告書.
環境省. 2015. 我が国の生態系等に被害を及ぼすおそれのある外来種リスト.
Lee, Y.N. 1966. Manual of the Korean Grasses.

큰뚝새풀 *Alopecurus pratensis* L.

다른 이름 메도우폭스테일그래스(Meadow foxtail grass)
북한 이름 큰뚝새풀
원산지 서아시아, 유럽
들어온 시기 개항 이후~분단 이전
침입 정도 귀화
참고 목초로 쓰기 위해 권업모범장(1909)에서 시험 재배한 기록이 있다. 우에키(1936)가 수원에서 발견했고 식물학연구소(1976)와 박수현(1994)이 귀화식물로 인정했다. 박수현(1995)은 목초로 재배하던 것이 야생화된 것으로 판단했다. 일본에는 메이지시대 초기에 목초로 들어온 뒤 야생화되었다(牧野富太郞 1940).

문헌

박수현. 1994. 한국의 귀화식물에 관한 연구.
박수현. 1995. 한국 귀화식물 원색도감.
식물학연구소. 1976. 조선식물지 7.
牧野富太郞. 1940. 牧野日本植物図鑑.
植木秀幹. 1936. 花山及水原附近植生.
朝鮮總督府勸業模範場. 1909. 事業報告書.

벼과(Poaceae)

큰새포아풀 *Poa trivialis* L.

다른 이름 러프메도우그래스(Rough meadow grass)

북한 이름 큰참새꿰미풀

원산지 서아시아, 유럽

들어온 시기 개항 이전

발견 기록 1897년 함경북도 무산(Komarov 1901)

침입 정도 귀화

참고 목초로 쓰기 위해 권업모범장(1913)에서 시험 재배한 기록이 있다. 북한 학자들은 서아시아와 유럽 원산이며 북부 산지대에 분포한다고 기록했다(식물학연구소 1976; 임록재 등 2000). 강우창 등(2004)도 귀화식물로 기록했다.

문헌

강우창 등. 2004. 한국식물도해도감 1. 벼과.

식물학연구소. 1976. 조선식물지 7.

임록재 등. 2000. 조선식물지 8(증보판).

朝鮮總督府勸業模範場. 1913. 事業報告書.

Komarov, V.L. 1901. Flora Manshuriae. Vol. I.

큰이삭풀 *Bromus catharticus* Vahl

다른 이름 개보리, 레스큐그래스(Rescue grass)
북한 이름 납작새귀리
이명 *Bromus unioloides* Kunth
원산지 남아메리카
들어온 시기 개항 이후~분단 이전
침입 정도 귀화
참고 목초(이누무기 いぬむぎ)로 쓰기 위해 권업모범장(1909)에서 시험 재배한 기록이 있다. 이영노(1966)가 수입 목초로, 정태현(1970)이 귀화식물로 기록했다. 남부 지방과 제주도에서 자란다(박수현 2009). 중국의 침입외래생물 목록에 실려 있다(Xu 등 2012).

문헌

박수현. 2009. 세밀화와 사진으로 보는 한국의 귀화식물.
정태현. 1970. 한국동식물도감. 제5권. 식물편(목초본류). 보유.
朝鮮總督府勸業模範場. 1909. 事業報告書.
Lee, Y.N. 1966. Manual of the Korean Grasses.
Xu 등. 2012. An inventory of invasive alien species in China.

큰조아재비 *Phleum pratense* L.

다른 이름 티모시(Timothy)
북한 이름 큰조아재비
원산지 시베리아, 유럽
들어온 시기 개항 이후~분단 이전
발견 기록 1911년 평안북도 강계(R. G. Mills 채집, Nakai 1912)
침입 정도 귀화
참고 목초로 쓰기 위해 권업모범장(1909)에서 시험 재배한 기록이 있다. 임양재와 전의
식(1980)이 귀화식물 목록에 실었다. 제주도와 남부 지역뿐 아니라 북부와 중부에서도
자란다(라응칠 등 2003). 중국의 침입외래생물 목록에 실려 있다(Xu 등 2012). 일본에
는 메이지시대 초기에 들어와 야생화되었고(牧野富太郎 1940), 환경성(2015)은 산업상
중요하지만 적절한 관리가 필요한 외래종으로 지정했다.

문헌

라응칠 등. 2003. 강원도 경제식물지.
임양재, 전의식. 1980. 한반도의 귀화식물 분포.
牧野富太郎. 1940. 牧野日本植物図鑑.
朝鮮總督府勸業模範場. 1909. 事業報告書.
環境省. 2015. 我が国の生態系等に被害を及ぼすおそれのある外来種リスト.
Nakai, T. 1912. Plantae Millsianae Koreanae.
Xu 등. 2012. An inventory of invasive alien species in China.

큰참새귀리 *Bromus secalinus* L.

북한 이름 큰참새귀리
원산지 북아프리카, 서아시아, 유럽
들어온 시기 분단 이후
발견 기록 1965년 제주도(이화여자대학교 생물학과 표본관)
침입 정도 귀화
참고 박만규(1949)가 북부와 중부에 분포한다고 기록했다. 이우철과 임양재(1978)가 귀
화식물 목록에 실었다.

문헌
박만규. 1949. 우리나라 식물명감.
이우철, 임양재. 1978. 한반도 관속식물의 분포에 관한 연구.

벼과(Poaceae)

큰참새피 *Paspalum dilatatum* Poir.

다른 이름 달리스그래스(Dallis grass)
북한 이름 넓은참새피
원산지 남아메리카
들어온 시기 분단 이후
발견 기록 1993년 제주도(박수현 1993)
침입 정도 귀화
참고 국내에 목초로 수입되기도 했다(Lee 1966). 제주도 저지대에서 자란다(박수현 등 2011). 중국의 침입외래생물 목록에 실려 있고(Xu 등 2012), 일본 환경성(2015)은 종합 대책이 필요한 외래종으로 지정했다.

문헌

박수현. 1993. 한국 미기록 귀화식물(IV).
박수현 등. 2011. 한국식물도해도감 1. 벼과(개정증보판).
環境省. 2015. 我が国の生態系等に被害を及ぼすおそれのある外来種リスト.
Lee, Y.N. 1966. Manual of the Korean Grasses.
Xu 등. 2012. An inventory of invasive alien species in China.

털뚝새풀 *Alopecurus japonicus* Steud.

원산지 일본

들어온 시기 분단 이후

발견 기록 1993년 경상남도 하동(김동성 채집, 박수현 1994)

침입 정도 귀화

참고 박수현(1994)이 경상남도에서 자라는 귀화식물로 처음 보고했다. 조양훈 등(2016)은 기준산지가 일본이고, 한반도 남부와 제주도에서만 관찰되므로 외래종이 아니라 재래종이라고 했다. 2000년 서울 광진구, 동대문구(국립수목원 표본관) 등에서 채집한 기록이 있다.

문헌

박수현. 1994. 한국 미기록 귀화식물(V).

조양훈 등. 2016. 벼과·사초과 생태도감.

털빕새귀리 *Bromus tectorum* L.

다른 이름 말귀리

북한 이름 지붕새귀리

원산지 북아프리카, 서남아시아, 남유럽

들어온 시기 분단 이후

침입 정도 침입

참고 이영노(1966)가 황폐지와 경작지에서 자란다고 했고, 정태현(1970)은 재배하는 목초로 기록했다. 이우철과 임양재(1978)가 귀화식물 목록에 실었다. 해변 모래땅과 도시 주변에 퍼져 자란다(전의식 1998). 미국에는 비의도적으로 혼입되어 퍼졌는데 미국 서부의 4,000만 헥타르 이상 지역에서 토착 관목과 초본을 밀어내고 우점했다(Woodward, Quinn 2011).

문헌

이우철, 임양재. 1978. 한반도 관속식물의 분포에 관한 연구.

전의식. 1998. 새로 발견된 귀화식물 (17).

정태현. 1970. 한국동식물도감. 제5권. 식물편(목초본류). 보유.

Lee, Y.N. 1966. Manual of the Korean Grasses.

Woodward, S.L., J.A. Quinn. 2011. Encyclopedia of Invasive Species. Vol 2: Plants.

털참새귀리 *Bromus hordeaceus* L.

북한 이름 연한참새귀리

이명 *Bromus mollis* L.

원산지 북아프리카, 서아시아, 유럽

들어온 시기 분단 이후

발견 기록 1999년 경기도 시흥 수인산업도로(박수현 1999)

침입 정도 귀화

참고 서울 월드컵공원에서도 발견되었다(박수현 2009).

문헌

박수현. 1999. 한국 미기록 귀화식물(XVI).

박수현. 2009. 세밀화와 사진으로 보는 한국의 귀화식물.

털큰참새귀리 *Bromus commutatus* Schrad.

다른 이름 헤어리체스(Hairychess)

원산지 북아프리카, 서아시아, 유럽

들어온 시기 개항 이후~분단 이전

발견 기록 1926년 강원도 고성군 온정리(Saito Siroji 채집, Im 등 2016), 1984년 남포 와 우도해수욕장(Dostálek 등 1989)

침입 정도 일시 출현

참고 임형탁 등(2016)이 도쿄대학교 표본관에 수장된 사이토 시로지(齊藤四郞治)의 채집표본을 조사하는 과정에서 1926년 국내 채집기록을 확인했다. 북한에서는 체코슬로바키아 학자들이 남포항 근처에서 발견했다(Dostálek 등 1989). 주로 하천변이나 교란된 지역에서 자란다(조양훈 등 2016).

문헌

조양훈 등. 2016. 벼과·사초과 생태도감.

Dostálek 등. 1989. A few taxa new to the flora of North Korea.

Im 등. 2016. Historic plant specimens collected from the Korean Peninsula in the early 20th century (I).

벼과(Poaceae)

털큰참새피 *Paspalum urvillei* Steud.

원산지 남아메리카

들어온 시기 분단 이후

발견 기록 2011년 제주도 서귀포시 법환동(Lee 등 2013)

침입 정도 일시 출현

참고 일본에서는 1958년에 발견되었고, 환경성(2015)은 종합대책이 필요한 외래종으로 지정했다.

문헌

環境省. 2015. 我が国の生態系等に被害を及ぼすおそれのある外来種リスト.

Lee 등. 2013. First records of *Paspalum notatum* Flüggé and *P. urvillei* Steud. (Poaceae) in Korea.

팜파스그래스 *Cortaderia selloana* (Schult. & Schult. f.) Asch. & Graebn.

북한 이름 흰이삭갈
이명 *Cortaderia argentea* (Nees) Stapf
원산지 남아메리카
들어온 시기 분단 이후
침입 정도 일시 출현
참고 관상식물로 재배한다(임록재, 라응칠 1987; 박석근 등 2011). 김찬수 등(2006)이
제주도의 귀화식물 목록에 실었다. 유럽의 100대 악성 외래종 중 하나다(DAISIE 2009).
일본 환경성(2015)은 종합대책이 필요한 외래종으로 지정했다. 병해충에 해당하는 잡
초다(농림축산검역본부 2016).

문헌

김찬수 등. 2006. 제주도의 귀화식물 분포특성.
농림축산검역본부. 2016. 병해충에 해당되는 잡초.
박석근 등. 2011. 한국의 정원식물. 초본류.
임록재, 라응칠, 1987. 중앙식물원 재배식물.
環境省. 2015. 我が国の生態系等に被害を及ぼすおそれのある外来種リスト.
DAISIE. 2009. Handbook of Alien Species in Europe.

향기풀 *Anthoxanthum odoratum* L.

다른 이름 스위트버날그래스(Sweet vernal grass)
북한 이름 향기풀
원산지 유럽, 시베리아
들어온 시기 개항 이후~분단 이전
발견 기록 1934년 서울(R. K. Smith 채집, Nakai 1935)
침입 정도 귀화
참고 목초로 쓰기 위해 권업모범장(1909)에서 시험 재배한 기록이 있다. 이우철과 임양
재(1980)가 귀화식물 목록에 실었다. 북한에서는 현재 사료작물로 재배하지 않으며, 고
지대 일부 지역에서만 볼 수 있다(박형선 등 2009). 일본에서는 메이지시대에 목초로 쓰
기 위해 들어왔고(牧野富太郎 1940), 일본 환경성(2015)은 종합대책이 필요한 외래종으
로 지정했다.

문헌

박형선 등. 2009. 조선민주주의인민공화국의 외래식물목록과 영향평가.
이우철, 임양재. 1978. 한반도 관속식물의 분포에 관한 연구.
牧野富太郎. 1940. 牧野日本植物図鑑.
朝鮮總督府勸業模範場. 1909. 事業報告書.
環境省. 2015. 我が国の生態系等に被害を及ぼすおそれのある外来種リスト.
Nakai, T. 1935. Notulae ad Plantas Japoniae & Koreae XLVI.

벼과(Poaceae)
호밀 *Secale cereale* L.

북한 이름 호밀, 흑맥
원산지 서남아시아
들어온 시기 개항 이후~분단 이전(1921년: 이덕봉 1974)
침입 정도 일시 출현
참고 호밀 식물유체 중 가장 오래된 것은 시리아 북부의 중석기시대 유적지에서 발견되었다(Zohary 등 2012). 국내에서는 재배 역사가 짧으며(백설희 등 1989), 1921년에 강원도 독일인 농장에서 유래했다고 한다(이덕봉 1974). 모리(1922)가 수입 재배종으로 기록했으며 김찬수 등(2006)이 제주도의 귀화식물 목록에 실었다. 조양훈 등(2016)은 도로 주변에서 저절로 자라는 것을 관찰했다. 박형선 등(2009)은 자연식물상으로 퍼져 나가는 것이 없다고 평가했다.

문헌

김찬수 등. 2006. 제주도의 귀화식물 분포특성.
박형선 등. 2009. 조선민주주의인민공화국의 외래식물목록과 영향평가.
백설희 등. 1989. 경제식물자원사전.
이덕봉. 1974. 한국동식물도감. 제15권. 식물편(유용식물).
조양훈 등. 2016. 벼과·사초과 생태도감.
Mori, T. 1922. An Enumeration of Plants Hitherto Known from Corea.
Zohary 등. 2012. Domestication of Plants in the Old World.

벼과(Poaceae)

호밀풀 *Lolium perenne* L.

다른 이름 가는보리풀, 페레니얼라이그래스(Perennial ryegrass)
북한 이름 호밀풀, 흑맥풀
원산지 북아프리카, 서아시아, 유럽
들어온 시기 개항 이후~분단 이전
발견 기록 1939년 함경남도 북청(Hiratsuka 채집, Lee 1966)
침입 정도 침입
참고 목초로 쓰기 위해 권업모범장(1909)에서 시험 재배한 기록이 있다. 나카이(1952)가 한반도에 분포하는 식물로 기록했고, 리종오(1964)는 북부와 중부에 분포한다고 했다. 정태현(1970)은 귀화식물로 기록했다. 박수현(2009)은 목초 또는 사방용으로 재배한 것이 야생화한 것으로 판단했고, 박형선 등(2009)은 자연에 퍼져 자라지만 경쟁력이 약하며 빈도는 매우 낮다고 평가했다. 중국의 침입외래생물 목록에 실려 있으며(Xu 등 2012), 일본에서는 산업상 중요하지만 적절한 관리가 필요한 외래종으로 선정했다(環境省 2015).

문헌

리종오. 1964. 조선고등식물분류명집.
박수현. 2009. 세밀화와 사진으로 보는 한국의 귀화식물.
박형선 등. 2009. 조선민주주의인민공화국의 외래식물목록과 영향평가.
정태현. 1970. 한국동식물도감. 제5권. 식물편(목초본류). 보유.
朝鮮總督府勸業模範場. 1909. 事業報告書.
環境省. 2015. 我が国の生態系等に被害を及ぼすおそれのある外来種リスト.
Lee, Y.N. 1966. Manual of the Korean Grasses.
Nakai, T. 1952. A synoptical sketch of Korean flora.
Xu 등. 2012. An inventory of invasive alien species in China.

흰털새 *Holcus lanatus* L.

북한 이름 수수새
원산지 유럽
들어온 시기 개항 이후~분단 이전
발견 기록 1999년 전라남도 구례군 구례읍(국립수목원 표본관), 2007년 경상북도 김천시 봉산면(안동대학교 표본관)
침입 정도 귀화
참고 나카이(1952)가 한반도에 분포하는 식물로 기록했다. 리종오(1964)가 중부와 제주도에서 자란다고 했고, 박수현(2001)이 귀화식물 목록에 실었다. 서울에서도 발견되었다(박수현 2001). 북한에서는 강원도에 분포한다(라응칠 등 2003).

문헌

라응칠 등. 2003. 강원도 경제식물지.
리종오. 1964. 조선고등식물분류명집.
박수현. 2001. 한국 귀화식물 원색도감. 보유편.
Nakai, T. 1952. A synoptical sketch of Korean flora.

봉선화과(Balsaminaceae)
봉선화 *Impatiens balsamina* L.

북한 이름 봉선화
원산지 인도
들어온 시기 개항 이전
침입 정도 일시 출현
참고 관상용으로 재배한다. 고려 후기 문인 이규보(1168~1241)의 시에 등장하며, 고려 때부터 손톱에 봉선화 물을 들이는 풍속이 있었다(기태완 2015). 김찬수 등(2006)이 제주도의 귀화식물 목록에 수록했지만, 양영환(2007)은 귀화하지 않은 것으로 판단했다. 박형선 등(2009)은 자연식물상에 들어오는 일은 거의 없다고 평가했다.

문헌
기태완. 2015. 꽃, 피어나다.
김찬수 등. 2006. 제주도의 귀화식물 분포특성.
박형선 등. 2009. 조선민주주의인민공화국의 외래식물목록과 영향평가.
양영환. 2007. 제주도 귀화식물의 식생에 관한 연구.

미국좀부처꽃 *Ammannia coccinea* Rottb.

원산지 북아메리카

들어온 시기 분단 이후

발견 기록 1998년 전라남도 영광, 2000년 경상남도 창원 휴경지(박수현 2001)

침입 정도 귀화

참고 주로 저수지, 묵논, 경작 중인 논의 주변부 등 습지에서 자라며, 삼척, 공주, 강진, 나주, 무안, 해남, 고령, 대구 등에서 분포가 확인되었다(황선민 등 2014).

문헌

박수현. 2001. 한국 귀화식물 원색도감. 보유편.

황선민 등. 2014. 외래잡초 미국좀부처꽃 (*Ammannia coccinea*)의 확산과 생육지 특성.

부토마과(Butomaceae)
꽃골풀 *Butomus umbellatus* L.

다른 이름 움벨라투스부토무스
북한 이름 꽃골풀
원산지 서남아시아, 유럽
들어온 시기 분단 이후
발견 기록 2008년 평안북도 철산(백춘헌 2010)
침입 정도 일시 출현
참고 물 흐름이 정체된 호수나 연못, 수로에서 자라는 수생식물이다(Wu 등 2010). 야베
(1912)의 남만주식물목록에 실려 있고, 기타가와(1939)는 몽골과 만주, 중국 북부에 분
포한다고 기록했다. 북한에서만 보고되었다. 남한에서는 관상식물로 재배지만(송기
훈 등 2011), 병해충에 해당하는 잡초다(농림축산검역본부 2016).

문헌
농림축산검역본부. 2016. 병해충에 해당되는 잡초.
백춘헌. 2010. 우리 나라 미기록종 꽃골(*Butomus umbellatus* L.)의 계절상에 대한 연구.
송기훈 등. 2011. 한국의 재배식물.
矢部吉禎. 1912. 南滿洲植物目錄.
北川政夫. 1939. 滿洲國植物考.
Wu 등. 2010. Flora of China. Vol. 23.

분꽃과(Nyctaginaceae)
분꽃 *Mirabilis jalapa* L.

북한 이름 분꽃
원산지 북아메리카
들어온 시기 개항 이전(17세기 전후: 리휘재 1964)
발견 기록 1913년 제주도(中井猛之進 1914)
침입 정도 귀화
참고 관상용 재배식물이다. 나카이(1914)는 제주도식물조사에서 분꽃이 야생상태에 있다고 기록했다. 고경식(1933) 또한 야생에서 자라는 것도 있다고 기록했고, 홍순형과 허만규(1994)가 부산의 귀화식물 목록에, 양영환과 김문홍(1998), 김찬수 등(2006)이 제주도의 귀화식물 목록에 실었다. 중국의 침입외래생물 목록에 실려 있다(Xu 등 2012). 일본에서는 주로 해안 지방에서 야생하는 것이 발견되었다(牧野富太郎 1940).

문헌
고경식. 1993. 야생식물생태도감.
김찬수 등. 2006. 제주도의 귀화식물 분포특성.
리휘재. 1964. 한국식물도감. 화훼류 I.
양영환, 김문홍. 1998. 제주도의 귀화식물에 관한 연구.
홍순형, 허만규. 1994. 부산지역의 귀화식물 조사 보고.
牧野富太郎. 1940. 牧野日本植物図鑑.
中井猛之進. 1914. 濟州島竝莞島植物調査報告書.
Xu 등. 2012. An inventory of invasive alien species in China.

붓꽃과(Iridaceae)

노랑꽃창포 *Iris pseudacorus* L.

북한 이름 노랑꽃창포
원산지 북아프리카, 서아시아, 유럽
들어온 시기 개항 이후~분단 이전(1912~1926년: 리휘재 1964)
발견 기록 1962년 설악산(정태현, 이우철 1963)
침입 정도 귀화
참고 1987년의 자연생태계전국조사에서 영산강, 섬진강 수계의 수변식물로 보고되었
고, 현재 전국적으로 분포역이 증가하고 있으며, 관상용으로도 이용하고 있어 분포가 계
속 확산될 것으로 보인다(임용석 2009). 제주도의 귀화식물 목록에 실렸다(김찬수 등
2006). 일본에서는 1897년경에 관상용으로 들여왔다가 전국적으로 확산되었다(竹松哲
夫, 一前宣正 1997). 일본생태학회(2002)는 일본 최악의 침입외래종 100선 중 하나로 선
정했으며, 환경성(2015)은 중점대책이 필요한 외래종으로 지정했다.

문헌

김찬수 등. 2006. 제주도의 귀화식물 분포특성.
리휘재. 1964. 한국식물도감. 화훼류 I.
임용석. 2009. 한국산 수생식물의 분포특성.
정태현, 이우철. 1963. 설악산식물조사연구.
日本生態学会. 2002. 外来種ハンドブック.
竹松哲夫, 一前宣正. 1997. 世界の雑草 III -単子葉類-.
環境省. 2015. 我が国の生態系等に被害を及ぼすおそれのある外来種リスト.

붓꽃과(Iridaceae)

독일붓꽃 *Iris* × *germanica* L.

북한 이름 참붓꽃
원산지 교배종
들어온 시기 분단 이후(1960년: 리휘재 1964)
침입 정도 일시 출현
참고 원예식물로 재배되며(임록재, 라응칠 1987), 홍순형과 허만규(1994)가 부산의 귀
화식물 목록에 실었다.

문헌

리휘재. 1964. 한국식물도감. 화훼류 Ⅰ.
임록재, 라응칠, 1987. 중앙식물원 재배식물.
홍순형, 허만규. 1994. 부산지역의 귀화식물 조사 보고.

붓꽃과(Iridaceae)

등심붓꽃 *Sisyrinchium rosulatum* E.P. Bicknell

북한 이름 등심붓꽃

원산지 북아메리카 동부

들어온 시기 개항 이후~분단 이전

침입 정도 귀화

참고 정태현 등(1949)이 조선식물명집에 기록했고, 이영노(1976)가 제주도에 귀화해 야생상태로 자란다고 했다. 이우철과 임양재(1978)가 귀화식물 목록에 실었다. 등심붓꽃의 학명은 여러 가지로 기록되었다. 정태현 등(1949)은 *Sisyrinchium bermudianum* L., 정태현(1956) 등은 *Sisyrinchium angustifolium* L., 이창복(1969)은 *Sisyrinchium atlanticum* E.P. Bicknell 등으로 보고했다. 신혜우 등(2016)은 *S. rosulatum*으로 정리했다. 일본에서는 등심붓꽃이 니와제키쇼(ニワゼキショウ)라고 보고되었는데 이 역시 *S. rosulatum*이며 *S. angustifolium*은 잘못 붙여진 이름이라고 설명한다(大橋広好 등 2008).

문헌

이영노. 1976. 한국동식물도감. 제18권. 식물편(계절식물).

이우철, 임양재. 1978. 한반도 관속식물의 분포에 관한 연구.

이창복. 1969. 자원식물.

정태현 등. 1949. 조선식물명집. I. 초본편.

정태현. 1956. 한국식물도감(하권 초본부).

大橋広好 등. 2008. 新牧野日本植物圖鑑.

Shin 등. 2016. First report of a newly naturalized *Sisyrinchium micranthum* and a taxonomic revision of *Sisyrinchium rosulatum* in Korea.

붓꽃과(Iridaceae)

몬트부레치아 *Crocosmia* × *crocosmiiflora* (Lemoine) N.E. Br.

다른 이름 애기범부채
북한 이름 애기부채꽃
이명 *Tritonia* × *crocosmiiflora* G. Nicholson
원산지 교배종
들어온 시기 분단 이후
발견 기록 1991년 거제도(전의식 1993)
침입 정도 귀화
참고 아프리카 원산인 *Crocosmia aurea* (Pappe ex Hook.) Planch.와 *Crocosmia pottsii* (Baker) N.E. Br. 사이의 교배종이다(Cullen 등 2011). 이춘녕과 안학수(1963)가 관상용 재배식물로 보고했다. 전의식(1993)은 거제도, 제주도, 울릉도에서 재배지를 벗어나 야생하는 것으로 판단했다. 일본에는 1890년경에 들어와 귀화했고, 환경성(2015)은 종합대책이 필요한 외래종으로 지정했다.

문헌

이춘녕, 안학수. 1963. 한국식물명감.
전의식. 1993. 새로 발견된 귀화식물(4). 애기범부채와 냄새명아주.
環境省. 2015. 我が国の生態系等に被害を及ぼすおそれのある外来種リスト.
Cullen 등. 2011. The European Garden Flora. Flowering Plants. Vol. I.

붓꽃과(Iridaceae)

연등심붓꽃 *Sisyrinchium micranthum* Cav.

원산지 북아메리카, 남아메리카
들어온 시기 분단 이후
발견기록 2016년 제주도 서귀포시(Shin 등 2016)
침입 정도 일시 출현

문헌

Shin 등. 2016. First report of a newly naturalized *Sisyrinchium micranthum* and a taxonomic revision of *Sisyrinchium rosulatum* in Korea.

붓꽃과(Iridaceae)
푸밀라붓꽃 *Iris pumila* L.

다른 이름 서양창포
북한 이름 좀붓꽃
원산지 유럽
들어온 시기 분단 이후
침입 정도 일시 출현
참고 정태현(1970)이 관상용 재배식물로 기록했고 홍순형과 허만규(1994)가 부산의 귀화식물 목록에 실었다.

문헌

정태현. 1970. 한국동식물도감. 제5권. 식물편(목초본류). 보유.
홍순형, 허만규. 1994. 부산지역의 귀화식물 조사 보고.

비름과(Amaranthaceae)

가시비름 *Amaranthus spinosus* L.

북한 이름 가시비름
원산지 남아메리카
들어온 시기 분단 이후
발견 기록 1966년 제주도(이창복 채집, 서울대학교 산림자원학과 표본관)
침입 정도 귀화
참고 이창복(1969)이 처음 보고했다. 이창복(1980)은 관상용 재배식물로 기록했지만,
국내외 다른 문헌에 가시비름을 관상용으로 이용한다는 보고는 없다. 제주도에 분포한
다(박수현 2009). 병해충에 해당하는 잡초이며(농림축산검역본부 2016), 중국의 침입외
래생물 목록에 실려 있다(Xu 등 2012).

문헌

농림축산검역본부. 2016. 병해충에 해당되는 잡초.
박수현. 2009. 세밀화와 사진으로 보는 한국의 귀화식물.
이창복. 1969. 자원식물.
이창복. 1980. 대한식물도감.
Xu 등. 2012. An inventory of invasive alien species in China.

각시비름 *Amaranthus arenicola* I.M. Johnst.

원산지 북아메리카

들어온 시기 분단 이후

발견 기록 1997년 경상남도 진해시 창전부두 모래땅(박수현 1997)

침입 정도 귀화

문헌

박수현. 1997. 한국 미기록 귀화식물(XI).

비름과(Amaranthaceae)
개맨드라미 *Celosia argentea* L.

북한 이름 들맨드래미
원산지 인도
들어온 시기 개항 이전
발견 기록 1902년 경상북도 청도(T. Uchiyama 채집, Nakai 1911), 1912년 경상남도 마산(森爲三 1913), 1913년 제주도(中井猛之進 1914)
침입 정도 귀화
참고 관상용, 약용 재배식물이다(박형선 등 2009). 향약집성방(1433)에 개맨드라미씨(청상자 靑葙子)의 처방 기록이 있다(동의학편집부 1986). 도봉섭 등(1958)은 각지에서 재배하거나 자생한다고 했고, 리휘재(1964)도 귀화식물로 밭이나 들에 자생한다고 기록했다.

문헌
도봉섭 등. 1958. 조선식물도감 3.
동의학편집부. 1986. 향약집성방.
리휘재. 1964. 한국식물도감. 화훼류 Ⅰ.
박형선 등. 2009. 조선민주주의인민공화국의 외래식물목록과 영향평가.
森爲三. 1913. 南鮮植物採取目錄 (前號ノ續).
中井猛之進. 1914. 濟州島竝莞島植物調査報告書.
Nakai, T. 1911. Flora Koreana. Pars Secunda.

개비름 *Amaranthus blitum* L.

북한 이름 비름

이명 *Amaranthus lividus* L.

원산지 아프리카, 아시아, 유럽

들어온 시기 개항 이전

발견 기록 1897년 압록강 연안 등 북한 지역(Komarov 1904), 1900년 남산, 1902년 금강산(T. Uchiyama 채집, Nakai 1911)

침입 정도 침입

참고 박수현(1994)이 처음 귀화식물 목록에 실었다. 마에카와(1943)는 벼의 재배와 함께 일본에 전해진 사전귀화식물(史前歸化植物)로 추정했다. 임양재와 전의식(1980)은 개항 이전 귀화식물(구귀화식물)로 분류했으며, 김준민 등(2000)은 먼 옛날부터 전 세계 온대에서 열대까지 널리 분포하는 사전귀화식물로 추정했다. 전국적으로 밭이나 인가 주변에서 자라며(박수현 2009), 병해충에 해당하는 잡초다(농림축산검역본부 2016). 남서 연해주의 외래식물이다(Kozhevnikov 등 2015).

문헌

김준민 등. 2000. 한국의 귀화식물.

농림축산검역본부. 2016. 병해충에 해당되는 잡초.

박수현. 1994. 한국의 귀화식물에 관한 연구.

박수현. 2009. 세밀화와 사진으로 보는 한국의 귀화식물.

임양재, 전의식. 1980. 한반도의 귀화식물 분포.

前川文夫. 1943. 史前歸化植物 について.

Komarov, V.L. 1904. Flora Manshuriae. Vol. Ⅱ.

Kozhevnikov 등. 2015. Illustrated Flora of the Southwest Primorye (Russian Far East).

Nakai, T. 1911. Flora Koreana. Pars Secunda.

긴이삭비름 *Amaranthus palmeri* S.Watson

원산지 미국 남서부, 멕시코

들어온 시기 분단 이후

발견 기록 1996년 경기도 안산 수인산업도로변(농업과학기술원 1996; 오세문 등 2003)

침입 정도 귀화

참고 박수현(1997)이 1997년에 진해 창전부두에서 채집해 식물 형태를 보고했다. 이후에 박수현(2009)이 서울 월드컵공원에서도 확인했다. 중국에서는 1985년에 발견되었고, 침입외래생물 목록에 실려 있다(Xu 등 2012). 일본에서는 1930년에 발견되었다(淸水矩宏 등 2001).

문헌

농업과학기술원. 1996. 1995년도 시험연구사업보고서(작물보호부편).

박수현. 1997. 한국 미기록 귀화식물(XI).

박수현. 2009. 세밀화와 사진으로 보는 한국의 귀화식물.

오세문 등. 2003. 1981년 이후 발견된 국내 발생 외래잡초 현황.

淸水矩宏 등. 2001. 日本帰化植物写真図鑑 - Plant invader 600種 -.

Xu 등. 2012. An inventory of invasive alien species in China.

비름과(Amaranthaceae)
긴털비름 *Amaranthus hybridus* L.

북한 이름 긴이삭털비름
이명 *Amaranthus patulus* Bertol.
원산지 북아메리카, 남아메리카
들어온 시기 분단 이후
발견 기록 1974년 서울 난지도(박수현 1998), 2003년 서울 상암동 평화공원(이유미 등 2005)
침입 정도 귀화
참고 박수현(1994)이 가는털비름이라는 이름의 귀화식물로 처음 보고했다. 북한에서는
재배하며 잎은 돼지 먹이로, 종자는 식재로 이용한다(Hoang, Hammer 1988). 이유미
등(2005)은 긴털비름(*Amaranthus hybridus*)과 가는털비름(*A. patulus*)을 서로 다른 종으로
취급했지만, 동일한 종으로 정리하는 견해가 많다(清水建美 2003; The Plant List 2013;
USDA 2015). 병해충에 해당하는 잡초이며(농림축산검역본부 2016), 중국의 침입외래
생물 목록에 실려 있다(Xu 등 2012).

문헌

농림축산검역본부. 2016. 병해충에 해당되는 잡초.
박수현. 1994. 한국의 귀화식물에 관한 연구.
박수현. 1998. 서울 난지도의 귀화식물에 관한 연구.
이유미 등. 2005. 한국 미기록 귀화식물: 긴털비름(*Amaranthus hybridus*)과 나도민들레(*Crepis tectorum*).
清水建美. 2003. 日本の帰化植物.
Hoang, H.-D., K. Hammer. 1988. Additional notes to the check-list of Korean cultivated plants (2).
The Plant List. 2013. Version 1.1.
USDA. 2015. Germplasm Resources Information Network (GRIN) [Online Database].
Xu 등. 2012. An inventory of invasive alien species in China.

냄새명아주 *Dysphania pumilio* (R.Br.) Mosyakin & Clemants

이명 *Chenopodium pumilio* R. Br.
원산지 오스트레일리아
들어온 시기 분단 이후
발견 기록 1992년 속리산국립공원 버스 주차장(전의식 1993)
침입 정도 귀화
참고 거제도(김준민 등 2000)와 제주도(양영환, 김문홍 1998)에도 분포한다.

문헌

김준민 등. 2000. 한국의 귀화식물.
양영환, 김문홍. 1998. 제주도의 귀화식물에 관한 연구.
전의식. 1993. 새로 발견된 귀화식물(4). 애기범부채와 냄새명아주.

비름과(Amaranthaceae)

눈비름 *Amaranthus deflexus* L.

북한 이름 구분비름
원산지 남아메리카
들어온 시기 분단 이후
발견 기록 1960년 경기도(이창복 채집, 서울대학교 산림자원학과 표본관)
침입 정도 귀화
참고 이창복(1969)이 처음 기록했고, 임양재와 전의식(1980)이 귀화식물 목록에 실었
다. 고강석 등(2001)은 국내에서 보고된 눈비름은 잘못 동정한 것으로 판단해 목록에서
제외했으며, 이후 귀화식물 목록에 나타나지 않는다. 백은호 등(2010)이 덕적도에서 발
견했다. 김중현 등(2012)이 경기도 수안산에서 발견해 보고한 눈비름은 재동정 결과 바
닥을 기는 생태형 개비름으로 확인되었다(김중현 2016년 11월 9일).

문헌

고강석 등. 2001. 외래식물의 영향 및 관리방안 연구(Ⅱ).
김중현 등. 2012. 경기도 수안산의 식물상.
백은호 등. 2010. 덕적도(인천)의 관속식물상 조사 연구.
이창복. 1969. 야생식용식물도감.
임양재, 전의식. 1980. 한반도의 귀화식물 분포.

USDA-NRCS PLANTS Database / Britton, N.L., and A. Brown. 1913. *An illustrated flora of the northern United States, Canada and the British Possessions. 3 vols.* Charles Scribner's Sons, New York. Vol. 2: 4.

덩굴맨드라미 *Alternanthera sessilis* (L.) R. Br. ex DC.

북한 이름 덩굴맨드래미
원산지 아시아
들어온 시기 개항 이후~분단 이전
침입 정도 일시 출현
참고 박만규(1949)가 재배식물로 기록했다. 재배지를 벗어나 자라는 외래잡초로 보고
되었다(농업과학기술원 1997). 미국 연방에서 지정한 유해잡초다(APHIS 2016).

문헌

농업과학기술원. 1997. 1996년도 시험연구보고서(작물보호부). 농촌진흥청.
박만규. 1949. 우리나라 식물명감.
APHIS, USDA. 2016. Federal and state noxious weeds.

Mark A. Garland, USDA-NRCS PLANTS Database

비름과(Amaranthaceae)
맨드라미 *Celosia cristata* L.

북한 이름 맨드래미
원산지 인도
들어온 시기 개항 이전
발견 기록 1913년 평안북도 위원(정태현 채집, 이재두 1977)
침입 정도 일시 출현
참고 관상용 재배식물이며 씨앗은 약재로 이용한다(박형선 등 2009). 고려 후기 문인 이규보(1168~1241)가 쓴 맨드라미(계관화 鷄冠花)에 관한 시가 유명하다(기태완 2013). 향약집성방(1433)에 맨드라미 씨(계관자 鷄冠子)의 처방 기록이 있고(동의학편집부 1986), 세종실록지리지(1454)에도 약용 재배식물로 나온다. 홍순형과 허만규(1994)가 부산의 귀화식물 목록에 실었다. 박형선 등(2009)은 자연식물상에 들어가는 경우는 없다고 평가했다.

문헌
기태완. 2013. 꽃, 마주치다.
동의학편집부. 1986. 향약집성방.
박형선 등. 2009. 조선민주주의인민공화국의 외래식물목록과 영향평가.
이재두. 1977. 성균관대학교 소장 고 정태현 식물석엽 표본 목록.
홍순형, 허만규. 1994. 부산지역의 귀화식물 조사 보고.

미국비름 *Amaranthus albus* L.

북한 이름 흰비름
원산지 북아메리카
들어온 시기 분단 이후
발견 기록 1976년 전라남도 목포(이우철, 임양재 1978)
침입 정도 귀화
참고 이우철과 임양재(1978)가 귀화식물 목록에 처음 실었고, 임양재와 전의식(1980)
은 개항 이전 귀화식물(구귀화식물)로 판단했다. 제주도에서도 발견되었다(김찬수 등
2006). 남서 연해주의 침입외래식물이며(Kozhevnikov 등 2015), 중국의 침입외래생물
목록에 실려 있다(Xu 등 2012).

문헌

김찬수 등. 2006. 제주도의 귀화식물 분포특성.
이우철, 임양재. 1978. 한반도 관속식물의 분포에 관한 연구.
임양재, 전의식. 1980. 한반도의 귀화식물 분포.
Kozhevnikov 등. 2015. Illustrated Flora of the Southwest Primorye (Russian Far East).
Xu 등. 2012. An inventory of invasive alien species in China.

민털비름 *Amaranthus powellii* S. Watson

원산지 북아메리카, 남아메리카

들어온 시기 분단 이후

발견 기록 1986년 평양 북부 발전소 주변 철로, 평안남도 안주 강변(Dostálek 등 1989),
2011년 경기도 의정부시 자일동 경작지 내 회양목 묘포지와 진입로 주변(박용호 등
2014)

침입 정도 일시 출현

문헌

박용호 등. 2014. 한국 미기록 귀화식물: 민털비름(비름과).

Dostálek 등. 1989. A few taxa new to the flora of North Korea.

비름 *Amaranthus mangostanus* L.

북한 이름 참비름

이명 *Amaranthus inamoenus* Willd., *Amaranthus tricolor* subsp. *mangostanus* (L.) Thell., *Amaranthus tricolor* var. *mangostanus* (L.) Aellen

원산지 열대 아시아

들어온 시기 개항 이전

발견 기록 1928년 인천(武藤治夫 1928)

침입 정도 귀화

참고 향약집성방(1433)에 비름씨(현실 莧實)의 처방 기록이 있다(동의학편집부 1986). 이우철과 임양재(1978)가 귀화식물 목록에 실었는데, 임양재와 전의식(1980)은 절멸했거나 이에 가까운 상태로 보고했으며, 고강석 등(1995)은 사전귀화식물이므로 귀화식물 목록에서 제외할 것을 제안했다. *Amaranthus mangostanus* L.을 *Amaranthus tricolor* L. (색비름)의 이명으로 취급하기도 한다(Wu 등 2003; 大橋広好 등 2008).

문헌

고강석 등. 1995. 귀화생물에 의한 생태계 영향 조사(Ⅰ).

동의학편집부. 1986. 향약집성방.

이우철, 임양재. 1978. 한반도 관속식물의 분포에 관한 연구.

임양재, 전의식. 1980. 한반도의 귀화식물 분포.

大橋広好 등. 2008. 新牧野日本植物圖鑑.

武藤治夫. 1928. 仁川地方ノ植物.

Wu 등. 2003. Flora of China. Vol. 9.

비름과(Amaranthaceae)
얇은명아주 *Chenopodium hybridum* L.

북한 이름 얇은잎능쟁이
원산지 서아시아, 유럽
들어온 시기 개항 이전
발견 기록 1897년 양강도 갑산군(Komarov 1904), 1909년 평양 모란봉(H. Imai 채집,
Nakai 1911)
침입 정도 귀화
참고 이우철과 임양재(1978)가 귀화식물 목록에 실었다. 한반도 북부에 분포하는 것으
로 먼저 보고되었다. 문경과 삼척에도 분포한다(박수현 1995). 중국의 침입외래생물 목
록에 실려 있다(Xu 등 2012).

문헌

박수현. 1995. 한국 귀화식물 원색도감.
이우철, 임양재. 1978. 한반도 관속식물의 분포에 관한 연구.
Komarov, V.L. 1904. Flora Manshuriae. Vol. Ⅱ.
Nakai, T. 1911. Flora Koreana. Pars Secunda.
Xu 등. 2012. An inventory of invasive alien species in China.

비름과(Amaranthaceae)
양명아주 *Dysphania ambrosioides* (L.) Mosyakin & Clemants

다른 이름 미국형계
북한 이름 약능쟁이, 헤노포디초
이명 *Chenopodium ambrosioides* L.
원산지 북아메리카, 남아메리카
들어온 시기 개항 이후~분단 이전
발견 기록 1934년(서울대학교 생물학과 표본관), 1964년 제주도 한라산(안학수 등 1968)
침입 정도 귀화
참고 도봉섭 등(1958)이 재배식물로 기록했으며 김현삼 등(1974)은 들에 저절로 나기도
한다고 했다. 이우철과 임양재(1978)가 귀화식물 목록에 실었다. 남부 해안과 제주도에
분포한다(박수현 2009). 박형선 등(2009)은 자연식물상에 들어가는 것은 없다고 평가했
다. 중국의 침입외래생물 목록에 실려 있다(Xu 등 2012).

문헌
김현삼 등. 1974. 조선식물지 2.
도봉섭 등. 1958. 조선식물도감 3.
박수현. 2009. 세밀화와 사진으로 보는 한국의 귀화식물.
박형선 등. 2009. 조선민주주의인민공화국의 외래식물목록과 영향평가.
안학수 등. 1968. 한라산식물목록. 나자식물 및 쌍자엽식물.
이우철, 임양재. 1978. 한반도 관속식물의 분포에 관한 연구.
Xu 등. 2012. An inventory of invasive alien species in China.

비름과(Amaranthaceae)
좀명아주 *Chenopodium ficifolium* Sm.

북한 이름 좀능쟁이
원산지 북아프리카, 아시아, 유럽
들어온 시기 개항 이후~분단 이전
발견 기록 1913년 경상남도 진주(정태현 채집, 이재두 1977)
침입 정도 침입
참고 *Chenopodium ficifolium*(좀명아주)은 *Chenopodium bryoniaefolium* Bunge(청명아주)
와 서로 다른 종이지만, 오랜 기간 두 학명이 혼재되어 사용되었다. 청명아주는 인가 주
변이 아닌 숲속의 약간 개방된 곳에서 서식하며 비교적 흔하지 않은 종인 반면, 좀명아
주는 마을 주변, 황폐지, 도로변에 흔히 자라는 종이다(정영재 1992). 도봉섭과 심학진
(1938)은 울릉도에서 과거에 나카이, 모리 등이 기록한 *C. bryoniaefolium*을 *C. ficifolium*으
로 설명했다. 하쓰시마(1934)는 지리산의 밭에서 발견해 *C. ficifolium*이라는 학명으로 보
고했다. 박수현(1994)이 귀화식물 목록에 실었는데, 김준민 등(2000)은 농작물과 함께
들어온 구귀화식물로 추정했다. 박수현(2009)은 전국에 걸쳐 일찍 귀화한 것으로 판단
했다. 병해충에 해당하는 잡초다(농림축산검역본부 2016). 체코슬로바키아 학자 도스
탈렉(1986)이 북한에서 발견해 북한 미기록종으로 보고하기도 했는데, 조선식물지에는
좀명아주가 실려 있지 않기 때문이다.

문헌
김준민 등. 2000. 한국의 귀화식물.
농림축산검역본부. 2016. 병해충에 해당되는 잡초.
박수현. 1994. 한국의 귀화식물에 관한 연구.
박수현. 2009. 세밀화와 사진으로 보는 한국의 귀화식물.
이재두. 1977. 성균관대학교 소장 고 정태현 식물석엽 표본 목록.
정영재. 1992. 한국산 명아주과 식물의 분류학적 연구.
都逢涉, 沈鶴鎭. 1938. 鬱陵島所産藥用植物.
初島柱彦. 1934. 九州帝國大學南鮮演習林植物調査(豫報).
Dostálek, J. 1986. *Chenopodium ficifolium* SMITH in the North Korea (D.P.R.K.).

줄맨드라미 *Amaranthus caudatus* L.

북한 이름 줄비름
원산지 남아메리카
들어온 시기 개항 이전(1853년 이전: 리휘재 1964)
침입 정도 귀화
참고 수입재배식물로 기록되었다(Mori 1922). 북한에서는 집 근처나 밭에 잡초로 자라며(김현삼 등 1974; 박형선 등 2009), 부산의 귀화식물 목록에 실려 있다(홍순형, 허만규 1994). 박형선 등(2009)은 완전히 귀화한 것으로 평가했다. 일부 문헌에 아시아 원산 식물로 소개되었지만(리휘재 1964; 淸水矩宏 등 2001), 남아메리카 원산이다. 중국의 침입 외래생물 목록에 수록되었다(Xu 등 2012).

문헌

김현삼 등. 1974. 조선식물지 2.
리휘재. 1964. 한국식물도감. 화훼류 I.
박형선 등. 2009. 조선민주주의인민공화국의 외래식물목록과 영향평가.
홍순형, 허만규. 1994. 부산지역의 귀화식물 조사 보고.
淸水矩宏 등. 2001. 日本帰化植物写真図鑑 - Plant invader 600種 -.
Mori, T. 1922. An Enumeration of Plants Hitherto Known from Corea.
Xu 등. 2012. An inventory of invasive alien species in China.

비름과(Amaranthaceae)

창명아주 *Atriplex prostrata* subsp. *calotheca* (Rafn) M.A. Gust.

북한 이름 창갯는쟁이

이명 *Atriplex hastata* L.

원산지 북아프리카, 아시아, 유럽

들어온 시기 분단 이후

발견 기록 1965년 인천 주안(정태현 채집, 성균관대학교 생물학과 표본관)

침입 정도 귀화

참고 1978년에 전의식이 장항에서 발견해 귀화식물 목록에 실었다(임양재, 전의식 1980; 김준민 등 2000). 제주도(김찬수 등 2006), 군산, 영광, 목포(박수현 2009) 등지에서도 발견되었다.

문헌

김준민 등. 2000. 한국의 귀화식물.

김찬수 등. 2006. 제주도의 귀화식물 분포특성.

박수현. 2009. 세밀화와 사진으로 보는 한국의 귀화식물.

임양재, 전의식. 1980. 한반도의 귀화식물 분포.

비름과(Amaranthaceae)

청비름 *Amaranthus viridis* L.

북한 이름 푸른비름
이명 *Euxolus caudatus* (Jasquin.) Moquin
원산지 남아메리카
들어온 시기 개항 이후~분단 이전
침입 정도 귀화
참고 모리(1922)가 제주도에 분포한다고 기록했고 임양재와 전의식(1980)이 귀화식물
목록에 실렸다. 각지의 풀숲, 들판, 논밭 주변에서 자란다(김현삼 등 1974). 중국의 침입
외래생물 목록에 실려 있다(Xu 등 2012).

문헌

김현삼 등. 1974. 조선식물지 2.
임양재, 전의식. 1980. 한반도의 귀화식물 분포.
Mori, T. 1922. An Enumeration of Plants Hitherto Known from Corea.
Xu 등. 2012. An inventory of invasive alien species in China.

취명아주 *Chenopodium glaucum* L.

북한 이름 잔능쟁이
원산지 아시아, 유럽
들어온 시기 개항 이전
발견 기록 1897년 압록강 연안(Komarov 1904), 1902년 서울(T. Uchiyama 채집, Nakai 1911)
침입 정도 침입
참고 박수현(1994)이 귀화식물 목록에 실었다. 임양재와 전의식(1980)은 개항 이전 귀화식물(구귀화식물)로 판단했다. 전국적으로 밭이나 민가 근처에서 자란다(박수현 2009).

문헌
박수현. 1994. 한국의 귀화식물에 관한 연구.
박수현. 2009. 세밀화와 사진으로 보는 한국의 귀화식물.
임양재, 전의식. 1980. 한반도의 귀화식물 분포.
Komarov, V.L. 1904. Flora Manshuriae. Vol. II.
Nakai, T. 1911. Flora Koreana. Pars Secunda.

털비름 *Amaranthus retroflexus* L.

북한 이름 털비름
원산지 북아메리카
들어온 시기 개항 이후~분단 이전
발견 기록 1912년 서울(서울대학교 생물학과 표본관)
침입 정도 귀화
참고 함경북도에 분포하는 것을 나카이(1921)가 보고했고, 임양재와 전의식(1980)이 귀화식물 목록에 실었다. 병해충에 해당하는 잡초다(농림축산검역본부 2016). 남서 연해주의 침입외래식물이며(Kozhevnikov 등 2015), 중국의 침입외래생물 목록에 실려 있다(Xu 등 2012). 일본에는 메이지시대에 들어와 귀화했다(竹松哲夫, 一前宣正 1993).

문헌

농림축산검역본부. 2016. 병해충에 해당되는 잡초.
임양재, 전의식. 1980. 한반도의 귀화식물 분포.
竹松哲夫, 一前宣正. 1993. 世界の雑草 II -離弁花類-.
Kozhevnikov 등. 2015. Illustrated Flora of the Southwest Primorye (Russian Far East).
Nakai, T. 1921. Notulae ad Plantas Japoniae et Koreae XXV.
Xu 등. 2012. An inventory of invasive alien species in China.

비름과(Amaranthaceae)
흰명아주 *Chenopodium album* L.

북한 이름 능쟁이
원산지 북아프리카, 서아시아, 유럽
들어온 시기 개항 이전
발견 기록 1886년 서울(J. Kalinowsky 채집, Palibin 1901)
침입 정도 침입
참고 마디풀, 냉이, 별꽃, 새포아풀과 함께 세계에 가장 널리 퍼진 식물이다(Coquillat 1951). 박수현(1994)이 귀화식물 목록에 실었으며 김준민 등(2000)은 보리나 밀과 함께 들어온 사전귀화식물로 판단했다. 특히 밭에서 많이 자라며 길가나 공터 등에 흔하다 (김준민 등 2000). 병해충에 해당하는 잡초다(농림축산검역본부 2016). 일본에서는 조몬시대 초기 유적지에서 식물유체가 발견되었다(Noshiro, Sasaki 2014).

문헌

김준민 등. 2000. 한국의 귀화식물.
농림축산검역본부. 2016. 병해충에 해당되는 잡초.
박수현. 1994. 한국의 귀화식물에 관한 연구.
Coquillat, M. 1951. Sur les plantes les plus communes à la surface du globe.
Noshiro, S., Y. Sasaki. 2014. Pre-agricultural management of plant resources during the Jomon period in Japan - a sophisticated subsistence system on plant resources.
Palibin, J. 1901. Conspectus Florae Koreae. Pars II.

비름과(Amaranthaceae)
Chenopodium strictum Roth

원산지 중앙아시아, 유럽
들어온 시기 분단 이후
발견 기록 1986년 평양 시내, 묘향산 향산호텔 주변(Dostálek 등 1989)
침입 정도 일시 출현
참고 북한을 조사한 체코슬로바키아 학자들이 보고했지만, 아직 북한과 남한에서는 보
고된 적이 없다. 중국 북부와 남서 연해주에도 분포한다(Wu 등 2003; Kozhevnikov 등
2015).

문헌
Dostálek 등. 1989. A few taxa new to the flora of North Korea.
Kozhevnikov 등. 2015. Illustrated Flora of the Southwest Primorye (Russian Far East).
Wu 등. 2003. Flora of China. Vol. 5.

ⓒ BY-SA Neuchâtel Herbarium

만년청 *Rohdea japonica* (Thunb.) Roth

북한 이름 만년청
원산지 중국 남서부, 일본
들어온 시기 개항 이전
침입 정도 일시 출현
참고 박만규(1949)가 관상용 재배식물로 기록했다. 김찬수 등(2006)이 제주도의 귀화식물 목록에 실었으나, 양영환(2007)은 귀화하지 않은 것으로 판단했다.

문헌

김찬수 등. 2006. 제주도의 귀화식물 분포특성.
박만규. 1949. 우리나라 식물명감.
양영환. 2007. 제주도 귀화식물의 식생에 관한 연구.

비짜루과(Asparagaceae)

실유카 *Yucca filamentosa* L.

북한 이름 실잎란
이명 *Yucca smalliana* Fern.
원산지 미국 동부
들어온 시기 개항 이후~분단 이전(1909~1926년: 리휘재 1964)
침입 정도 일시 출현
참고 박만규(1949)가 재배식물로 기록했다. 부산과 제주도의 귀화식물 목록에 각각 실렸다(홍순형, 허만규 1994; 김찬수 등 2006). 양영환(2007)은 귀화하지 않은 것으로 판단했다.

문헌
김찬수 등. 2006. 제주도의 귀화식물 분포특성.
리휘재. 1964. 한국식물도감. 화훼류 I.
박만규. 1949. 우리나라 식물명감.
양영환. 2007. 제주도 귀화식물의 식생에 관한 연구.
홍순형, 허만규. 1994. 부산지역의 귀화식물 조사 보고.

아스파라거스 *Asparagus officinalis* L.

북한 이름 약비자루, 아스파라가스
원산지 북아프리카, 서아시아, 유럽
들어온 시기 개항 이후~분단 이전
침입 정도 일시 출현
참고 식용으로 수입해 재배하는 식물이다(Mori 1922). 강원도 원산, 문천, 안변 일대의 낮은 산기슭에서 저절로 자라기도 한다(라응칠 등 2003). 남한에서는 재배식물로만 기록되어 있다. 야생 아스파라거스는 지중해 지역의 다소 습한 환경에 분포하며, 고대 그리스시대부터 재배했다(Zohary 등 2012).

문헌

라응칠 등. 2003. 강원도 경제식물지.
Mori, T. 1922. An Enumeration of Plants Hitherto Known from Corea.
Zohary 등. 2012. Domestication of Plants in the Old World.

비짜루과(Asparagaceae)

용설란 *Agave americana* L.

북한 이름 룡설란
원산지 미국 남부, 멕시코
들어온 시기 개항 이후~분단 이전(1909~1920년: 리휘재 1964)
침입 정도 일시 출현
참고 관상용 재배식물이다(박만규 1949). 육지에서는 온실에서 재배하지만 제주도에서는 대부분 노지에서 재배한다(이종석, 김문홍 1980). 김찬수 등(2006)이 제주도의 귀화식물 목록에 실었지만, 양영환(2007)은 귀화하지 않은 것으로 보았다. 일본 환경성 (2015)은 중점대책이 필요한 외래종으로 지정했다.

문헌

김찬수 등. 2006. 제주도의 귀화식물 분포특성.
리휘재. 1964. 한국식물도감. 화훼류 Ⅰ.
박만규. 1949. 우리나라 식물명감.
양영환. 2007. 제주도 귀화식물의 식생에 관한 연구.
이종석, 김문홍. 1980. 제주도내 도입 조경 및 재배식물의 종류에 관한 조사연구(I).
環境省. 2015. 我が国の生態系等に被害を及ぼすおそれのある外来種リスト.

육카나무 *Yucca treculeana* Carrière

원산지 멕시코
들어온 시기 분단 이후
침입 정도 일시 출현
참고 관상용 재배식물이며(이춘녕, 안학수 1963), 홍순형과 허만규(1994)가 부산의 귀화식물 목록에 실었다.

문헌

이춘녕, 안학수. 1963. 한국식물명감.
홍순형, 허만규. 1994. 부산지역의 귀화식물 조사 보고.

뽕나무과(Moraceae)

무화과나무 *Ficus carica* L.

북한 이름 무화과나무
원산지 서아시아, 지중해지역
들어온 시기 개항 이후~분단 이전(1920년대: 이덕봉 1974)
침입 정도 일시 출현
참고 청동기시대 초기부터 지중해와 서아시아에서 올리브, 포도와 함께 재배했다
(Zohary 등 2012). 한반도에서는 남부와 제주도에서 재배한다(임록재 등 1996). 모리
(Mori 1922)가 수입종으로, 정태현(1965)은 제주도에 야생한다고 기록했다. 홍순형과
허만규(1994)가 부산의 귀화식물 목록에 실었다. 김하송(2012)은 신안군 칠발도에서 무
화과나무 조림이 소규모로 이루어졌고, 무화과나무의 번식력이 강해 기존 상록활엽수
림 지역의 새로운 교란수종이 되면서 분포를 확장한다고 했다.

문헌

김하송. 2012. 신안군 칠발도 식생에 관한 연구.
이덕봉. 1974. 한국동식물도감. 제15권. 식물편(유용식물).
임록재 등. 1996. 조선식물지 1(증보판).
정태현. 1965. 한국동식물도감. 제5권. 식물편(목초본류).
홍순형, 허만규. 1994. 부산지역의 귀화식물 조사 보고.
Mori, T. 1922. An Enumeration of Plants Hitherto Known from Corea.
Zohary 등. 2012. Domestication of Plants in the Old World.

뽕나무 *Morus alba* L.

북한 이름 뽕나무
원산지 중국 중북부
들어온 시기 개항 이전(삼한시대)
발견 기록 1884~1885년 인천(A.W. Carles 채집, Forbes, Hemsley 1894), 1886년 서울(J. Kalinowsky 채집, Palibin 1901)
침입 정도 귀화
참고 마한과 신라에서 뽕나무를 재배했다는 기록이 있다(안승모 2013). 전국 각지에서 자라며(임록재 등 1996), 야생상태로 민가 주변에 퍼져 있다(김진석, 김태영 2011). 남서 연해주의 침입외래식물이다(Kozhevnikov 등 2015).

문헌

김진석, 김태영. 2011. 한국의 나무.

안승모. 2013. 식물유체로 본 시대별 작물조성의 변천.

임록재 등. 1996. 조선식물지 1(증보판).

Forbes, F.B., W.B. Hemsley. 1894. An enumeration of all the plants known from China Proper, Formosa, Hainan, the Corea, the Luchu Archipelago, and the Island of Hongkong; together with their distribution and synonymy.

Kozhevnikov 등. 2015. Illustrated Flora of the Southwest Primorye (Russian Far East).

Palibin, J. 1901. Conspectus Florae Koreae. Pars II.

사초과(Cyperaceae)

기름골 *Cyperus esculentus* L.

북한 이름 기름골, 유사초
원산지 지중해 지역
들어온 시기 분단 이후
발견 기록 1999년 전라남도 나주 송월동(박수현 채집, 국립수목원 표본관), 2011년 경기
도 이천 마장면 고추밭(이정란 등 2011)
침입 정도 일시 출현
참고 이집트에서 가장 오래전에 재배한 식물 중 하나로, 4,000년 전에 이미 재배하기
시작했다(Zohary 등 2012). 북한에는 20세기 중반에 유럽에서 도입되었고(박형선 등
2009), 북부 각지에 심는 재배식물로 기록되었다(식물학연구소 1976). 남한에는 1990년
대 중반에 들어왔고, 2011년 재배지 밖에서 발견되어 외래잡초로 처음 보고되었다(이정
란 등 2011). 박형선 등(2009)은 자연식물상으로 퍼져 나가는 것은 없다고 평가했다.

문헌

박형선 등. 2009. 조선민주주의인민공화국의 외래식물목록과 영향평가.
식물학연구소. 1976. 조선식물지 7.
이정란 등. 2011. 국내 미기록 외래잡초 *Cyperus esculentus* L.의 발생과 위험성.
Zohary 등. 2012. Domestication of Plants in the Old World.

미국산사초 *Carex hirsutella* Mack.

원산지 북아메리카
들어온 시기 분단 이후
발견 기록 2010년 경상북도 상주 임도 주변 개울가(조양훈 등 2016)
침입 정도 일시 출현

문헌

조양훈 등. 2016. 벼과·사초과 생태도감.

미국타래사초 *Carex muehlenbergii* var. *enervis* Boott

원산지 북아메리카
들어온 시기 분단 이후
발견 기록 2013년 서울 하늘공원(조양훈 등 2016)
침입 정도 일시 출현

문헌

조양훈 등. 2016. 벼과·사초과 생태도감.

열대방동사니 *Cyperus eragrostis* Lam.

원산지 북아메리카, 남아메리카

들어온 시기 분단 이후

발견 기록 2010년 제주도 용수리 습지(조양훈 등 2016)

침입 정도 일시 출현

참고 병해충에 해당하는 잡초다(농림축산검역본부 2016). 일본에서는 1959년에 발견되었고, 환경성(2015)은 중점대책이 필요한 외래종으로 지정했다.

문헌

농림축산검역본부. 2016. 병해충에 해당되는 잡초.

조양훈 등. 2016. 벼과·사초과 생태도감.

環境省. 2015. 我が国の生態系等に被害を及ぼすおそれのある外来種リスト.

작은비사초 *Carex brevior* (Dewey) Mack. ex Lunell

원산지 북아메리카
들어온 시기 분단 이후
발견 기록 2012년 강원도 동해안 석호 주변 풀밭(조양훈 등 2016)
침입 정도 일시 출현
참고 일본에서는 1968년에 미군기지 주변에서 발견되었다(植村修二 등 2015).

문헌

조양훈 등. 2016. 벼과·사초과 생태도감.
植村修二 등. 2015. 增補改訂 日本帰化植物写真図鑑 第2巻 - Plant invader 500種 -.

USDA-NRCS PLANTS Database / Hurd, E.G., N.L. Shaw, J. Mastrogiuseppe, L.C. Smithman, and S. Goodrich. 1998. *Field guide to Intermountain sedges*. General Technical Report RMS-GTR-10. USDA Forest Service, RMRS, Ogden.

사초과(Cyperaceae)

한석사초 *Carex scoparia* Willd.

원산지 북아메리카
들어온 시기 분단 이후
발견 기록 2013년 강원도 인제군 한석산(Cheon 등 2014)
침입 정도 일시 출현
참고 일본에서는 1986년에 발견되었고, 환경성(2015)은 종합대책이 필요한 외래종으로 지정했다.

문헌

環境省. 2015. 我が国の生態系等に被害を及ぼすおそれのある外来種リスト.
Cheon 등. 2014. A newly naturalized species in Korea: *Carex scoparia* Schkuhr ex Willd. var. *scoparia* (Cyperaceae).

삼 *Cannabis sativa* L.

북한 이름 역삼
원산지 중앙아시아
들어온 시기 개항 이전(청동기시대: 안승모 2013)
발견 기록 1889년 함경도(N. Epow 채집, Palibin 1901), 1909~1911 평안북도 동래강(독로강) 강변(Mills 1921)
침입 정도 귀화
참고 바빌로프(1992)는 구세계에서 인간 역사 초기부터 유목민 캠프와 함께 이동한 식물(camp-follower)로 추정했다. 섬유, 기름, 식품, 약, 마약 등 여러 용도로 이용되었고 때로는 재배지를 벗어나 잡초가 되기도 했다(Schultes 등 2001). 울산 상연암 Ⅱ 지구 등 청동기시대 유적지에 종자유체가 발견되었으므로(안승모 2013) 가장 오래전에 국내로 이입된 외래식물 중 하나로 볼 수 있다. 세종실록지리지(1454)에도 재배식물로 기록되어 있다. 밀스(1921)는 동래강변에 많이 재배되던 삼이 재배지를 빠져나와 강변 모래사장에서 자라는 것을 보고했다. 임양재와 전의식(1980)이 귀화식물 목록에 실었다. 삼에서 생성되는 테트라하이드로카나비놀(tetrahydrocannabinol, THC)은 중추신경계에 강한 자극을 주는 마약 성분이다(Wink, Van Wyk 2008). 우리나라에서는 마약류 관리에 관한 법률에 따라 허가를 받은 뒤 섬유 또는 종자를 채취할 목적으로만 재배가 가능하다. 남서 연해주의 침입외래식물이며(Kozhevnikov 등 2015), 중국의 침입외래생물 목록에 실려 있다(Xu 등 2012).

문헌

안승모. 2013. 식물유체로 본 시대별 작물조성의 변천.
임양재, 전의식. 1980. 한반도의 귀화식물 분포.
Kozhevnikov 등. 2015. Illustrated Flora of the Southwest Primorye (Russian Far East).
Mills, R.G. 1921. Ecological studies in the Tongnai River basin.
Palibin, J. 1901. Conspectus Florae Koreae. Pars Ⅱ.
Schultes 등. 2001. Plants of the Gods.
Vavilov, N.I. 1992. Origin and Geography of Cultivated Plants.
Wink, M., B-E. Van Wyk. 2008. Mind-Altering and Poisonous Plants of the World.
Xu 등. 2012. An inventory of invasive alien species in China.

약모밀 *Houttuynia cordata* Thunb.

북한 이름 약메밀, 즙채
이명 *Polypara cordata* Kuntze
원산지 아시아
들어온 시기 개항 이전
발견 기록 1934년 지리산(初島柱彦 1934), 1937년 울릉도(도봉섭, 심학진 1938)
침입 정도 귀화
참고 향약집성방(1433)에 전초(즙 蕺)의 처방 기록이 있다(동의학편집부 1986). 하쓰시마(1934)가 지리산에 위치했던 규슈대학 연습림의 식물로 보고했다. 정태현(1956)은 재배하던 약모밀이 울릉도에서 야생하는 것으로 보았다. 임양재와 전의식(1980)이 귀화식물 목록에 실었고, 이영노(2007)는 일본인이 한국에 들여온 외래식물로 추정했다. 한편 김철환(2000)은 식물구계학적 특정식물 제Ⅴ등급 식물, 즉 북방계 혹은 남방계식물이 일부 지역에 고립해 분포하거나 불연속적으로 분포하는 식물로 분류했으며, 이에 따라 환경부의 전국자연환경조사에서 식물구계학적 특정식물의 하나로 조사되고 있다(환경부 2012). 제주도, 울릉도, 남부 지방에서 자란다(박수현 2009).

문헌

김철환. 2000. 자연환경 평가 - I. 식물군의 선정 -.
도봉섭, 심학진. 1938. 울릉도소산약용식물.
동의학편집부. 1986. 향약집성방.
박수현. 2009. 세밀화와 사진으로 보는 한국의 귀화식물.
이영노. 2007. 새로운 한국식물도감.
임양재, 전의식. 1980. 한반도의 귀화식물 분포.
정태현. 1956. 한국식물도감(하권 초본부).
환경부. 2012. 제4차 전국자연환경조사 지침.
初島柱彦. 1934. 九州帝國大學南鮮演習林植物調査(豫報).

꽃생강 *Hedychium coronarium* J. Koenig

다른 이름 헤디키움
북한 이름 향생강
원산지 인도, 히말라야
들어온 시기 개항 이후~분단 이전(1912~1926년: 리휘재 1964)
침입 정도 일시 출현
참고 이종석과 김문홍(1980)이 제주도의 조경 및 재배식물로 보고했다. 김찬수 등
(2006)이 제주도의 귀화식물 목록에 실었으나, 양영환(2007)은 귀화하지 않은 것으로
판단했다. 일본에는 에도시대에 들어와 귀화했고, 환경성(2015)은 종합대책이 필요한
외래종으로 지정했다.

문헌
김찬수 등. 2006. 제주도의 귀화식물 분포특성.
리휘재. 1964. 한국식물도감. 화훼류Ⅰ.
양영환. 2007. 제주도 귀화식물의 식생에 관한 연구.
이종석, 김문홍. 1980. 제주도내 도입 조경 및 재배식물의 종류에 관한 조사연구(Ⅰ).
環境省. 2015. 我が国の生態系等に被害を及ぼすおそれのある外来種リスト.

생강과(Zingiberaceae)
양하 *Zingiber mioga* (Thunb.) Roscoe

북한 이름 양하
원산지 중국 동남부
들어온 시기 개항 이전
발견 기록 1913년 제주도(中井猛之進 1914)
침입 정도 귀화
참고 향약집성방(1433)에 처방 기록이 있다(동의학편집부 1986). 임양재와 전의식
(1980)이 귀화식물 목록에 실었지만, 고강석 등(2001)은 귀화하지 않은 재배식물로 평
가했다. 김찬수 등(2006)과 양영환(2007)이 제주도의 귀화식물 목록에 실었다.

문헌
고강석 등. 2001. 외래식물의 영향 및 관리방안 연구(Ⅱ).
김찬수 등. 2006. 제주도의 귀화식물 분포특성.
동의학편집부. 1986. 향약집성방.
양영환. 2007. 제주 귀화식물의 식생에 관한 연구.
임양재, 전의식. 1980. 한반도의 귀화식물 분포.
中井猛之進. 1914. 濟州島竝莞島植物調査報告書.

석류풀과(Molluginaceae)

큰석류풀 *Mollugo verticillata* L.

북한 이름 톨이석류풀

원산지 북아메리카, 남아메리카

들어온 시기 분단 이후

발견 기록 1965년 경기도 수원 서호(이창복 채집, 서울대학교 산림자원학과 표본관)

침입 정도 귀화

참고 이창복(1969)이 처음 보고했고, 임양재와 전의식(1980)이 귀화식물 목록에 실었다.
한국전쟁 전후에 중남부 지방에 귀화했다(박수현 2009).

문헌

박수현. 2009. 세밀화와 사진으로 보는 한국의 귀화식물.

이창복. 1969. 자원식물.

임양재, 전의식. 1980. 한반도의 귀화식물 분포.

가는끈끈이장구채 *Silene antirrhina* L.

원산지 북아메리카
들어온 시기 분단 이후
발견 기록 2005년 대구 수성구 고산동 금호강변(박규진 등 2011)
침입 정도 일시 출현

문헌

박규진 등. 2011. 한국 미기록 귀화식물: 가는끈끈이장구채(석죽과).

석죽과(Caryophyllaceae)
각시패랭이꽃 *Dianthus deltoides* L.

북한 이름 각씨패랭이꽃
원산지 유럽
들어온 시기 개항 이후~분단 이전
발견 기록 1934년 금강산(정태현 채집, 서울대학교 생물학과 표본관)
침입 정도 일시 출현
참고 정태현 등(1949)이 조선식물명집에 기록했다. 정태현(1956)은 관상용으로 식재
하지만 금강산에도 분포하는 식물이라고 했다. 이우철과 임양재(1978)가 귀화식물 목
록에 실었으나 임양재와 전의식(1980)은 귀화하지 않은 재배식물로 평가했고, 박수현
(1994)은 분포지를 찾기 어려우므로 귀화식물 목록에서 제외했다. 북한 문헌에서는 발
견하지 못했다.

문헌
박수현. 1994. 한국의 귀화식물에 관한 연구.
이우철, 임양재. 1978. 한반도 관속식물의 분포에 관한 연구.
임양재, 전의식. 1980. 한반도의 귀화식물 분포.
정태현 등. 1949. 조선식물명집 I 초본편.
정태현. 1956. 한국식물도감(하권 초본부).

석죽과(Caryophyllaceae)

끈끈이대나물 *Silene armeria* L.

북한 이름 벌레잡이대나물
원산지 서아시아, 유럽
들어온 시기 개항 이후~분단 이전
발견 기록 1931년 함경남도 신흥(정태현 채집, 이재두 1977)
침입 정도 귀화
참고 리휘재(1964)가 귀화식물이며 해변에서도 보인다고 기록했다. 야생화된 것을 바닷가나 하천변에서 발견할 수 있다(박수현 2009). 일본에는 에도시대 말기에 관상식물로 들어왔으며 환경성(2015)은 종합대책이 필요한 외래종으로 지정했다.

문헌

리휘재. 1964. 한국식물도감. 화훼류 I.
박수현. 2009. 세밀화와 사진으로 보는 한국의 귀화식물.
이재두. 1977. 성균관대학교 소장 고 정태현 식물석엽 표본 목록.
環境省. 2015. 我が国の生態系等に被害を及ぼすおそれのある外来種リスト.

석죽과(Caryophyllaceae)
끈적털갯개미자리 *Spergularia bocconei* (Scheele) Asch. & Graebn.

원산지 유럽 남서부
들어온 시기 분단 이후
발견 기록 2004년 전라남도 해남군 화산면 해창포, 2016년 경기도 화성 시화호, 인천 서구 경서동 공촌천(최지은 등 2016)
침입 정도 귀화
참고 최지은 등(2016)은 국립생물자원관 수장고에 보관된 갯개미자리 표본의 상당수가 실제는 끈적털갯개미자리임을 확인했다. 염습지와 모래땅에서 자란다(Flora of North America Editorial Committee 2005).

문헌
최지은 등. 2016. 한국 미기록 귀화식물: 미국갯마디풀(마디풀과)과 끈적털갯개미자리(석죽과).
Flora of North America Editorial Committee. 2005. Flora of North America. Vol. 5.

석죽과(Caryophyllaceae)

다북개미자리 *Scleranthus annuus* L.

북한 이름 한해살이군은꽃
원산지 북아프리카, 서아시아, 유럽
들어온 시기 분단 이후
발견 기록 2001년 경상북도 감포읍 북쪽 해변 모래땅(길지현 등 2001)
침입 정도 귀화
참고 박수현(2009)이 지리산 뱀사골 야영장, 제주 시내에서도 확인했다.

문헌

길지현 등. 2001. 한국 미기록 귀화식물(XVII).
박수현. 2009. 세밀화와 사진으로 보는 한국의 귀화식물.

석죽과(Caryophyllaceae)

달맞이장구채 *Silene latifolia* subsp. *alba* (Mill.) Greuter & Burdet

다른 이름 흰꽃장구채
북한 이름 넓은잎대나물
이명 *Silene alba* (Mill.) E. H. L. Krause
원산지 북아프리카, 서아시아, 유럽
들어온 시기 분단 이후
발견 기록 1995년 인천 항만 곡물사일로 주변(농업과학기술원 1996; 오세문 등 2003)
침입 정도 귀화
참고 고경식(1993)이 대관령 일대에 퍼져 자란다고 기록했고, 고강석 등(1995)이 귀화
식물 목록에 실었다. 울릉도, 서울 월드컵 공원(박수현 2009), 제주도(김찬수 등 2006)에
서도 발견되었다.

문헌

고강석 등. 1995. 귀화생물에 의한 생태계 영향 조사(Ⅰ).
고경식. 1993. 야생식물생태도감.
김찬수 등. 2006. 제주도의 귀화식물 분포특성.
농업과학기술원. 1996. 1995년도 시험연구사업보고서(작물보호부편).
박수현. 2009. 세밀화와 사진으로 보는 한국의 귀화식물.
오세문 등. 2003. 1981년 이후 발견된 국내 발생 외래잡초 현황.

들개미자리 *Spergula arvensis* L.

다른 이름 양별꽃

북한 이름 큰바늘별꽃

원산지 북아프리카, 서남아시아, 유럽

들어온 시기 분단 이후

발견 기록 1967년 전라남도 흑산면 다물도(이창복, 조무연 채집, 서울대학교 산림자원학과 표본관), 1986년 북한 지역(Mucina 등 1991)

침입 정도 귀화

참고 이춘녕과 안학수(1963)가 귀화식물로 기록했다. 북부 습지대(임록재 등 1996), 중남부와 제주도(박수현 2009)에서도 자란다.

문헌

박수현. 2009. 세밀화와 사진으로 보는 한국의 귀화식물.

이춘녕, 안학수. 1963. 한국식물명감.

임록재 등. 1996. 조선식물지 2(증보판).

Mucina 등. 1991. Plant communities of trampled habitats in North Korea.

석죽과(Caryophyllaceae)

말냉이장구채 *Silene noctiflora* L.

다른 이름 보리장구채

북한 이름 보리장구채

이명 *Melandrium noctiflorum* (L.) Fr., *Elisanthe noctiflora* (L.) Rupr.

원산지 서남아시아, 유럽

들어온 시기 개항 이후~분단 이전

발견 기록 1935년(서울대학교 생물학과 표본관)

침입 정도 귀화

참고 박만규(1949)와 리종오(1964)가 귀화식물로 기록했다. 정태현(1956)은 함경남도 부전고원에서 자라는 것으로 보고했다. 북부와 중부의 관목숲 주변에서 자란다(김현삼 등 1974). 일본에는 메이지시대에 들어와 귀화했다(竹松哲夫, 一前宣正 1993). 남서 연해주의 침입외래식물이다(Kozhevnikov 등 2015).

문헌

김현삼 등. 1974. 조선식물지 2.

리종오. 1964. 조선고등식물분류명집.

박만규. 1949. 우리나라 식물명감.

정태현. 1956. 한국식물도감 (하권 초본부).

竹松哲夫, 一前宣正. 1993. 世界の雑草 II -離弁花類-.

Kozhevnikov 등. 2015. Illustrated Flora of the Southwest Primorye (Russian Far East).

말뱅이나물 *Vaccaria hispanica* (Mill.) Rauschert

다른 이름 개장구채

북한 이름 쇠나물

이명 *Vaccaria vulgaris* Host, *Vaccaria pyramidata* Medik., *Vaccaria segetalis* (Neck.) Garcke ex Asch., *Saponaria vaccaria* L.

원산지 북아프리카, 아시아, 유럽

들어온 시기 개항 이전

발견 기록 1913년 완도(中井猛之進 1914), 1913년 대구(정태현 채집, 이재두 1977)

침입 정도 귀화

참고 리휘재(1964)는 17세기 전후에 도입된 것으로 추정했다. 이우철과 임양재(1978)가 귀화식물 목록에 실었다. 김현삼 등(1974)은 북부, 중부, 남부의 밭과 들판 풀숲에서 자란다고 했다. 김준민 등(2000)은 보리밭에 흔한 잡초였으나 보리농사를 거의 짓지 않게 됨에 따라 절멸한 것으로 판단했다. 도봉섭 등(1958)은 관상식물로 기록했고, 박수현(2009)은 관상식물로 재배하던 것이 야생화된 것으로 설명했다. 중국의 침입외래생물 목록에 실려 있다(Xu 등 2012). 일본에서는 에도시대에 들여와 재배했고, 현재 각지에서 야생화되었다(竹松哲夫, 一前宣正 1993).

문헌

김준민 등. 2000. 한국의 귀화식물.

김현삼 등. 1974. 조선식물지 2.

도봉섭 등. 1958. 조선식물도감 3.

리휘재. 1964. 한국식물도감. 화훼류 Ⅰ.

박수현. 2009. 세밀화와 사진으로 보는 한국의 귀화식물.

이우철, 임양재. 1978. 한반도 관속식물의 분포에 관한 연구.

이재두. 1977. 성균관대학교 소장 고 정태현 식물석엽 표본 목록.

竹松哲夫, 一前宣正. 1993. 世界の雑草 Ⅱ -離弁花類-.

中井猛之進. 1914. 濟州島竝莞島植物調査報告書.

Xu 등. 2012. An inventory of invasive alien species in China.

석죽과(Caryophyllaceae)

별꽃 *Stellaria media* (L.) Vill.

북한 이름 별꽃

원산지 유럽

들어온 시기 개항 이전

발견 기록 1897년 양강도 혜산 등 북부(Komarov 1904), 1913년 제주도(정태현 채집, 이
재두 1977)

침입 정도 귀화

참고 마디풀, 냉이, 흰명아주, 새포아풀과 함께 세계에 가장 널리 퍼진 식물이다
(Coquillat 1951). 향약집성방(1433)에 번루(蘩蔞)로 기록되어 있다(동의학편집부 1986).
마에카와(1943)는 유럽에서부터 중국을 경유해 유사시대 초기에 일본으로 들어온 귀화
식물로 추정했다. 김준민 등(2000)도 농작물과 함께 들어온 구귀화식물로 추정했다. 남
서 연해주의 침입외래식물이다(Kozhevnikov 등 2015).

문헌

김준민 등. 2000. 한국의 귀화식물.

동의학편집부. 1986. 향약집성방.

이재두. 1977. 성균관대학교 소장 고 정태현 식물석엽 표본 목록.

前川文夫. 1943. 史前歸化植物 について.

Coquillat, M. 1951. Sur les plantes les plus communes à la surface du globe.

Komarov, V.L. 1904. Flora Manshuriae. Vol. Ⅱ.

Kozhevnikov 등. 2015. Illustrated Flora of the Southwest Primorye (Russian Far East).

분홍안개꽃 *Gypsophila muralis* L.

북한 이름 돌담마디나물
원산지 유럽
들어온 시기 개항 이전
발견 기록 강원도 양양 캠프장 잔디조경 지역(황희숙 등 2014)
침입 정도 일시 출현
참고 관상식물로 재배한다. 일본에는 1960년대에 관상식물로 들어온 뒤 야생화되었다
(植村修二 등 2015).

문헌

황희숙 등. 2014. 국내 미기록 외래식물: 서양물통이와 분홍안개꽃.
植村修二. 등. 2015. 增補改訂 日本帰化植物写真図鑑 第2巻 - Plant invader 500種 -.

석죽과(Caryophyllaceae)

비누풀 *Saponaria officinalis* L.

다른 이름 거품장구채, 비누패랭이꽃, 소프워트(Soapwort),
북한 이름 비누풀
원산지 서아시아, 유럽
들어온 시기 개항 이후~분단 이전
발견 기록 1914년 서울(서울대학교 생물학과 표본관), 1990년 금강산(Kolbek,
Jarolímek 2008), 2009년 인천시 영종도 운서동 젓개마을(이유미 등 2010)
침입 정도 일시 출현
참고 이춘녕과 안학수(1963)가 재배식물로 기록했다. 외래잡초로도 보고되었으며(농업
과학기술원 1997), 이유미 등(2010)이 마을 주변에서 자라는 것을 확인했다. 중국의 침
입외래생물 목록에 실려 있다(Xu 등 2012).

문헌

농업과학기술원. 1997. 1996년도 시험연구보고서(작물보호부).
이유미 등. 2010. 한국 미기록 귀화식물인 노랑도깨비바늘(*Bidens polylepis* S.F. Blake)과 비누풀
  (*Saponaria officinalis* L.).
이춘녕, 안학수. 1963. 한국식물명감.
Kolbek, J., I. Jarolímek. 2008. Man-influenced vegetation of North Korea.
Xu 등. 2012. An inventory of invasive alien species in China.

석죽과(Caryophyllaceae)

산형나도별꽃 *Holosteum umbellatum* L.

원산지 북아프리카, 서남아시아, 유럽

들어온 시기 분단 이후

발견 기록 2009년 충청남도 홍성 홍북면 상하리 용봉산 부근 도로 옆 화단과 길가 주변
(이혜정 등 2014)

침입 정도 일시 출현

참고 이혜정 등(2014)은 수입 목초에 섞여 들어온 것으로 추정했다.

문헌

이혜정 등. 2014. 한국 미기록 외래식물: 산형나도별꽃, 갈퀴지치.

석죽과(Caryophyllaceae)
선옹초 *Agrostemma githago* L.

북한 이름 선홍초
이명 *Lychnis githago* Scopoli
원산지 북아프리카, 서아시아, 유럽
들어온 시기 개항 이후~분단 이전
발견 기록 1918년 함경북도 경성, 1929년 백두산(정태현 채집, 이재두 1977)
침입 정도 귀화
참고 모리(1922)가 수입 재배종으로 기록했고, 도봉섭 등(1958)이 북부 산지에 자생한다고 했다. 이우철과 임양재(1978)가 귀화식물 목록에 실었지만, 남한에서는 발견되지 않아 고강석 등(2001)이 목록에서 제외했다. 박형선 등(2009)은 관상식물로 재배하지만 자연계에서는 흔히 볼 수 없다고 평가했다. 중국에서는 19세기에 발견되었고, 현재 침입외래생물 목록에 실려 있다(Xu 등 2012). 독성물질인 기타긴(githagin)과 아그로스템산(agrostemmic acid)을 함유하고 있어 선옹초 종자가 섞여 들어간 곡류를 먹으면 사람이든 가축이든 식중독을 일으킨다(Wink, Van Wyk 2008).

문헌

고강석 등. 2001. 외래식물의 영향 및 관리방안 연구(Ⅱ).
도봉섭 등. 1958. 조선식물도감 3.
박형선 등. 2009. 조선민주주의인민공화국의 외래식물목록과 영향평가.
이우철, 임양재. 1978. 한반도 관속식물의 분포에 관한 연구.
이재두. 1977. 성균관대학교 소장 고 정태현 식물석엽 표본 목록.
Mori, T. 1922. An Enumeration of Plants Hitherto Known from Corea.
Wink, M., B.-E. Van Wyk. 2008. Mind-Altering and Poisonous Plants of the World.
Xu 등. 2012. An inventory of invasive alien species in China.

수염패랭이꽃 *Dianthus barbatus* L.

다른 이름 아메리카패랭이꽃
북한 이름 수염패랭이꽃
원산지 유럽 남부
들어온 시기 개항 이후~분단 이전
침입 정도 일시 출현
참고 화훼(미녀무자 美女撫子)로 쓰기 위해 원예모범장(1909)에서 시험 재배한 기록이
있다. 홍순형과 허만규(1994)가 부산의 귀화식물 목록에 실었다.

문헌
홍순형, 허만규. 1994. 부산지역의 귀화식물 조사 보고.
農商工部園藝模範場. 1909. 園藝模範場報告 第二號.

양장구채 *Silene gallica* L.

북한 이름 들대나물

원산지 북아프리카, 아시아 유럽

들어온 시기 개항 이후~분단 이전

발견 기록 1935년 울릉도 통구미 부근(植木秀幹, 佐方敏南 1935)

침입 정도 귀화

참고 고강석 등(1996)이 귀화식물 목록에 실었고, 제주도에서도 발견되었다(농업과학
기술원 1997; 전의식 2002). 일본에는 1840년대에 들어와 해안과 시가지에서 야생화되
었고(大橋広好 등 2008), 환경성(2015)은 종합대책이 필요한 외래종으로 지정했다.

문헌

고강석 등. 1996. 귀화생물에 의한 생태계 영향 조사(Ⅱ).

농업과학기술원. 1997. 1996년도 시험연구보고서 (작물보호부).

전의식. 2002. 제주도에 귀화된 양장구채.

大橋広好 등. 2008. 新牧野日本植物圖鑑.

植木秀幹, 佐方敏南. 1935. 鬱陵島の事情.

環境省. 2015. 我が国の生態系等に被害を及ぼすおそれのある外来種リスト.

석죽과(Caryophyllaceae)
염주장구채 *Silene conoidea* L.

원산지 북아프리카, 아시아, 남유럽
들어온 시기 분단 이후
발견 기록 1995년 경기도 안산 수인산업도로변(농업과학기술원 1996; 오세문 등 2003)
침입 정도 일시 출현

문헌

농업과학기술원. 1996. 1995년도 시험연구사업보고서(작물보호부편).
오세문 등. 2003. 1981년 이후 발견된 국내 발생 외래잡초 현황.

유럽개미자리 *Spergularia rubra* (L.) J. Presl & C. Presl

다른 이름 분홍개미자리

원산지 북아프리카, 아시아, 유럽

들어온 시기 분단 이후

발견 기록 1997년 지리산 뱀사골 제2야영장(박수현 1997)

침입 정도 귀화

참고 고강석 등(1996)이 귀화식물 목록에 실었고, 양영환과 김문홍(1998)이 제주도의 귀화식물로 보고했다.

문헌

고강석 등. 1996. 귀화생물에 의한 생태계 영향 조사(Ⅱ).

박수현. 1997. 한국 미기록 귀화식물(Ⅺ).

양영환, 김문홍. 1998. 제주도의 귀화식물에 관한 연구.

유럽점나도나물 *Cerastium glomeratum* Thuill.

다른 이름 양점나도나물
북한 이름 끈끈이점나도나물
원산지 유럽
들어온 시기 분단 이후
침입 정도 침입
참고 리종오(1964)와 이창복(1969)이 보고했다. 김현삼 등(1974)이 북부 평지에 귀화
해 자란다고 기록했다. 중남부와 제주도에도 분포한다(박수현 2009). 일부 문헌에는
Cerastium viscosum L. 이라는 학명으로 소개되었다.

문헌
김현삼 등. 1974. 조선식물지 2.
리종오. 1964. 조선고등식물분류명집.
박수현. 2009. 세밀화와 사진으로 보는 한국의 귀화식물.
이창복. 1969. 자원식물.

석죽과(Caryophyllaceae)
유럽패랭이 *Dianthus armeria* L.

원산지 서아시아, 유럽
들어온 시기 분단 이후
발견 기록 2012년 경상남도 합천군 황매산(정수영 등 2015)
침입 정도 일시 출현
참고 정수영 등(2015)은 공주와 진도에서도 분포를 확인했다.

문헌

정수영 등. 2015. 미기록 외래식물: 세열미국쥐손이(쥐손이풀과), 유럽패랭이(석죽과).

석죽과(Caryophyllaceae)

카네이션 *Dianthus caryophyllus* L.

북한 이름 카네숀, 향패랭이
원산지 지중해 지역
들어온 시기 개항 이후~분단 이전
침입 정도 일시 출현
참고 화훼(사향무자 麝香撫子)로 쓰기 위해 권업모범장(1907) 독도원예지장에서 시험 재배한 기록이 있다. 한라산식물 목록에 포함되어 있고(안학수 등 1968), 김찬수 등 (2006)이 제주도의 귀화식물 목록에 실었다.

문헌

김찬수 등. 2006. 제주도의 귀화식물 분포특성.
안학수 등. 1968. 한라산식물목록. 나자식물 및 쌍자엽식물.
朝鮮總督府勸業模範場. 1907. 鸞島園藝支場報告.

보검선인장 *Opuntia ficus-indica* (L.) Mill.

다른 이름 사본선인장, 사보텐
북한 이름 선인장
원산지 멕시코
들어온 시기 개항 이전
침입 정도 일시 출현
참고 리휘재(1964)는 1709년 이후에 도입된 것으로 추정했다. 제주도 해변에서 발견되
었는데 전의식(2000)은 자생상으로 자라므로 귀화식물 목록에 포함해야 한다고 판단
했다. 이영노(2007) 또한 제주도에 야생상태로 나는 귀화식물로 보았다. 반면 이우철
(1996)은 선인장이 제주도에서 야생하는 것처럼 자라지만 식재한 것이라고 했다. 중국
의 침입외래생물 목록에 실려 있으며(Xu 등 2012), 유럽에서는 100대 악성 외래종 중 하
나로 선정되었다(DAISIE 2009). 일본 환경성(2015)은 *Opuntia*속 식물을 중점대책이 필
요한 외래종으로 지정했다.

문헌

리휘재. 1964. 한국식물도감. 화훼류 Ⅰ.
이영노. 2007. 새로운 한국식물도감.
이우철. 1996. 한국식물명고.
전의식. 2000. 새로 발견된 귀화식물(20). 귀화식물이라 보아야할지 망설여지는 선인장 *Opuntia ficus-indica* Mill.
環境省. 2015. 我が国の生態系等に被害を及ぼすおそれのある外来種リスト.
DAISIE. 2009. Handbook of Alien Species in Europe.
Xu 등. 2012. An inventory of invasive alien species in China.

후미푸사선인장 *Opuntia humifusa* (Raf.) Raf.

다른 이름 천년초
원산지 북아메리카
들어온 시기 분단 이후
발견 기록 2010년 전라남도 상낙월도 해변(Hwang 등 2013)
침입 정도 일시 출현
참고 약용, 식용으로 재배한다. 일본 환경성(2015)은 *Opuntia*속 식물을 중점대책이 필요한 외래종으로 지정했다.

문헌

環境省. 2015. 我が国の生態系等に被害を及ぼすおそれのある外来種リスト.

Hwang 등. 2013. A study on the flora of 15 islands in the Western Sea of Jeollanamdo Province, Korea.

만주곰솔 *Pinus tabuliformis* var. *mukdensis* (Uyeki ex Nakai) Uyeki

다른 이름 만주흑송
북한 이름 맹산검은소나무
원산지 중국
들어온 시기 개항 이전
침입 정도 귀화
참고 중국 북부와 만주에 분포한다(北川政夫 1939). 우에키(1925)는 오래전에 심겼고
평안남도 맹산에 귀화한 것으로 기록했다. 북한은 만주곰솔림을 천연기념물로 보호하
고 있고, 이 중에는 수령이 200년 된 나무도 있다(김현삼 등 1972). 현재 자연갱신을 잘
해 생육지를 넓히고 있으며, 소나무와 곰솔보다 생장속도가 빨라 이들 생육지에 들어갈
가능성도 있다(박형선 등 2009).

문헌

北川政夫. 1939. 滿洲國植物考.
植木秀幹. 1925. 朝鮮及滿洲産松屬ノ種類及ビ分布ニ就イテ.
김현삼 등. 1972. 조선식물지 1.
박형선 등. 2009. 조선민주주의인민공화국의 외래식물목록과 영향평가.

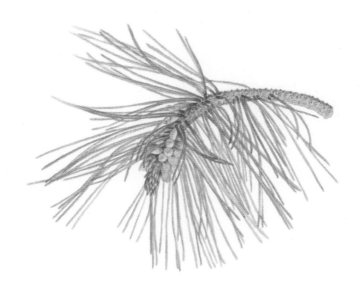

소나무과(Pinaceae)

부전소나무 *Pinus hakkodensis* Makino

북한 이름 부전소나무
원산지 일본
들어온 시기 개항 이후~분단 이전(1920년경: 박형선 등 2009)
침입 정도 귀화
참고 함경남도의 부전고원에서 처음 재배하기 시작했다. 특히 부전군 백암리에 많이 식재되었고, 점차 야생하며 부전고원으로 널리 퍼져 나갈 가능성이 있다(박형선 등 2009). 남한 문헌과 조선식물지에는 보고된 적이 없다. 섬잣나무(*Pinus parviflora* Siebold & Zucc.)와 눈잣나무(*Pinus pumila* (Pall.) Regel) 사이의 교잡종으로 일본 혼슈 북부에서 자란다(Ohwi 1965).

문헌

박형선 등. 2009. 조선민주주의인민공화국의 외래식물목록과 영향평가.
Ohwi, J. 1965. Flora of Japan.

스트로브잣나무 *Pinus strobus* L.

북한 이름 가는잎소나무
원산지 북아메리카
들어온 시기 개항 이후~분단 이전(1920년: 조무행, 최명섭 1992)
침입 정도 귀화
참고 정태현(1943)이 산지에 식재하는 종으로 기록했다. 침엽수 중에서 경쟁력이 강하며, 강원도 고성과 원산, 평안남도 북창, 양강도 혜산에서 심은 나무들이 자연갱신하며 분포구역을 확대하고 있다(김현삼 등 1972; 박형선 등 2009).

문헌
김현삼 등. 1972. 조선식물지 1.
박형선 등. 2009. 조선민주주의인민공화국의 외래식물목록과 영향평가.
조무행, 최명섭. 1992. 한국수목도감.
鄭台鉉. 1943. 朝鮮森林植物圖說.

소나무과(Pinaceae)

일본잎갈나무 *Larix kaempferi* (Lamb.) Carrière

다른 이름 낙엽송

북한 이름 창성이갈나무, 락엽송

원산지 일본

들어온 시기 개항 이후~분단 이전(1904년: 조무행, 최명섭 1992)

침입 정도 일시 출현

참고 모리(1922)가 수입재배종으로, 이시도야와 정태현(1923)이 근래 각지에서 조림에 이용한다고 기록했다. 박형선 등(2009)은 일부 저절로 퍼져 나간 경우가 있지만 자연 번식력이 약해 스스로 분포구역을 확대하지는 않는다고 평가했다. 최근에는 1960~1970년대 태백산국립공원에 조림된 일본잎갈나무를 재래수종으로 대체할 계획을 발표했다가 논란이 되기도 했다(서울신문 2016).

문헌

박형선 등. 2009. 조선민주주의인민공화국의 외래식물목록과 영향평가.

서울신문. 2016. 일본산이라는 이유로… 태백산 거목 50만 그루 벌목 위기.

조무행, 최명섭. 1992. 한국수목도감.

石戸谷勉, 鄭台鉉. 1923. 朝鮮森林樹木鑑要.

Mori, T. 1922. An Enumeration of Plants Hitherto Known from Corea.

소태나무과(Simaroubaceae)

가죽나무 *Ailanthus altissima* (Mill.) Swingle

북한 이름 가중나무

이명 *Ailanthus glandulosa* Desf.

원산지 중국

들어온 시기 개항 이전

발견 기록 1886년 서울(J. Kalinowsky 채집, Palibin 1898)

침입 정도 침입

참고 수백 년 전에 도입되었다(박상진 2011). 이시도야와 정태현(1923)이 자생상을 나타낸다고 했고, 현재 전국으로 퍼져 마을 근처나 산기슭에서 자란다(박형선 등 2009). 다른 외래식물과 마찬가지로 교란으로 생태계가 훼손된 지역에서 주로 발견된다(이창우 등 2012). 이우철과 임양재(1978)가 귀화식물 목록에 실었다. 유럽 100대 악성 외래종 중 하나이며(DAISIE 2009) 일본에서는 중점대책이 필요한 외래종이다(環境省 2015).

문헌

박상진. 2011. 문화와 역사로 만나는 우리 나무의 세계.

박형선 등. 2009. 조선민주주의인민공화국의 외래식물목록과 영향평가.

이우철, 임양재. 1978. 한반도 관속식물의 분포에 관한 연구.

이창우 등. 2012. 가죽나무군락의 공간별 분포특성에 관한 연구.

石戶谷勉, 鄭台鉉. 1923. 朝鮮森林樹木鑑要.

環境省. 2015. 我が国の生態系等に被害を及ぼすおそれのある外来種リスト.

DAISIE. 2009. Handbook of Alien Species in Europe.

Palibin, J. 1898. Conspectus Florae Koreae. Pars Ⅰ.

채송화 *Portulaca grandiflora* Hook.

북한 이름 채송화
원산지 남아메리카
들어온 시기 개항 이전(18세기 전후: 리휘재 1964)
발견 기록 1886년 서울(J. Kalinowsky 채집, Palibin 1898)
침입 정도 일시 출현
참고 관상용으로 흔히 심는다. 화훼(송엽모란 松葉牡丹)로 쓰기 위해 권업모범장(1907)
독도원예지장에서 시험 재배한 기록이 있다. 홍순형과 허만규(1994)가 부산의 귀화식
물 목록에 실었다. 박형선 등(2009)은 식물상에 퍼져 나가는 것은 없다고 평가했다. 일
본에는 1844~1847년경에 들어왔다(大橋広好 등 2008).

문헌

리휘재. 1964. 한국식물도감. 화훼류 Ⅰ.
박형선 등. 2009. 조선민주주의인민공화국의 외래식물목록과 영향평가.
홍순형, 허만규. 1994. 부산지역의 귀화식물 조사 보고.
大橋広好 등. 2008. 新牧野日本植物圖鑑.
朝鮮總督府勸業模範場. 1907. 蠶島園藝支場報告.
Palibin, J. 1898. Conspectus Florae Koreae. Pars Ⅰ.

부추 *Allium tuberosum* Rottler ex Spreng.

북한 이름 부추
원산지 중국 산시성 서남부
들어온 시기 개항 이전
침입 정도 귀화
참고 향약집성방(1433)에 전초(구 韭)의 처방 기록이 있고(동의학편집부 1986), 세종실록지리지(1454)에도 약용 재배식물로 나와 있다. 부추는 중국 산시 성 원산으로 중국 남부에 귀화한 것으로 보고되었다(Wu, Raven 2000). 기타가와(1979)는 시베리아, 몽골, 아무르, 우수리, 만주, 중국, 티베트에 분포한다고 했다. 국내에서는 주로 재배식물로 여겨졌는데, 이우철(1996)은 평창 백운산에 자생한다고 했다. 국내 여러 문헌에서 재래식물로 취급하며, 김철환(2000)은 식물구계학적 특정식물 제 I 등급 식물군으로 분류했고 환경부(2012)의 전국환경조사지침에도 그와 같이 제시했다. 홍순형과 허만규(1994)가 부산의 귀화식물 목록에 실었다.

문헌

김철환. 2000. 자연환경 평가 - I. 식물군의 선정 -.
동의학편집부. 1986. 향약집성방.
이우철. 1996. 원색한국기준식물도감.
홍순형, 허만규. 1994. 부산지역의 귀화식물 조사 보고.
환경부. 2012. 제4차 전국자연환경조사 지침.
Kitagawa, M. 1979. Neo-Lineamenta Florae Manshuricae.
Wu, Z.Y., P.H. Raven. 2000. Flora of China. Vol. 24.

수선화과(Amaryllidaceae)

흰꽃나도사프란 *Zephyranthes candida* (Lindl.) Herb.

다른 이름 개상사화
북한 이름 구슬수선화
원산지 아르헨티나, 우루과이
들어온 시기 개항 이후~분단 이전(1912-1945년: 리휘재 1964)
침입 정도 귀화
참고 박만규(1949)가 재배식물로 기록했다. 재배지를 벗어나 자라는 것을 관찰하고 박
수현(1994)이 귀화식물 목록에 실었다. 홍순형과 허만규(1994)가 부산의 귀화식물로,
양영환과 김문홍(1998)이 제주도의 귀화식물로 각각 보고했다. 박형선 등(2009)은 자연
식물상에 퍼져 나가는 것은 없다고 평가했다.

문헌

리휘재. 1964. 한국식물도감. 화훼류 Ⅰ.
박만규. 1949. 우리나라 식물명감.
박수현. 1994. 한국의 귀화식물에 관한 연구.
박형선 등. 2009. 조선민주주의인민공화국의 외래식물목록과 영향평가.
양영환, 김문홍. 1998. 제주도의 귀화식물에 관한 연구.
홍순형, 허만규. 1994. 부산지역의 귀화식물 조사 보고.

십자화과(Brassicaceae)

가는잎털냉이 *Sisymbrium altissimum* L.

북한 이름 큰노란장대
원산지 서아시아, 유럽
들어온 시기 개항 이후~분단 이전
발견 기록 1995년 인천 항만 곡물 사일로 주변(농업과학기술원 1996; 오세문 등 2003),
1998년 아산만 방조제, 안산시 부곡동 수인산업도로(박수현 1998)
침입 정도 귀화
참고 함흥에서 먼저 발견되었지만(長田武正, 鈴木龍雄 1943), 북한 학자들의 문헌에는
나타나지 않는다. 제주도(김찬수 등 2006)와 광릉(박수현 2009)에서도 발견되었다.

문헌

김찬수 등. 2006. 제주도의 귀화식물 분포특성.
농업과학기술원. 1996. 1995년도 시험연구사업보고서(작물보호부편).
박수현. 1998. 한국 미기록 귀화식물(XII).
박수현. 2009. 세밀화와 사진으로 보는 한국의 귀화식물.
오세문 등. 2003. 1981년 이후 발견된 국내 발생 외래잡초 현황.
長田武正, 鈴木龍雄. 1943. 咸興植物誌.

가새잎개갓냉이 *Rorippa sylvestris* (L.) Besser

원산지 서남아시아, 유럽
들어온 시기 분단 이후
발견 기록 2002년 강원도 오대산 월정사 입구(박수현 등 2003)
침입 정도 귀화

문헌

박수현 등. 2003. 한국 미기록 귀화식물(ⅩⅧ).

갓 *Brassica juncea* (L.) Czern.

북한 이름 갓
원산지 서아시아
들어온 시기 개항 이전
발견 기록 1909년 함경남도 신포(Nakai 1911)
침입 정도 귀화
참고 향약집성방(1433)에 전초(개채 芥菜)와 씨의 처방 기록이 있고(동의학편집부 1986), 오래전부터 채소로 재배했다. 야생화된 것을 관찰하고 고경식(1993)과 박수현(1994)이 귀화식물로 인정했다. 일본에는 나라시대와 헤이안시대 사이(8~12세기)에 중국에서 들어왔고, 현재 분포가 확대되고 있어 환경성(2015)은 종합대책이 필요한 외래종으로 지정했다.

문헌

고경식. 1993. 야생식물생태도감.
동의학편집부. 1986. 향약집성방.
박수현. 1994. 한국의 귀화식물에 관한 연구.
環境省. 2015. 我が国の生態系等に被害を及ぼすおそれのある外来種リスト.
Nakai, T. 1911. Flora Koreana. Pars Secunda.

십자화과(Brassicaceae)

구슬다닥냉이 *Neslia paniculata* (L.) Desv.

이명 *Myagrum paniculatum* L.

원산지 북아프리카, 서남아시아, 유럽

들어온 시기 분단 이후

발견 기록 1995년 경기도 안산 수인산업도로변(농업과학기술원 1996; 오세문 등 2003)

침입 정도 귀화

참고 최귀문 등(1996)이 처음 보고했다.

문헌

농업과학기술원. 1996. 1995년도 시험연구사업보고서(작물보호부편).

오세문 등. 2003. 1981년 이후 발견된 국내 발생 외래잡초 현황.

최귀문 등. 1996. 원색 외래잡초 종자도감.

십자화과(Brassicaceae)
국화잎다닥냉이 *Lepidium bonariense* L.

원산지 남아메리카
들어온 시기 분단 이후
발견 기록 2001년 제주도 북제주 한경면 해안 절부암 근처(양영환 등 2002)
침입 정도 귀화
참고 양영환 등(2001)이 처음 보고했다.

문헌
양영환 등. 2001. 제주도의 귀화식물상.
양영환 등. 2002. 제주 미기록 귀화식물(Ⅱ).

긴갓냉이 *Sisymbrium orientale* L.

원산지 북아프리카, 서남아시아, 유럽
들어온 시기 분단 이후
발견 기록 1992년 강원도 묵호항 여객터미널 주변(전의식 1992), 1992년 한강 둔치,
전라북도 군산, 경기도 시흥(박수현 1995)
침입 정도 귀화
참고 이후에 양영환 등(2001)이 제주도에서 발견했다.

문헌
박수현. 1995. 한국 귀화식물 원색도감.
양영환 등. 2001. 제주도의 귀화식물에 관한 재검토.
전의식. 1992. 새로 발견한 귀화식물(3).

십자화과(Brassicaceae)

나도재쑥 *Descurainia pinnata* (Walter) Britton

원산지 북아메리카

들어온 시기 분단 이후

발견 기록 1989년 전라남도 순천 매곡동(순천대학교 생물학과 표본관)

침입 정도 귀화

참고 1995년에 인천 항만 곡물 사일로 주변에서 발견해 최귀문 등(1996), 오세문 등 (2003)이 보고했다.

문헌

오세문 등. 2003. 1981년 이후 발견된 국내 발생 외래잡초 현황.

최귀문 등. 1996. 원색 외래잡초 종자도감.

냄새냉이 *Lepidium didymum* L.

이명 *Coronopus didymus* (L.) Sm.

원산지 남아메리카

들어온 시기 분단 이후

발견 기록 1971년 경상남도 충무시(현 통영시) 바닷가 바위 밑(이창복 1971), 1991년 제주도 서귀포 도로변(김준민 등 2000)

침입 정도 귀화

참고 이창복(1969)이 미륵냉이로 보고한 이후 미륵냉이의 학명을 좀다닥냉이의 학명인 *Lepidium ruderale* L.로 사용했는데, 이것은 좀다닥냉이가 아닌 냄새냉이를 가리키는 것으로 보인다. 이창복(2003)은 "통영 앞 미륵산록에서 처음 발견하였기 때문에 미륵냉이라고 하였으나 냄새가 나기 때문에 냄새냉이라고도 한다."고 기록했으며, 이때에는 미륵냉이의 학명을 *C. didymus*로 사용했다. 냄새냉이라는 국명으로는 전의식(1992)이 처음 보고했다. 중국에서는 1930년대에 발견되어 침입외래생물 목록에 실려 있다(Xu 등 2012). 일본에서는 1899년에 발견되었다(清水矩宏 등 2001).

문헌

김준민 등. 2000. 한국의 귀화식물.

이창복. 1969. 자원식물.

이창복. 1971. 밝혀지는 식물자원(Ⅱ).

이창복. 2003. 원색 대한식물도감.

전의식. 1992. 새로 발견한 귀화식물(3).

清水矩宏 등. 2001. 日本帰化植物写真図鑑 - Plant invader 600種 -.

Xu 등. 2012. An inventory of invasive alien species in China.

냉이 *Capsella bursa-pastoris* (L.) Medik.

북한 이름 냉이

원산지 서남아시아, 유럽

들어온 시기 개항 이전

발견 기록 1886년 서울(J. Kalinowsky 채집, Palibin 1898), 1894년 서울, 인천(A. Sontag 채집, Palibin 1898)

침입 정도 귀화

참고 소아시아를 포함한 지중해 동부 지역에서 유래한 것으로 추정하며(Aksoy 등 1998), 마디풀, 흰명아주, 별꽃, 새포아풀과 함께 지구에 가장 널리 퍼진 식물이다 (Coquillat 1951). 향약집성방(1433)에 전초(제채 薺菜)와 씨의 처방 기록이 있다(동의학 편집부 1986). 마에카와(1943)는 유럽에서 자라며 중국을 거쳐 일본에는 유사시대 초기 에 도래한 귀화식물로 추정했으며, 김준민 등(2000) 역시 유럽에서 중국을 거쳐 농작물 과 함께 들어온 구귀화식물로 판단했다. 인간에 의해 교란된 지역에서 주로 발견되고, 인간 교란이 없는 곳에서는 분포가 지속되지 않으므로 영국의 외래식물로 추정되기도 했다(Dunn 1905).

문헌

김준민 등. 2000. 한국의 귀화식물.

동의학편집부. 1986. 향약집성방.

前川文夫. 1943. 史前歸化植物 について.

Aksoy 등. 1998. *Capsella bursa-pastoris* (L.) Medikus (*Thlaspi bursa-pastoris* L., *Bursa bursa-pastoris* (L.) Shull, *Bursa pastoris* (L.) Weber).

Coquillat, M. 1951. Sur les plantes les plus communes à la surface du globe.

Dunn, S.T. 1905. Alien Flora of Britain.

Palibin, J. 1898. Conspectus Florae Koreae. Pars Ⅰ.

대부도냉이 *Lepidium perfoliatum* L.

다른 이름 도렁이냉이, 도랭이냉이
북한 이름 흰꽃다닥냉이
원산지 북아프리카, 서남아시아, 유럽
들어온 시기 분단 이후
발견 기록 1964년 대부도(이창복 채집, 서울대학교 산림자원학과 표본관)
침입 정도 귀화
참고 이창복(1969)이 처음 보고했다. 정태현(1970)은 오스트리아 원산으로 일본을 거쳐
우리나라에 귀화한 식물로 기록했다. 대부도, 강화도, 김포 등 서해안을 따라 확산했다
(박수현 2009). 북한에도 분포한다(김현삼 등 1974; 임록재 등 1997).

문헌

김현삼 등. 1974. 조선식물지 2.
박수현. 2009. 세밀화와 사진으로 보는 한국의 귀화식물.
이창복. 1969. 자원식물.
임록재 등. 1997. 조선식물지 3(증보판).
정태현. 1970. 한국동식물도감. 제5권. 식물편(목초본류). 보유.

십자화과(Brassicaceae)

들갓 *Sinapis arvensis* L.

북한 이름 들겨자
원산지 북아프리카, 서남아시아, 유럽
들어온 시기 분단 이후
발견 기록 1996년 인천에서 안산에 이르는 수인산업도로변(박수현 1996)
침입 정도 귀화
참고 중국의 침입외래생물 목록에 실려 있다(Xu 등 2012). 일본에는 1920년대에 들어왔
다(竹松哲夫, 一前宣正 1993).

문헌

박수현. 1996. 한국 미기록 귀화식물(IX).
竹松哲夫, 一前宣正. 1993. 世界の雑草 II -離弁花類-.
Xu 등. 2012. An inventory of invasive alien species in China.

십자화과(Brassicaceae)
들다닥냉이 *Lepidium campestre* (L.) R.Br.

다른 이름 좀다닥냉이
북한 이름 들다닥냉이
원산지 서남아시아, 유럽
들어온 시기 분단 이후
발견 기록 1998년 인천 용유도(박수현 1999), 1998년 인천 영종도(농업과학기술원 2000)
침입 정도 귀화
참고 박수현(2009)이 2006년에 서울 월드컵공원에서도 발견했다. 중국의 침입외래생물
목록에 실려 있다(Xu 등 2012).

문헌
농업과학기술원. 2000. 1999년도 시험연구사업보고서(작물보호분야, 잠사곤충분야).
박수현. 1999. 한국 미기록 귀화식물(XIV).
박수현. 2009. 세밀화와 사진으로 보는 한국의 귀화식물.
Xu 등. 2012. An inventory of invasive alien species in China.

마늘냉이 *Alliaria petiolata* (M. Bieb.) Cavara & Grande

원산지 서남아시아, 남유럽
들어온 시기 분단 이후
발견 기록 2012년 강원도 삼척시 숲 주변 도로(Cho, Kim 2012)
침입 정도 일시 출현
참고 마늘냉이의 영명인 Garlic mustard는 잎을 으깼을 때 마늘향이 나기 때문에 붙은
이름이다. 미국에서는 다른 토착 식물이 생장을 시작하기 전인 이른 봄과 늦가을에 자
라 빠르게 숲의 초본층에 침입하는 식물로 알려졌다(Woodward, Quinn 2011). 병해충
에 해당하는 잡초다(농림축산검역본부 2016).

문헌

농림축산검역본부. 2016. 병해충에 해당되는 잡초.
Cho, S.-H., Y.-D. Kim. 2012. First record of invasive species *Alliaria petiolata* (M. Bieb.) Cavara &
  Grande (Brassicaceae) in Korea.
Woodward, S.L., J.A. Quinn. 2011. Encyclopedia of Invasive Species. Vol 2: Plants.

십자화과(Brassicaceae)
말냉이 *Thlaspi arvense* L.

북한 이름 말냉이
원산지 서남아시아, 유럽
들어온 시기 개항 이전
발견 기록 1859년 거문도(C. Wilford 채집, Forbes, Hemsley 1886), 1886년 서울(J. Kalinowsky 채집, Palibin 1898)
침입 정도 귀화
참고 향약집성방(1433)에 전초(석명 菥蓂)와 씨의 처방 기록이 있다(동의학편집부 1986). 마에카와(1943)는 유럽에 자생하며 유사시대에 중국을 거쳐 일본으로 들어온 귀화식물로 추정했고, 임양재와 전의식(1980), 김준민 등(2000) 역시 사전귀화식물(史前歸化植物) 또는 보리나 밀 농사에 따라 유럽에서 전 세계로 퍼진 구귀화식물로 추정했다. 박수현(1994)이 귀화식물 목록에 실었고, 개항 이후 북미와 일본을 경유해서 이입된 귀화식물로 판단했다. 전국 각지의 밭, 들, 산기슭에서 자란다(임록재 등 1997). 남서 연해주의 침입외래식물이다(Kozhevnikov 등 2015).

문헌

김준민 등. 2000. 한국의 귀화식물.
동의학편집부. 1986. 향약집성방.
박수현. 1994. 한국의 귀화식물에 관한 연구.
임록재 등. 1997. 조선식물지 3 (증보판).
임양재, 전의식. 1980. 한반도의 귀화식물 분포.
前川文夫. 1943. 史前歸化植物について.
Forbes, F.B., W.B. Hemsley. 1886. An enumeration of all the plants known from China Proper, Formosa, Hainan, the Corea, the Luchu Archipelago, and the Island of Hongkong; together with their distribution and synonymy.
Kozhevnikov 등. 2015. Illustrated Flora of the Southwest Primorye (Russian Far East).
Palibin, J. 1898. Conspectus Florae Koreae. Pars I.

모래냉이 *Diplotaxis muralis* (L.) DC.

원산지 북아프리카, 아시아, 유럽
들어온 시기 분단 이후
발견 기록 1998년 제주도 김녕해수욕장 모래밭(박수현 1998)
침입 정도 귀화
참고 중국의 침입외래생물 목록에 실려 있다(Xu 등 2012).

문헌

박수현. 1998. 한국 미기록 귀화식물(XIII).
Xu 등. 2012. An inventory of invasive alien species in China.

물냉이 *Nasturtium officinale* R. Br.

북한 이름 물냉이
이명 *Rorippa nasturtium* (Moench) Beck
원산지 북아프리카, 서남아시아, 유럽
들어온 시기 개항 이후~분단 이전
침입 정도 귀화
참고 박만규(1949)가 각지에 분포하는 것으로 기록했고, 임양재와 전의식(1980)이 귀화
식물 목록에 실었다. 전의식은 1937년부터 충주 교외의 남한강 지류의 물속에서 관찰했
다고 한다(김준민 등 2000). 일본에서 1870년경에 서양인이 재배하던 것이 빠져나왔고,
지금은 일본 전국에 분포한다(竹松哲夫, 一前宣正 1993). 환경성(2015)은 중점대책이
필요한 외래종으로 지정했다. 뉴질랜드에서는 1850년대에 들어온 지 수년 만에 계류의
흐름을 막을 정도로 번성했다(Thomson 1922).

문헌

김준민 등. 2000. 한국의 귀화식물.
박만규. 1949. 우리나라 식물명감.
임양재, 전의식. 1980. 한반도의 귀화식물 분포.
竹松哲夫, 一前宣正. 1993. 世界の雑草 II -離弁花類-.
環境省. 2015. 我が国の生態系等に被害を及ぼすおそれのある外来種リスト.
Thomson, G.M. 1922. The Naturalisation of Animals & Plants in New Zealand.

십자화과(Brassicaceae)
봄나도냉이 *Barbarea verna* (Mill.) Asch.

북한 이름 봄물갓냉이
원산지 북아프리카, 아시아, 유럽
들어온 시기 분단 이후
발견 기록 2007년 부산 금정구 금사동 수영장 둔치(홍정기 등 2012)
침입 정도 일시 출현

문헌

홍정기 등. 2012. 한국 미기록 귀화식물: 전호아재비(산형과)와 봄나도냉이(십자화과).

십자화과(Brassicaceae)
뿔냉이 *Chorispora tenella* (Pall.) DC.

원산지 서아시아, 유럽
들어온 시기 분단 이후
발견 기록 1992년 경기도 문산 화석정 아래 묵밭, 산정호수(박수현 1992)
침입 정도 귀화
참고 남부 지방에서도 자란다(박수현 2009).

문헌
박수현. 1992. 한국 미기록 귀화식물(Ⅰ).
박수현. 2009. 세밀화와 사진으로 보는 한국의 귀화식물.

십자화과(Brassicaceae)
서양갯냉이 *Cakile edentula* (Bigelow) Hook.

원산지 북아메리카 동부

들어온 시기 분단 이후

발견 기록 2007년 강원도 강릉시 안목해변, 주문진읍 향호(Kil, Lee 2008)

침입 정도 일시 출현

참고 바닷가 모래사장에서 자란다(Flora of North America Editorial Committee 2010).
일본 환경성(2015)은 종합대책이 필요한 외래종으로 지정했다.

문헌

環境省. 2015. 我が国の生態系等に被害を及ぼすおそれのある外来種リスト.

Flora of North America Editorial Committee. 2010. Flora of North America. Vol. 7.

Kil, J.-H., K.S. Lee. 2008. An unrecorded naturalized plant in Korea: *Cakile edentula* (Brassicaceae).

십자화과(Brassicaceae)
서양말냉이 *Iberis amara* L.

북한 이름 선꽃냉이
원산지 서유럽
들어온 시기 분단 이후
발견 기록 1966년 경기 수원 인계동 뒷산(안영기 채집, 국립수목원 표본관), 1999년 명성산 덕재골(김영동, 김성희 1999)
침입 정도 일시 출현
참고 관상용으로 재배된다(정태현 1970; 임록재, 라응칠 1987). 권업모범장(1912) 독도지장에서 캔디터프트(Candytuft)라는 화훼를 재배한 기록이 있다. 캔디터프트는 *Iberis*속 화훼 식물에 일반적으로 붙는 이름이므로, 이것이 서양말냉이를 가리키는 것인지 분명하지 않다. 오세문 등(2002)이 외래잡초 목록에 실었다. 귀화했다는 보고도 있지만 (Kim, Kil 2016) 현재 분포가 확인되지 않는다.

문헌
김영동, 김성희. 1999. 명성산(철원·포천)과 인근 산지의 식물.
오세문 등. 2002. 국내 외래잡초의 유입정보 및 발생 현황.
임록재, 라응칠, 1987. 중앙식물원 재배식물.
정태현. 1970. 한국동식물도감. 제5권. 식물편(목초본류). 보유.
朝鮮總督府勸業模範場. 1912. 鬱島支場園藝報告.
Kim, C.-G., J. Kil. 2016. Alien flora of the Korean Peninsula.

십자화과(Brassicaceae)
서양무아재비 *Raphanus raphanistrum* L.

북한 이름 들무우
원산지 북아프리카, 서남아시아, 유럽
들어온 시기 분단 이후
발견 기록 1994년 인천 남항 매립지(박수현 1995)
침입 정도 귀화
참고 중국의 침입외래생물 목록에 실려 있고(Xu 등 2012), 남서 연해주의 침입외래식물
이다(Kozhevnikov 등 2015).

문헌
박수현. 1995. 한국 귀화식물 원색도감.
Kozhevnikov 등. 2015. Illustrated Flora of the Southwest Primorye (Russian Far East).
Xu 등. 2012. An inventory of invasive alien species in China.

십자화과(Brassicaceae)

양구슬냉이 *Camelina sativa* (L.) Crantz

북한 이름 기름냉이, 큰열매아마냉이

이명 *Camelina glabrata* (DC.) Fritsch ex N.W. Zinger

원산지 서남아시아, 유럽

들어온 시기 개항 이후~분단 이전

발견 기록 함경도(Masatomi Furumi 채집, Nakai 1919)

침입 정도 귀화

참고 이우철(1996)이 유럽 원산 귀화식물로 기록했다. 함경남도 부전호반과 양강도 보천, 삼지연 일대의 밭에 잡초로 자란다(김현삼 등 1974; 임록재 등 1997). 황해북도 사리원 근처에서 벼 논의 녹비작물로 재배하기도 했다(Hammer 등 1987).

문헌

김현삼 등. 1974. 조선식물지 2.

이우철. 1996. 원색한국기준식물도감.

임록재 등. 1997. 조선식물지 3(증보판).

Hammer 등. 1987. Additional notes to the check-list of Korean cultivated plants (1).

Nakai, T. 1919. Notulae ad Plantas Japoniae et Coreae XX.

십자화과(Brassicaceae)
유럽나도냉이 *Barbarea vulgaris* R. Br.

북한 이름 겨울물갓냉이
원산지 북아프리카, 서남아시아, 유럽
들어온 시기 분단 이후
발견 기록 1993년 강원도 대관령휴게소 육교 부근(박수현 1993)
침입 정도 귀화
참고 일본에는 메이지시대 말에 들어와 야생화되었고, 환경성(2015)은 종합대책이 필요한 외래종으로 지정했다.

문헌
박수현. 1993. 한국 미기록 귀화식물(Ⅲ).
環境省. 2015. 我が国の生態系等に被害を及ぼすおそれのある外来種リスト.

십자화과(Brassicaceae)
유럽장대 *Sisymbrium officinale* (L.) Scop.

다른 이름 털갓냉이
북한 이름 약노란장대
원산지 북아프리카, 서남아시아, 유럽
들어온 시기 분단 이후
발견 기록 1986년 울릉도 서면 태하리(임형탁, 장진성 채집, 전남대학교 생물학과 표본관)
침입 정도 귀화
참고 1989~1992년에 울릉도와 백령도에서 선병윤 등(1992)이 발견해 처음 보고했다.
1992년에 전의식(1992)이 울릉도에서, 박수현(1995)이 백령도에서 각각 발견해 보고했
다. 이후에 양영환 등(2001)이 제주도에서도 발견했다.

문헌
박수현. 1995. 한국귀화식물원색도감.
선병윤 등. 1992. 한국 귀화식물 및 신분포지.
양영환 등. 2001. 제주도의 귀화식물에 관한 재검토.
전의식. 1992. 새로 발견한 귀화식물(3).

십자화과(Brassicaceae)
유채 *Brassica napus* L.

북한 이름 누른갓, 호무우
원산지 교배종
들어온 시기 개항 이전
침입 정도 일시 출현
참고 *Brassica oleracea* L.과 *Brassica rapa* L.이 교배되어 만들어진 식물이다(Flora of North America Editorial Committee 2010). 재배지를 벗어나 자라는 것이 관찰되기도 한다. 김찬수 등(2006)과 양영환 등(2007)이 제주도의 귀화식물 목록에 실었다. 남부아구(경상남도)와 울릉도아구의 자생식물 목록에 포함되었다(오병운 등 2010). 박형선 등(2009)은 재배지를 벗어나 자연생장하는 것은 없다고 평가했다.

문헌

김찬수 등. 2006. 제주도의 귀화식물 분포특성.
박형선 등. 2009. 조선민주주의인민공화국의 외래식물목록과 영향평가.
양영환. 2007. 제주도 귀화식물의 식생에 관한 연구.
오병운 등. 2010. 한반도 관속식물 분포도. VII. 남부아구(경상남도) 및 울릉도아구.
Flora of North America Editorial Committee. 2010. Flora of North America. Vol. 7.

십자화과(Brassicaceae)
장수냉이 *Myagrum perfoliatum* L.

다른 이름 사향냉이

원산지 서남아시아, 남유럽

들어온 시기 분단 이후

발견 기록 1996년 인천 장수동 수인산업도로변(박수현 1996), 경기도 안산시 수인사업
도로변(농업과학기술원 1997)

침입 정도 일시 출현

문헌

농업과학기술원. 1997. 1996년도 시험연구보고서(작물보호부).

박수현. 1996. 한국 미기록 귀화식물(IX).

십자화과(Brassicaceae)
재쑥 *Descurainia sophia* (L.) Webb ex Prantl

북한 이름 재쑥

이명 *Sysimbrium sophia* L.

원산지 북아프리카, 서남아시아, 유럽

들어온 시기 개항 이전

발견 기록 1877~1882년 전라도(Y. Hanabusa 채집, 帝國大學 1886)

침입 정도 귀화

참고 이춘녕과 안학수(1963), 박수현(1994), 이우철(1996)이 귀화식물로 기록했으나, 고강석 등(1996)은 재래식물로 평가했다. 북한 학자들은 귀화식물로 보고 있다(김현삼 등 1974; 임록재 등 1997).

문헌

고강석 등. 1996. 귀화생물에 의한 생태계 영향 조사(Ⅱ).

김현삼 등. 1974. 조선식물지 2.

박수현. 1994. 한국의 귀화식물에 관한 연구.

이우철. 1996. 한국식물명고.

이춘녕, 안학수. 1963. 한국식물명감.

임록재 등. 1997. 조선식물지 3(증보판).

帝國大學. 1886. 帝國大學理科大學植物標品目錄.

십자화과(Brassicaceae)
좀다닥냉이 *Lepidium ruderale* L.

북한 이름 재배다닥냉이
원산지 서남아시아, 유럽
들어온 시기 분단 이후
발견 기록 1998년 인천 월미도 부근(박수현 1998)
침입 정도 귀화
참고 이창복(1980)이 좀다닥냉이와 같은 학명인 *L. ruderale*로 설명했던 미륵냉이는 냄새냉이(*Lepidium didymum* L.)를 가리킨다.

문헌

박수현. 1998. 한국 미기록 귀화식물(XII).
이창복. 1980. 대한식물도감.

좀아마냉이 *Camelina microcarpa* Andrz. ex DC.

북한 이름 잔열매기름냉이
원산지 서남아시아, 유럽
들어온 시기 분단 이후
발견 기록 1970년 서울 난지도(박수현 1998)
침입 정도 귀화
참고 박수현(1992)이 서울 한강 둔치, 여주 남한강변에서 1992년에 발견해 처음 보고했다.

문헌

박수현. 1992. 한국 미기록 귀화식물(Ⅰ).
박수현. 1998. 서울 난지도의 귀화식물에 관한 연구.

십자화과(Brassicaceae)

주름구슬냉이 *Rapistrum rugosum* (L.) All.

다른 이름 야생배추

원산지 지중해 지역

들어온 시기 분단 이후

발견 기록 1996년 경기도 안산 수인산업도로변(농업과학기술원 1997; 오세문 등 2003)

침입 정도 귀화

참고 박수현(1999)이 1998년 안산시 부곡동 수인산업도로변과 수원시 사사리에서 발견해 보고했다.

문헌

농업과학기술원. 1997. 1996년도 시험연구보고서(작물보호부).

박수현. 1999. 한국 미기록 귀화식물(XIV).

오세문 등. 2003. 1981년 이후 발견된 국내 발생 외래잡초 현황.

십자화과(Brassicaceae)
콩다닥냉이 *Lepidium virginicum* L.

다른 이름 콩말냉이
북한 이름 알다닥냉이
원산지 북아메리카
들어온 시기 개항 이후~분단 이전
발견 기록 1926년 강원도 통천(Saito Siroji 채집, Im 등 2016)
침입 정도 귀화
참고 임형탁 등(2016)이 도쿄대학교 표본관에 수장된 사이토 시로지(齊藤四郎治)의 채집표본을 조사하는 과정에서 1926년 국내 채집기록을 확인했다. 길가와 밭둑에서 자라는 식물로 함흥식물지에 기록되어 있다(長田武正, 鈴木龍雄 1943). 정태현(1970)이 각지 묵밭에 나는 북아메리카 원산 귀화식물로 소개했고 이우철과 임양재(1978)가 귀화식물 목록에 실었다. 중국의 침입외래생물 목록에 실려 있다(Xu 등 2012). 일본에는 1892년 전후에 들어와 황폐지 잡초로 자란다(大橋広好 등 2008).

문헌
이우철, 임양재. 1978. 한반도 관속식물의 분포에 관한 연구.
정태현. 1970. 한국동식물도감. 제5권. 식물편(목초본류). 보유.
大橋広好 등. 2008. 新牧野日本植物圖鑑.
長田武正, 鈴木龍雄. 1943. 咸興植物誌.
Im 등. 2016. Historic plant specimens collected from the Korean Peninsula in the early 20th century (I).
Xu 등. 2012. An inventory of invasive alien species in China.

십자화과(Brassicaceae)
큰다닥냉이 *Lepidium sativum* L.

북한 이름 영채, 큰다닥냉이
이명 *Lepidium macrocarpum* Chung
원산지 북아프리카, 서아시아
들어온 시기 개항 이후~분단 이전
발견 기록 1906년 강원도 원산(Faurie 채집, 이창복 1980), 1914년 평안북도 강계(정태현 채집, 이재두 1977)
침입 정도 귀화
참고 정태현(1956)이 평안북도 강계에서 채집해 보고한 *L. macrocarpum*에 대해 이창복(1980)은 파우리(Faurie) 신부가 채집한 *L. sativum*과 동일한 종으로 판단했다. 임양재와 전의식(1980)이 귀화식물 목록에 실렸는데 중부와 남부에서는 발견되지 않아 박수현(1994)은 목록에서 제외했다. 북부의 산과 들에서 자란다(김현삼 등 1974; 임록재 등 1997).

문헌
김현삼 등. 1974. 조선식물지 2.
박수현. 1994. 한국의 귀화식물에 관한 연구.
이재두. 1977. 성균관대학교 소장 고 정태현 식물석엽 표본 목록.
이창복. 1980. 대한식물도감.
임록재 등. 1997. 조선식물지 3(증보판).
임양재, 전의식. 1980. 한반도의 귀화식물 분포.
정태현. 1956. 한국식물도감(하권 초본부).

큰잎냉이 *Erucastrum gallicum* (Willd.) O.E. Schulz

원산지 유럽

들어온 시기 분단 이후

발견 기록 1992년 서울 한강철교 북단 둔치(박수현 1992)

침입 정도 일시 출현

참고 1992년에 큰잎냉이가 발견된 곳을 공원으로 개발했고, 더 이상 발견되지 않는다
(박수현 등 2002).

문헌

박수현. 1992. 한국 미기록 귀화식물(Ⅰ).

박수현 등. 2002. 우리나라 귀화식물의 분포.

큰잎다닥냉이 *Lepidium draba* L.

다른 이름 넓은잎다닥냉이
북한 이름 지중해다닥냉이
이명 *Cardaria draba* (L.) Desv.
원산지 북아프리카, 서남아시아, 남유럽
들어온 시기 분단 이후
발견 기록 1995년 경기도 안산 수인산업도로변(농업과학기술원 1996; 오세문 등 2003)
침입 정도 일시 출현
참고 박수현(2001)이 1997년 안산시 수인산업도로변에서 발견해 큰잎다닥냉이라는 이름으로 보고했다. 미국 아이다호, 네바다, 캔사스 등 여러 주의 유해잡초로 지정되었다 (APHIS 2016).

문헌

농업과학기술원. 1996. 1995년도 시험연구사업보고서(작물보호부편).
박수현. 2001. 한국 귀화식물 원색도감. 보유편.
오세문 등. 2003. 1981년 이후 발견된 국내 발생 외래잡초 현황.
APHIS, USDA. 2016. Federal and state noxious weeds.

큰키다닥냉이 *Lepidium latifolium* L.

북한 이름 넓은잎다닥냉이

원산지 북아프리카, 서남아시아, 남유럽

들어온 시기 분단 이후

발견 기록 2004년 서울 난지도 노을공원 남서사면 나대지(이유미 등 2008)

침입 정도 일시 출현

참고 병해충에 해당하는 잡초다(농림축산검역본부 2016). 나카이(1913)의 문헌에 나오는 *L. latifolium*은 시베리아다닥냉이(*Lepidium sibiricum* Schweigg., 북한 이름: 북다닥냉이)를 가리키는 것으로 보인다.

문헌

농림축산검역본부. 2016. 병해충에 해당되는 잡초.

이유미 등. 2008. 한국 미기록 귀화식물: 사향엉겅퀴(*Carduus natans*)와 큰키다닥냉이(*Lepidium latifolium*).

Nakai, T. 1913. Index Plantarum Koreanarum ad Floram Koreanam Novarum. I.

털다닥냉이 *Lepidium pinnatifidum* Ledeb.

원산지 서아시아, 유럽
들어온 시기 분단 이후
발견 기록 2013년, 2014년, 2016년 인천시 중구 월미도, 2014년 옹진군 대연평도(홍정기 등 2016)
침입 정도 일시 출현

문헌
홍정기 등. 2016. 한국 미기록 외래식물: 털다닥냉이(십자화과)와 들괭이밥(괭이밥과).

십자화과(Brassicaceae)

토끼귀부지깽이 *Conringia orientalis* (L.) Dumort.

원산지 지중해 지역

들어온 시기 분단 이후

발견 기록 1995년 인천 항만 곡물 사일로 주변(농업과학기술원 1996; 오세문 등 2003)

침입 정도 일시 출현

참고 최귀문 등(1996)이 처음 보고했다.

문헌

농업과학기술원. 1996. 1995년도 시험연구사업보고서(작물보호부편).

오세문 등. 2003. 1981년 이후 발견된 국내 발생 외래잡초 현황.

최귀문 등. 1996. 원색 외래잡초 종자도감.

황새냉이 *Cardamine flexuosa* With.

북한 이름 황새냉이
원산지 유럽
들어온 시기 개항 이전
발견 기록 1863년 남해안(R. Oldham 채집, Forbes, Hemsley 1886)
침입 정도 귀화
참고 마에카와(1943)는 유럽에 자생하며 유사시대에 중국을 거쳐 일본으로 들어온 귀
화식물로 추정했고, 김준민 등(2000) 역시 농작물과 함께 들어온 구귀화식물로 판단
했다.

문헌

김준민 등. 2000. 한국의 귀화식물.

前川文夫. 1943. 史前歸化植物について.

Forbes, F.B., W.B. Hemsley. 1886. An enumeration of all the plants known from China Proper,
Formosa, Hainan, the Corea, the Luchu Archipelago, and the Island of Hongkong; together
with their distribution and synonymy.

아마과(Linaceae)

노랑개아마 *Linum virginianum* L.

원산지 북아메리카

들어온 시기 분단 이후

발견 기록 1997년 제주도 북제주군 김녕면 묘봉산 방목지(전의식 1997)

침입 정도 귀화

참고 고강석 등(2001), 양영환 등(2001)이 귀화식물 목록에 실었다.

문헌

고강석 등. 2001. 외래식물의 영향 및 관리방안 연구(Ⅱ).

양영환 등. 2001. 제주도의 귀화식물에 관한 재검토.

전의식. 1997. 새로 발견된 귀화식물(13). 노랑개아마와 덩이팽이밥.

아욱과(Malvaceae)
공단풀 *Sida spinosa* L.

다른 이름 가시아욱

원산지 북아메리카, 남아메리카

들어온 시기 분단 이후

발견 기록 1978년 서울 구로공단(전의식 채집, 김준민 등 2000)

침입 정도 귀화

참고 임양재와 전의식(1980)이 서울, 제주시, 서귀포시에서 발견해 처음 보고했다. 공단에서 발견되어 붙은 이름이다.

문헌

김준민 등. 2000. 한국의 귀화식물.

임양재, 전의식. 1980. 한반도의 귀화식물 분포.

아욱과(Malvaceae)
국화잎아욱 *Modiola caroliniana* (L.) G. Don

원산지 남아메리카
들어온 시기 분단 이후
발견 기록 1998년 제주도 서귀포 시내 냇가(박수현 1998)
침입 정도 귀화
참고 북아메리카에서는 주로 습한 교란지에서 자라며, 남아메리카 남부로부터 양털이
나 목화솜을 들여올 때 섞여 들어온 것으로 추정한다(Flora of North America Editorial
Committee 2015).

문헌
박수현. 1998. 한국 미기록 귀화식물(XⅢ).
Flora of North America Editorial Committee. 2015. Flora of North America. Vol. 6.

아욱과(Malvaceae)

나도공단풀 *Sida rhombifolia* L.

다른 이름 순애초
북한 이름 나도덕두화
원산지 열대 아시아
들어온 시기 분단 이후
발견 기록 1978~1980년 제주도 서귀포(임양재, 전의식 1980)
침입 정도 귀화
참고 난온대, 아열대, 열대 지방에 흔한 잡초다(Flora of North America Editorial Committee 2015).

문헌

임양재, 전의식. 1980. 한반도의 귀화식물 분포.
Flora of North America Editorial Committee. 2015. Flora of North America. Vol. 6.

나도어저귀 *Anoda cristata* (L.) Schltdl.

원산지 북아메리카, 남아메리카
들어온 시기 분단 이후
발견 기록 1998년 경기도 화성 봉담 목장 초지(농업과학기술원 2000; 오세문 등 2003)
침입 정도 일시 출현

문헌

농업과학기술원. 2000. 1999년도 시험연구사업보고서.
오세문 등. 2003. 1981년 이후 발견된 국내 발생 외래잡초 현황.

아욱과(Malvaceae)

난쟁이아욱 *Malva neglecta* Wallr.

북한 이름 길아욱

원산지 북아프리카, 서아시아, 유럽

들어온 시기 분단 이후

발견 기록 1992년 경상북도 영일 장기곶 해변 마을(박수현 1992), 1992년 울릉도 도동
(전의식 채집, 김준민 등 2000)

침입 정도 귀화

참고 양영환과 김문홍(1998)이 제주도에서도 발견했다.

문헌

김준민 등. 2000. 한국의 귀화식물.

박수현. 1992. 한국 미기록 귀화식물(Ⅰ).

양영환, 김문홍. 1998. 제주도의 귀화식물에 관한 연구.

아욱과(Malvaceae)
당아욱 *Malva sylvestris* L.

북한 이름 키아욱

이명 *Malva sylvestris* var. *mauritiana* (L.) Boiss.

원산지 북아프리카, 아시아, 유럽

들어온 시기 개항 이전(16세기 전후: 리휘재 1964)

침입 정도 귀화

참고 모리(1922)가 재배식물로 기록했으며, 박수현(1994)이 귀화식물 목록에 실었다. 울릉도 바닷가(이창복 1980), 동해안(박수현 1995), 제주도(양영환 , 김문홍 1998)에서 자란다.

문헌

리휘재. 1964. 한국식물도감. 화훼류 Ⅰ.

박수현. 1994. 한국의 귀화식물에 관한 연구.

박수현. 1995. 한국 귀화식물 원색도감.

양영환, 김문홍. 1998. 제주도의 귀화식물에 관한 연구.

이창복. 1980. 대한식물도감.

Mori, T. 1922. An Enumeration of Plants Hitherto Known from Corea.

아욱과(Malvaceae)

둥근잎아욱 *Malva pusilla* Sm.

북한 이름 둥근잎아욱

이명 *Malva rotundifolia* L.

원산지 서아시아, 유럽

들어온 시기 분단 이후

발견 기록 1996년 울산(박수현 1996)

침입 정도 귀화

참고 제주도에서도 발견되었다(김찬수 등 2006).

문헌

김찬수 등. 2006. 제주도의 귀화식물 분포특성.

박수현. 1996. 한국 미기록 귀화식물(VIII).

아욱과(Malvaceae)
무궁화 *Hibiscus syriacus* L.

북한 이름 무궁화나무
원산지 중국
들어온 시기 개항 이전
침입 정도 일시 출현
참고 국내에서는 적어도 1,000년 전부터 재배되었다(박상진 2011). 나카이(1936)는 재배지를 벗어난 귀화식물로 기록했고, 홍순형과 허만규(1994)는 부산의 귀화식물 목록에 실었다.

문헌

박상진. 2011. 문화와 역사로 만나는 우리 나무의 세계.
홍순형, 허만규. 1994. 부산지역의 귀화식물 조사 보고.
中井猛之進. 1936. 朝鮮森林植物編. 第貳拾壹輯.

벽오동 *Firmiana simplex* (L.) W. Wight

북한 이름 청오동나무

이명 *Culhamia simplex* (L.) Nakai, *Sterculia platanifolia* L.f.

원산지 중국

들어온 시기 개항 이전(고려 말 이전: 박상진 2011)

침입 정도 일시 출현

참고 모리(1922)가 수입 재배식물로 기록했다. 홍순형과 허만규(1994)가 부산의 귀화식물 목록에 실었으며, 김용훈과 오충현(2009)도 귀화한 것으로 판단했다. 한편 박형선 등 (2009)은 재배지를 벗어나 자연 분포하는 것은 없다고 평가했다.

문헌

김용훈, 오충현. 2009. 일본목련의 분산 및 식물군집 특성에 관한 연구: 한국유네스코평화센터 주변을 대상으로.

박상진. 2011. 문화와 역사로 만나는 우리 나무의 세계.

박형선 등. 2009. 조선민주주의인민공화국의 외래식물목록과 영향평가.

홍순형, 허만규. 1994. 부산지역의 귀화식물 조사 보고.

Mori, T. 1922. An Enumeration of Plants Hitherto Known from Corea.

아욱과(Malvaceae)

부용 *Hibiscus mutabilis* L.

북한 이름 부용화
원산지 중국 동남부
들어온 시기 개항 이전
침입 정도 일시 출현
참고 산림경제(1643~1715)에 기록되어 있다(리휘재 1964). 조무행과 최명섭(1992)은
제주도 서귀포에 자생하는 것이 보인다고 했다. 김찬수 등(2006)이 제주도의 귀화식물
목록에 실었지만, 양영환(2007)은 귀화하지 않은 것으로 판단했다. 일본 환경성(2015)
은 종합대책이 필요한 외래종으로 지정했다.

문헌

김찬수 등. 2006. 제주도의 귀화식물 분포특성.
리휘재. 1964. 한국식물도감. 화훼류 I.
양영환. 2007. 제주도 귀화식물의 식생에 관한 연구.
조무행, 최명섭. 1992. 한국수목도감.
環境省. 2015. 我が国の生態系等に被害を及ぼすおそれのある外来種リスト.

불암초 *Melochia corchorifolia* L.

다른 이름 길뚝아욱
북한 이름 들아욱
원산지 열대 및 아열대 아시아
들어온 시기 개항 이전
발견 기록 1902년 경기도 광주(T. Uchiyama 채집, Nakai 1909), 1913년 제주도(中井猛之進 1914)
침입 정도 귀화
참고 원산지는 구세계의 열대 및 아열대 지역이다(Goldberg 1967). 주로 열대 아시아에 넓게 분포하며 이 지역 논의 주요 잡초로 보고되었다. 나카이(1914)는 조선 중부의 평야에서 자란다고 기록했다. 리종오(1964)는 남부에 분포하는 식물로, 정태현(1970)은 남부에 관상용으로 식재하며 일본에 분포하는 열대식물로 기록했다. 임양재와 전의식(1980), 김준민 등(2000)이 귀화식물 목록에 실었으며, 서울에서 사라진 뒤 전곡에서만 일부 발견된다고 했다. 박수현(1994)은 절멸했거나 극히 국소적으로 분포하는 종으로 간주해 귀화식물에서 제외했다. 고강석 등(1995)이 귀화식물 목록에 수록했지만, 고강석 등(2001)은 재래종으로 판단해 귀화식물 목록에서 제외했다. 김진석 등(2014)은 불암초를 한반도의 홀로세 기후최적기 잔존종 중 하나로 보았다. 김철환(2000)은 식물구계학적 특정식물 제 I 등급 식물군의 하나로 분류했고, 환경부(2006, 2012)에서 전국자연환경조사 과정 중 식물구계학적 특정식물의 하나로 조사했다. 파주시 진동면 도라산리 인근 논둑을 중심으로 소수 개체가 퍼져 나간다는 보고가 있다(김경훈 2016).

문헌

고강석 등. 1995. 귀화생물에 의한 생태계 영향 조사(I).
고강석 등. 2001. 외래식물의 영향 및 관리방안 연구(II).
김경훈. 2016. 서부 민통지역의 관속식물상.
김준민 등. 2000. 한국의 귀화식물.
김진석 등. 2014. 한반도 홀로세 기후최적기 잔존집단의 식물지리학적 연구.
김철환. 2000. 자연환경 평가 - I. 식물군의 선정 -.
리종오. 1964. 조선고등식물분류명집.
박수현. 1994. 한국의 귀화식물에 관한 연구.
임양재, 전의식. 1980. 한반도의 귀화식물 분포.
정태현. 1970. 한국동식물도감. 제5권. 식물편(목초본류). 보유.
환경부. 2006. 제3차 전국자연환경조사 지침.
환경부. 2012. 제4차 전국자연환경조사 지침.
中井猛之進. 1914. 濟州島竝莞島植物調査報告書.
中井猛之進. 1914. 朝鮮植物 上卷.
Goldberg, A. 1967. The genus *Melochia* L. (Sterculiaceae).
Nakai, T. 1909. Flora Koreana. Pars Prima.

아욱과(Malvaceae)
수박풀 *Hibiscus trionum* L.

북한 이름 수박풀
원산지 아프리카, 아시아, 유럽
들어온 시기 개항 이전
발견 기록 1883년 인천(C. Gottsche 채집, Palibin 1898)
침입 정도 귀화

참고 꽃이 아름다워 관상용으로 들여와 재배한 식물이고, 잎 모양이 수박 잎과 같아서 수박풀이란 이름이 붙여졌다(김준민 등 2000). 정태현(1956)이 각지에 야생한다고 했고, 이우철과 임양재(1978)가 귀화식물 목록에 실었다. 전국에서 산발적으로 발견된다(박수현 2009). 중국의 침입외래생물 목록에 실려 있다(Xu 등 2012).

문헌

김준민 등. 2000. 한국의 귀화식물.
박수현. 2009. 세밀화와 사진으로 보는 한국의 귀화식물.
이우철, 임양재. 1978. 한반도 관속식물의 분포에 관한 연구.
정태현. 1956. 한국식물도감(하권 초본부).
Palibin, J. 1898. Conspectus Florae Koreae. Pars Ⅰ.
Xu 등. 2012. An inventory of invasive alien species in China.

아욱과(Malvaceae)

아욱 *Malva verticillata* L.

북한 이름 아욱

이명 *Malva olitoria* Nakai, *Malva pulchella* Bernh.

원산지 아시아

들어온 시기 개항 이전

발견 기록 1877~1882년(Y. Hanabusa 채집, 帝國大學 1886), 1886년 서울(J. Kalinowsky 채집, Palibin 1898)

침입 정도 일시 출현

참고 향약집성방(1433)에 씨(동규자 冬葵子)의 처방 기록이 있다(동의학편집부 1986). 나카이(1936)는 재배지를 벗어나 자라는 귀화식물로 판단했다. 홍순형과 허만규(1994) 가 부산의 귀화식물 목록에, 양영환과 김문홍(1998), 김찬수 등(2006)이 제주도의 귀화 식물 목록에 각각 실었다. 이후에 양영환(2007)은 새로운 분포지가 확인되지 않았으므 로 귀화하지 않은 것으로 다시 평가했다. 박형선 등(2009)은 자연번식으로 야생하는 것 은 거의 없다고 했다.

문헌

김찬수 등. 2006. 제주도의 귀화식물 분포특성.

동의학편집부. 1986. 향약집성방.

박형선 등. 2009. 조선민주주의인민공화국의 외래식물목록과 영향평가.

양영환, 김문홍. 1998. 제주도의 귀화식물에 관한 연구.

양영환. 2007. 제주도 귀화식물의 식생에 관한 연구.

홍순형, 허만규. 1994. 부산지역의 귀화식물 조사 보고.

帝國大學. 1886. 帝國大學理科大學植物標品目錄

中井猛之進. 1936. 朝鮮森林植物編. 第貳拾壹輯.

Palibin, J. 1898. Conspectus Florae Koreae. Pars I.

애기아욱 *Malva parviflora* L.

북한 이름 잔꽃아욱

원산지 북아프리카, 서아시아, 유럽

들어온 시기 분단 이후

발견 기록 1995년 경기도 시흥, 안산 수인산업도로변(농업과학기술원 1996)

침입 정도 귀화

참고 최귀문 등(1996)이 외래잡초 종자도감에 실었다. 양영환 등(2001)이 제주도에서도
발견했다.

문헌

농업과학기술원. 1996. 1995년도 시험연구사업보고서(작물보호부편).

양영환 등. 2001. 제주도의 귀화식물에 관한 재검토.

최귀문 등. 1996. 원색 외래잡초 종자도감.

어저귀 *Abutilon theophrasti* Medik.

북한 이름 어저귀

이명 *Abutilon avicennae* Gaertn.

원산지 열대 아시아

들어온 시기 개항 이전

발견 기록 1886년 서울(J. Kalinowsky 채집, Palibin 1898)

침입 정도 귀화

참고 줄기껍질을 이용하는 섬유식물이다(박형선 등 2009). 무토(1928)는 인천의 귀화식물로, 나카이(1936)는 일출한 귀화식물로 기록했다. 이우철과 임양재(1978)가 귀화식물목록에 실었는데, 김준민 등(2000)은 개항 이전에 귀화한 구귀화식물로 판단했다. 지금은 거의 재배하지 않지만, 야생화된 개체가 집주변과 들판에서 자란다(박형선 등 2009). 병해충에 해당하는 잡초다(농림축산검역본부 2016). 일본생태학회(2002)는 일본 최악의 침입외래종 100선 중 하나로 선정했다. 미국 중서부 콩, 옥수수, 목화 재배지의 잡초다(Flora of North America Editorial Committee 2015).

문헌

김준민 등. 2000. 한국의 귀화식물.

농림축산검역본부. 2016. 병해충에 해당되는 잡초.

박형선 등. 2009. 조선민주주의인민공화국의 외래식물목록과 영향평가.

이우철, 임양재. 1978. 한반도 관속식물의 분포에 관한 연구.

武藤治夫. 1928. 仁川地方ノ植物.

日本生態学会. 2002. 外来種ハンドブック.

中井猛之進. 1936. 朝鮮森林植物編. 第貳拾壹輯.

Flora of North America Editorial Committee. 2015. Flora of North America. Vol. 6.

Palibin, J. 1898. Conspectus Florae Koreae. Pars I.

아욱과(Malvaceae)
접시꽃 *Alcea rosea* L.

다른 이름 촉규화(蜀葵花)

북한 이름 접중화

이명 *Althaea rosea* (L.) Cav.

원산지 중국 서남부, 서아시아 원산 식물의 교배종

들어온 시기 개항 이전

침입 정도 일시 출현

참고 향약집성방(1433)에 촉규(蜀葵)의 처방 기록이 나온다(동의학편집부 1986). 모리(1922)가 수입 재배종으로 기록했다. 홍순형과 허만규(1994)가 부산의 귀화식물 목록에, 양영환과 김문홍(1998)이 제주도의 귀화식물 목록에 각각 실었다. 이후에 양영환(2007)은 새로운 분포지가 확인되지 않으므로 귀화하지 않은 것으로 판단했다. 중국 서남부 원산으로 알려져 있지만, 재배 환경에서만 관찰된다(Flora of North America Editorial Committee 2015).

문헌

동의학편집부. 1986. 향약집성방.

양영환. 2007. 제주도 귀화식물의 식생에 관한 연구.

양영환, 김문홍. 1998. 제주도의 귀화식물에 관한 연구.

홍순형, 허만규. 1994. 부산지역의 귀화식물 조사 보고.

Flora of North America Editorial Committee. 2015. Flora of North America. Vol. 6.

Mori, T. 1922. An Enumeration of Plants Hitherto Known from Corea.

황마 *Corchorus capsularis* L.

북한 이름 황마
원산지 아시아
들어온 시기 개항 이후~분단 이전
침입 정도 일시 출현
참고 박만규(1949)가 재배식물로 기록했다. 줄기껍질을 섬유로 이용한다(박형선 등 2009). 재배지 근처에서 일부가 야생상태로 나타나는 것이 보고된다(박형선 등 2009; 박종욱 등 2011). 원산지는 불명확하며 중국, 인도, 파키스탄, 방글라데시, 말레이시아 등에서 널리 재배한다(USDA 2015).

문헌
박만규. 1949. 우리나라 식물명감.
박종욱 등. 2011. 한반도 고유 식물자원 검색기술 개발 및 한반도 식물지 발간. 최종보고서.
박형선 등. 2009. 조선민주주의인민공화국의 외래식물목록과 영향평가.
USDA. 2015. Germplasm Resources Information Network (GRIN).

개양귀비 *Papaver rhoeas* L.

북한 이름 애기아편꽃, 물감양귀비
원산지 북아프리카, 서남아시아, 유럽
들어온 시기 개항 이전(16세기 전후: 리휘재 1964)
침입 정도 귀화
참고 화훼(우미인초 虞美人草)로 쓰기 위해 권업모범장(1907) 독도원예지장에서 시험 재배한 기록이 있다. 재배지를 벗어나 자라는 외래잡초로 보고되었고(농업과학기술원 1997), 박수현(2001)이 귀화식물 목록에 실었다. 박형선 등(2009)은 자연식물상으로 퍼져 나가는 것은 없다고 평가했다.

문헌

농업과학기술원. 1997. 1996년도 시험연구보고서(작물보호부).
리휘재. 1964. 한국식물도감. 화훼류 I.
박수현. 2001. 한국 귀화식물 원색도감. 보유편.
박형선 등. 2009. 조선민주주의인민공화국의 외래식물목록과 영향평가.
朝鮮總督府勸業模範場. 1907. 纛島園藝支場報告.

금영화 *Eschscholzia californica* Cham.

다른 이름 캘리포니아양귀비

북한 이름 화룡초

원산지 북아메리카

들어온 시기 개항 이후~분단 이전

침입 정도 일시 출현

참고 화훼(화연초 花煙草)로 쓰기 위해 권업모범장(1907) 독도원예지장에서 시험 재배한 기록이 있다. 재배지를 벗어나 자라는 외래잡초로 보고되었다(농업과학기술원 1997; 오세문 등 2002). 영국, 호주, 뉴질랜드 등에서도 재배지를 벗어나 귀화했다는 보고가 있다.

문헌

농업과학기술원. 1997. 1996년도 시험연구사업보고서

오세문 등. 2002. 국내 외래잡초의 유입정보 및 발생 현황.

朝鮮總督府勸業模範場. 1907. 纛島園藝支場報告.

나도양귀비 *Papaver somniferum* subsp. *setigerum* (DC.) Arcang.

이명 *Papaver setigerum* DC.

원산지 북아프리카, 서아시아, 유럽

들어온 시기 분단 이후

발견 기록 2005년 제주도 저지대 길가 공터(김찬수 등 2006)

침입 정도 일시 출현

참고 마약성분이 있으므로 마약류단속법에 따라 표본과 식물체 모두 소각되었고(김찬수 등 2006), 이후에는 보고되지 않았다. 일본에는 1964년경에 들어왔고, 환경성(2015)은 종합대책이 필요한 외래종으로 지정했다.

문헌

김찬수 등. 2006. 한국 미기록 귀화식물: 나도양귀비(양귀비과)와 좀개불알풀(현삼과).

環境省. 2015. 我が国の生態系等に被害を及ぼすおそれのある外来種リスト.

양귀비과(Papaveraceae)

둥근빗살현호색 *Fumaria officinalis* L.

다른 이름 둥근빗살괴불주머니
북한 이름 꽃주머니
원산지 북아프리카, 서아시아, 유럽
들어온 시기 분단 이후
발견 기록 2007년 제주도 제주시 한경면 조수리 중산간도로(양영환, 한봉석 2007)
침입 정도 일시 출현
참고 일본에는 메이지시대 후기에 들어와 홋카이도에 귀화했다(竹松哲夫, 一前宣正 1993)

문헌

양영환, 한봉석. 2007. 한국 미기록 귀화식물 1종: 둥근빗살괴불주머니(현호색과).
竹松哲夫, 一前宣正. 1993. 世界の雜草 II -離弁花類-.

바늘양귀비 *Papaver hybridum* L.

원산지 북아프리카, 서아시아, 유럽
들어온 시기 분단 이후
침입 정도 귀화
참고 김문홍(1985)이 제주식물도감에서 처음 보고했고, 고강석 등(1996)이 귀화식물 목록에 실었다. 박수현(1998)은 이를 좀양귀비의 오동정으로 판단했다. 이에 따라 귀화식물 목록에서 제외되었다가(고강석 등 2001), 다시 수록되었다(양영환 등 2001; 이유미 등 2011).

문헌

고강석 등. 1996. 귀화생물에 의한 생태계 영향 조사(Ⅱ).
고강석 등. 2001. 외래식물의 영향 및 관리방안 연구(Ⅱ)
김문홍. 1985. 제주식물도감. 제주도.
박수현. 1998. 한국 미기록 귀화식물(ⅩⅢ).
양영환 등. 2001. 제주도의 귀화식물에 관한 재검토.
이유미 등. 2011. 한국내 귀화식물의 현황과 고찰.

양귀비과(Papaveraceae)
좀양귀비 *Papaver dubium* L.

다른 이름 들양귀비, 긴열매꽃양귀비
북한 이름 긴열매아편꽃
원산지 북아프리카, 서아시아, 유럽
들어온 시기 분단 이후
발견 기록 1995년 경기도 수원 수인산업도로변(농업과학기술원 1996)
침입 정도 귀화
참고 박수현(1998)이 1998년에 제주도 안덕면 바닷가에서 발견한 뒤 보고했다. 같은 해에 전의식(1998)도 제주도 이호 해수욕장의 모래밭과 삼방산 밑의 공터에서 발견했다. 박수현(1998)은 제주식물도감(김문홍 1985)에 '바늘양귀비'로 발표된 식물이 좀양귀비라고 판단했다.

문헌

김문홍. 1985. 제주식물도감.
농업과학기술원. 1996. 1995년도 시험연구사업보고서(작물보호부편).
박수현. 1998. 한국 미기록 귀화식물(XⅢ).
전의식. 1998. 새로 발견된 귀화식물(15). 가시민들레아재비와 긴열매꽃양귀비.

어항마름과(Cabombaceae)
어항마름 *Cabomba caroliniana* A. Gray

북한 이름 새털련
원산지 북아메리카
들어온 시기 분단 이후
발견 기록 1986년 전라남도 여수시 미평동 제1수원지(환경청 1986)
침입 정도 일시 출현
참고 어항에 넣어 기르는 관상용 수초다(이창복 1980). 1986년 자연생태계전국조사에서 발견되었고(환경청 1986), 재배지를 벗어나 자라는 외래잡초로 기록되었다(농업과학기술원 1997). 임용석(2009)은 여수와 광양시 일대의 저수지에서 1986년에 보고된 이후 2001년과 2006년에 각각 한차례씩만 발견되었으므로, 분포역이 좁거나 드물게 출현하는 귀화식물로 판단했다. 중국의 침입외래생물 목록에 실려 있다(Xu 등 2012). 일본에는 1929년에 도입된 뒤 야생으로 퍼졌고 환경성(2015)은 중점대책이 필요한 외래종으로 지정했다.

문헌

농업과학기술원. 1997. 1996년도 시험연구사업보고서.
이창복. 1980. 대한식물도감.
임용석. 2009. 한국산 수생식물의 분포특성.
환경청. 1986. '86자연생태계 전국조사. 제1차년도(담수역권).
環境省. 2015. 我が国の生態系等に被害を及ぼすおそれのある外来種リスト.
Xu 등. 2012. An inventory of invasive alien species in China.

블랙엘더베리 *Sambucus nigra* L.

다른 이름 엘더(Elder), 엘더베리, 서양딱총나무
북한 이름 검은딱총나무
원산지 북아프리카, 서아시아, 유럽
들어온 시기 분단 이후
침입 정도 일시 출현
참고 김찬수 등(2006)이 제주도의 귀화식물 목록에 실었으나 양영환(2007)은 귀화하지
않은 것으로 보았다.

문헌

김찬수 등. 2006. 제주도의 귀화식물 분포특성.
양영환. 2007. 제주도 귀화식물의 식생에 관한 연구.

캐나다딱총 *Sambucus canadensis* L.

다른 이름 미국딱총나무
북한 이름 카나다딱총나무
원산지 북아메리카
들어온 시기 분단 이후
발견 기록 2009~2011년 대부도(Jang 등 2013)
침입 정도 일시 출현
참고 약용식물로 재배하는데 길가나 민가 주변에 야생하는 개체가 발견되기도 한다(김진석, 김태영 2011).

문헌

김진석, 김태영. 2011. 한국의 나무.
Jang 등. 2013. Diversity of vascular plants in Daebudo and its adjacent regions, Korea.

참오동나무 *Paulownia tomentosa* Steud.

북한 이름 참오동나무
원산지 중국
들어온 시기 개항 이전
발견 기록 1917년 울릉도(中井猛之進 1919)
침입 정도 귀화
참고 김진석과 김태영(2011)은 야생상태로 전국 산야나 개활지에서 자란다고 기록했다.
일본에서는 조몬시대 초기 유적지에서 식물유체가 발견되었고, 이 시기에 중국에서 들여
와 활용한 것으로 보인다(Noshiro, Sasaki 2014). 울릉도가 원산지라는 견해도 있다(리휘
재 1966).

문헌
김진석, 김태영. 2011. 한국의 나무.
리휘재. 1966. 한국동식물도감. 제6권. 식물편 (화훼류 II).
中井猛之進. 1919. 鬱陵島植物調査書.
Noshiro, S., Y. Sasaki. 2014. Pre-agricultural management of plant resources during the Jomon
   period in Japan - a sophisticated subsistence system on plant resources.

옻나무과(Anacardiaceae)

옻나무 *Toxicodendron verniciflum* (Stokes) F.A. Barkley

북한 이름 옻나무
이명 *Rhus verniciflua* Stokes
원산지 중국, 인도
들어온 시기 개항 이전
발견 기록 1910년 평양(H. Imai 채집, Nakai 1911)
침입 정도 귀화
참고 옻칠한 목기 조각이 온양의 청동기 유적지에서 발견되기도 했으므로(한병삼, 이건무 1977), 한반도에서 재배 역사가 오래되었음을 알 수 있다. 일본에서는 본격적인 농경이 시작되기 전인 조몬시대 초기에 중국에서 들여와 옻칠뿐 아니라 목재로도 이용했다(Noshiro, Sasaki 2014). 나카이(1911)는 자생한다고 했으며, 이창복(1971)과 이덕봉(1974), 이우철(1996)은 중국 원산이며 야생상으로 퍼졌다고 기록했다. 알레르기성 피부염을 유발하는 우루시올(urushiol)을 함유한다(Crosby 2004).

문헌

이덕봉. 1974. 한국동식물도감. 제15권. 식물편(유용식물).
이우철. 1996. 한국식물명고.
이창복. 1971. 약용식물도감.
한병삼, 이건무. 1977. 남성리 석관묘. 국립박물관 고적조사보고 제10책.
Crosby, D.G. 2004. The Poisoned Weed. Plants Toxic to Skin.
Nakai, T. 1911. Flora Koreana. Pars Secunda.
Noshiro, S., Y. Sasaki. 2014. Pre-agricultural management of plant resources during the Jomon period in Japan - a sophisticated subsistence system on plant resources.

위성류과(Tamaricaceae)
위성류 *Tamarix chinensis* Lour.

북한 이름 위성류
이명 *Tamarix juniperina* Bunge
원산지 중국
들어온 시기 개항 이전
침입 정도 귀화
참고 관상용 재배식물이다. 리휘재(1966)는 물보(物譜 1722~1879)에 기록되어 있어 오래전에 도입된 것으로 추정했다. 제주도에서 재배 식물을 채집한 기록이 있다(森爲三 1913). 민병미 등(2005)이 2005년에 화성시 송산면 시화호 주변에서 위성류 개체군을 발견했다. 현재 서해안 습지를 중심으로 야생한다(김진석, 김태영 2011).

문헌
김진석, 김태영. 2011. 한국의 나무.
리휘재. 1966. 한국동식물도감. 제6권. 식물편(화훼류 Ⅱ).
민병미 등. 2005. 시화호 내 위성류(*Tamarix chinensis*) 개체군의 특성.
森爲三. 1913. 南鮮植物採取目錄(前號ノ續).

인동과(Caprifoliaceae)

상치아재비 *Valerianella locusta* (L.) Laterr.

다른 이름 콘샐러드(Corn salad)
북한 이름 들부루
이명 *Valerianella olitoria* (L.) Pollich
원산지 북아프리카, 서아시아, 유럽
들어온 시기 분단 이후
발견 기록 2002년 제주도 넓은목장 도로변(박수현 등 2003)
침입 정도 귀화

문헌
박수현 등. 2003. 한국 미기록 귀화식물(XVIII).

미국자리공 *Phytolacca americana* L.

다른 이름 양자리공
북한 이름 빨간자리공
원산지 북아메리카
들어온 시기 분단 이후
발견 기록 1959년 흑산도(이창복 채집, 서울대학교 산림자원학과 표본관)
침입 정도 침입
참고 지형준과 한대석(1976)이 생약 상륙(商陸)의 기원식물 중 하나로, 중부 이남 해안 지방에 가까운 야산에 많이 야생하며, 인가 주변에 심는다고 보고했다. 임양재와 전의 식(1980)이 귀화식물 목록에 실었다. 가시박이 전국적으로 확산되기 이전, 신문에 가장 많이 언급된 외래식물이다. 1990년대 초에 특히 미국자리공이 생태계에 미치는 영향에 대한 논란이 있었다(김준민 등 2000). 1993년 9월 26일자 동아일보에는 〈미국자리공이 자라는 國土〉라는 제목의 사설이 실렸고, 울산 석유화학공업단지 주변에서 번성하던 미국자리공이 수원 팔달산에서도 발견된 사실을 언급하면서 "미국자리공이 서울 남산 으로 쳐들어오지 않는다고 장담하겠는가"라고 묻고 있다. 현재 남한 전역뿐 아니라 함 경남도 함흥과 정평의 들판과 집 주변에도 자생하는 것이 보고되었다(라응칠 등 2003). 중국에서는 1935년에 발견되었고, 침입외래생물 목록에 실려 있다(Xu 등 2012). 일본 에는 메이지시대 초기에 들어왔고, 각지에 야생화되어 자란다(牧野富太郎 1940). 국립 생물자원관에서는 충치와 치주질환 효과물질을 보고했고(김은실 등 2015), 경상북도 농 업기술원에서는 줄기마름병을 방제하는 항진균 효과를 보고하는(박준홍 2016) 등 추출 물을 활용한 연구가 이루어졌다.

문헌

김은실 등. 2016. 미국자리공 추출물 또는 이의 분획물을 유효성분으로 함유하는 충치와 치주질환 예 방 또는 치료용 조성물.
김준민 등. 2000. 한국의 귀화식물.
라응칠 등. 2003. 함경남도 경제식물지.
박준홍. 2016. 미국자리공 잎 추출물 또는 분획물을 유효성분으로 포함하는 줄기마름병 방제 조성물.
임양재, 전의식. 1980. 한반도의 귀화식물 분포.
지형준, 한대석. 1976. 특기할 한국산 약용식물(Ⅱ).
牧野富太郎. 1940. 牧野日本植物図鑑.
Xu 등. 2012. An inventory of invasive alien species in China.

자리공과(Phytolaccaceae)

자리공 *Phytolacca esculenta* Van Houtte

다른 이름 상륙(商陸)
북한 이름 자리공
이명 *Phytolacca acinosa* Roxb.
원산지 중국
들어온 시기 개항 이전
발견 기록 1859년 거문도(C. Wilford 채집, Forbes, Hemsley 1891), 1886년 서울(J. Kalinowsky 채집, Palibin 1901)
침입 정도 귀화
참고 향약집성방(1433)에 뿌리의 처방 기록이 있고(동의학편집부 1986), 세종실록지리지(1454)에도 약용식물로 나온다. 이우철과 임양재(1978)가 귀화식물 목록에 실었다. 약용으로 재배하던 것이 재배지를 벗어나 야생화되었다(박수현 1995). 한편 환경부 (2006, 2012)에서는 전국자연환경조사 과정에서 식물구계학적 특정식물 제V등급 식물 군의 하나로 분류했다.

문헌

동의학편집부. 1986. 향약집성방.
박수현. 1995. 한국 귀화식물 원색도감.
이우철, 임양재. 1978. 한반도 관속식물의 분포에 관한 연구.
환경부. 2006. 제3차 전국자연환경조사 지침.
환경부. 2012. 제4차 전국자연환경조사 지침.
Forbes, F.B., W.B. Hemsley. 1891. An enumeration of all the plants known from China Proper, Formosa, Hainan, the Corea, the Luchu Archipelago, and the Island of Hongkong; together with their distribution and synonymy.
Palibin, J. 1901. Conspectus Florae Koreae. Pars II.

자작나무과(Betulaceae)

사방오리 *Alnus firma* Siebold & Zucc.

북한 이름 군은오리나무
원산지 일본
들어온 시기 개항 이후~분단 이전(1940년경: 조무행, 최명섭 1992)
침입 정도 일시 출현
참고 정태현과 이우철(1962)이 북한산 식물 조사에서 서울 인구가 증가해 고유식물상
은 모두 파괴되고, 인공 조림된 사방오리나무와 아까시나무가 무성하며, 개망초와 서양
톱풀과 같은 귀화식물이 자생상태와 같이 분포하게 되었다고 기록했다. 사방오리는 맹
아력이 왕성하고 환경에 쉽게 적응해 사방지나 황폐지에 침입하면 자연갱신해 군락을
형성한다(조무행, 최명섭 1992). 정수영(2014)은 침입외래식물로 검토할 필요가 있다고
제안했다.

문헌

정수영. 2014. 침입외래식물(IAP)의 국내 분포특성 연구.
정태현, 이우철. 1962. 북한산의 식물자원조사연구 - 제1부 관속식물 -.
조무행, 최명섭. 1992. 한국수목도감.

가는잎조팝나무 *Spiraea thunbergii* Siebold ex Blume

다른 이름 분설화(噴雪花), 능수조팝나무
북한 이름 능수조팝나무
원산지 중국 동부
들어온 시기 개항 이후~분단 이전(1912~1930년: 리휘재 1966)
침입 정도 일시 출현
참고 박만규(1949)가 재배식물로 기록했고, 홍순형과 허만규(1994)가 부산의 귀화식물 목록에 실었다. 일본에서는 야생화되어 하천변 암석지대에서 자란다(淸水建美 2003).

문헌
리휘재. 1966. 한국동식물도감. 제6권. 식물편(화훼류 II).
박만규. 1949. 우리나라 식물명감.
홍순형, 허만규. 1994. 부산지역의 귀화식물 조사 보고.
淸水建美. 2003. 日本の帰化植物.

장미과(Rosaceae)
개소시랑개비 *Potentilla supina* L.

다른 이름 숫쇠스랑개비
북한 이름 깃쇠스랑개비
원산지 아시아, 유럽
들어온 시기 개항 이전
발견 기록 1897년 함경북도 무산 등 북한 지역(Komarov 1904)
참고 이우철과 임양재(1978)가 유럽과 아시아 원산으로 귀화식물 목록에 실었다.
Potentilla supina L.은 *P. supina* subsp. *supina*, *P. supina* subsp. *costata* Soják, *P. supina* subsp. *paradoxa*(Nutt. ex Torr. & A. Gray) Soják의 3가지 아종으로 구분된다(Soják 2004). 이 중 *P. supina* subsp. *supina*는 유럽산이지만 중국이나 주변 국가에 분포하지 않는다(Soják 2007). 우랄, 블라디보스토크, 한국, 터키, 아제르바이잔, 시리아, 이라크, 이란, 아프가니스탄, 과거 소련 중앙아시아 지역, 파키스탄, 카시미르, 북서인도까지 넓은 지역에 분포하는 아종은 subsp. *costata*이다(Soják 2007). 도스탈렉 등(1989)이 북한에서 채집한 *P. supina*를 Soják은 모두 subsp. *costata*로 동정했다.

문헌
이우철, 임양재. 1978. 한반도 관속식물의 분포에 관한 연구.
Dostálek 등. 1989. A few taxa new to the flora of North Korea.
Komarov, V.L. 1904. Flora Manshuriae. Vol. Ⅱ.
Soják, J. 2004. *Potentilla* L. (Rosaceae) and related genera in the former USSR (identification key, checklist and figures). Notes on *Potentilla* XⅥ.
Soják, J. 2007. *Potentilla* (Rosaceae) in China. Notes on *Potentilla* XⅨ.

장미과(Rosaceae)
공조팝나무 *Spiraea cantoniensis* Lour.

북한 이름 수국조팝나무
원산지 중국 장시성
들어온 시기 분단 이후
침입 정도 일시 출현
참고 정원에 심는 관상식물이다(정태현 1970). 홍순형과 허만규(1994)가 부산의 귀화식물 목록에 실었다. 일본에서는 재배지를 벗어나 자라는 것이 발견된다(淸水建美 2003).

문헌
정태현. 1970. 한국동식물도감. 제5권. 식물편(목초본류). 보유.
홍순형, 허만규. 1994. 부산지역의 귀화식물 조사 보고.
淸水建美. 2003. 日本の帰化植物.

장미과(Rosaceae)

딸기 *Fragaria* × *ananassa* (Duchesne ex Weston) Duchesne ex Rozier

북한 이름 밭딸기

원산지 교배종

들어온 시기 개항 이후~분단 이전(20세기 초: 이정명 등 2003)

침입 정도 일시 출현

참고 아메리카 서부 해안 지역이 원산인 *Fragaria chiloensis* (L.) Mill.과 북아메리카 동부 원산인 *Fragaria virginiana* Mill. 사이의 교배종이다(Cullen 등 2011). 홍순형과 허만규 (1994)가 부산의 귀화식물 목록에 실었다. 박형선 등(2009)은 재배지를 벗어나 자연생 장하는 개체는 없다고 평가했다.

문헌

박형선 등. 2009. 조선민주주의인민공화국의 외래식물목록과 영향평가.

이정명 등. 2003. 신고 채소원예각론.

홍순형, 허만규. 1994. 부산지역의 귀화식물 조사 보고.

Cullen 등. 2011. The European Garden Flora. Vol. Ⅲ.

장미과(Rosaceae)

모과나무 *Chaenomeles sinensis* (Dum.Cours.) Koehne

북한 이름 모과나무

이명 *Cydonia sinensis* (Dum.Cours.) Thouin, *Pseudocydonia sinensis* (Dum.Cours.) C.K. Schneid.

원산지 중국

들어온 시기 개항 이전(삼국시대 또는 그 이전)

침입 정도 일시 출현

참고 6~7세기 백제시대 부여 유적지에서 식물유체가 발견되었다(안승모 2013). 나카이 (1915)는 1913년 지리산 식물조사에서 모과나무가 재배지를 벗어나 자란다고 했고, 김 현삼 등(1974)은 중부, 남부, 제주도에 반야생상태로 자라거나 사람이 심어 가꾼다고 기 록했다. 홍순형과 허만규(1994)가 부산 귀화식물 목록에 실었다.

문헌

김현삼. 1974. 조선식물지 3.

안승모. 2013. 식물유체로 본 시대별 작물조성의 변천.

홍순형, 허만규. 1994. 부산지역의 귀화식물 조사 보고.

中井猛之進. 1915. 智異山植物調査報告書.

복사나무 *Prunus persica* (L.) Batsch

북한 이름 복숭아나무
원산지 중국
들어온 시기 개항 이전(청동기시대 또는 그 이전)
발견 기록 1913년 제주도 한라산(中井猛之進 1914)
침입 정도 귀화
참고 충주시 조동리 등의 청동기시대 유적지에 복사나무 종자유체가 발견되었고(안승모 2013), 세종실록지리지(1454)에 재배식물로 기록되어 있다. 한반도 거의 모든 지역에서 재배하거나 저절로 자라는 것이 있으며(박형선 등 2009), 주로 민가 근처 산지에서 야생한다(김진석, 김태영 2011). 중국에서 4,000년 전부터 재배했으며, 복사나무의 야생형을 티베트와 중국 서부 산지에서 발견할 수 있다(Zohary 등 2012).

문헌

김진석, 김태영. 2011. 한국의 나무.
박형선 등. 2009. 조선민주주의인민공화국의 외래식물목록과 영향평가.
안승모. 2013. 식물유체로 본 시대별 작물조성의 변천.
中井猛之進. 1914. 濟州島竝莞島植物調査報告書.
Zohary 등. 2012. Domestication of Plants in the Old World.

장미과(Rosaceae)

산당화 *Chaenomeles speciosa* (Sweet) Nakai

다른 이름 당명자나무, 명자꽃
북한 이름 명자나무
이명 *Chaenomeles lagenaria* (Loisel.) Koidz.
원산지 중국
들어온 시기 개항 이후~분단 이전(1925년: 리휘재 1966)
침입 정도 귀화
참고 하쓰시마(1934)가 지리산의 규슈대학 연습림 식물조사에서 재배지를 벗어나 야생
상으로 나타난다고 했고, 정태현(1943)이 진해와 해남 및 속리산에 분포하는 것으로 기
록했다. 홍순형과 허만규(1994)가 부산의 귀화식물 목록에 실었다.

문헌

리휘재. 1966. 한국동식물도감. 제6권. 식물편(화훼류 Ⅱ).
홍순형, 허만규. 1994. 부산지역의 귀화식물 조사 보고.
鄭台鉉. 1943. 朝鮮森林植物圖說.
初島柱彦. 1934. 九州帝國大學南鮮演習林植物調査(豫報).

장미과(Rosaceae)

살구나무 *Prunus armeniaca* var. *ansu* Maxim.

북한 이름 살구나무
원산지 중국
들어온 시기 개항 이전(5세기 또는 그 이전)
침입 정도 귀화
참고 5세기 이후 유적지에서 발견되었고(안승모 2013), 세종실록지리지(1454)에 재배
식물로 기록되어 있다. 나카이(1916)는 재배지를 벗어나 야생상태로 자란다고 했다. 북
한 학자들은 일부 재배종이 야생화해 산지에서 저절로 자라기도 한다고 보고했다(김현
삼 1974; 임록재 등 1997; 박형선 등 2009).

문헌

김현삼. 1974. 조선식물지 3.
박형선 등. 2009. 조선민주주의인민공화국의 외래식물목록과 영향평가.
안승모. 2013. 식물유체로 본 시대별 작물조성의 변천.
임록재 등. 1997. 조선식물지 3(증보판).
中井猛之進. 1916. 朝鮮森林植物編. 第五輯.

서양산딸기 *Rubus plicatus* Weihe & Nees

다른 이름 서양오엽딸기
이명 *Rubus fruticosus* L.
원산지 유럽
들어온 시기 분단 이후
발견 기록 2001년 제주도 제주시 오등동 오라골프장 옆 도로변(양영환 등 2002)
침입 정도 귀화
참고 전국의 낮은 산지, 저수지 및 하천 주변에 야생한다(김진석, 김태영 2011). 미국 연방에서 지정한 유해잡초다(APHIS 2016).

문헌

김진석, 김태영. 2011. 한국의 나무.
양영환 등. 2002. 제주 미기록 귀화식물(II).
APHIS, USDA. 2016. Federal and state noxious weeds.

장미과(Rosaceae)
숱오이풀 *Sanguisorba minor* Scop.

다른 이름 샐러드버넷(Salad burnet)
북한 이름 좀오이풀
원산지 북아프리카, 서아시아, 유럽
들어온 시기 분단 이후
발견 기록 1998년 인천 율도 실버타운 조성지(박수현 1998)
침입 정도 일시 출현
참고 제주도에서도 관찰되었다(김찬수 등 2006).

문헌

김찬수 등. 2006. 제주도의 귀화식물 분포특성.
박수현. 1998. 한국 미기록 귀화식물(Ⅻ).

장미과(Rosaceae)

자두나무 *Prunus salicina* Lindl.

북한 이름 추리나무
이명 *Prunus triflora* Roxb.
원산지 중국
들어온 시기 개항 이전(삼국시대)
침입 정도 귀화
참고 삼국시대 과일 종류 중 하나로 고대 문헌에 기록되어 있다(안승모 2013). 나카이 (1916)는 중남부에는 적지만 북부 산지에 많으며 산간계류 주변에서 자란다고 했다. 자 강도 일부 지역과 강원도 금강군 산기슭과 골짜기에 저절로 자란다(김현삼 1974; 임록 재 등 1997). 일본에서도 야생상태로 보고되었다(牧野富太郎 1940).

문헌
김현삼. 1974. 조선식물지 3.
안승모. 2013. 식물유체로 본 시대별 작물조성의 변천.
임록재 등. 1997. 조선식물지 3(증보판).
牧野富太郎. 1940. 牧野日本植物図鑑.
中井猛之進. 1916. 朝鮮森林植物編. 第五輯.

장미과(Rosaceae)

풀명자 *Chaenomeles japonica* (Thunb.) Lindl. ex Spach

다른 이름 명자나무
북한 이름 풀명자나무
이명 *Chaenomeles maulei* (Mast.) C. K. Schneid., *Cydonia japonica* (Thunb.) Pers.
원산지 일본
들어온 시기 개항 이전
발견 기록 1886년 서울(J. Kalinowsky 채집, Palibin 1898)
침입 정도 일시 출현
참고 나카이(1915)는 1913년의 지리산 식물조사에서 재배지를 벗어나 자라는 것으로
기록했다. 김진석과 김태영(2011)은 한반도 중부 이남에 자생한다는 문헌이 있지만 자
생 여부는 불확실하다고 설명했다.

문헌

김진석, 김태영. 2011. 한국의 나무.
中井猛之進. 1915. 智異山植物調査報告書.
Palibin, J. 1898. Conspectus Florae Koreae. Pars I.

장미과(Rosaceae)

황매화 *Kerria japonica* (L.) DC.

북한 이름 황매화
원산지 중국, 일본
들어온 시기 개항 이전
발견 기록 1877~1882년 부산(Y. Hanabusa 채집, 帝國大學 1886), 1886년 서울(J. Kalinowsky 채집, Palibin 1898)
침입 정도 일시 출현
참고 리휘재(1966)는 중국 명나라와 교류하는 과정에서 도입된 것으로 추정했다. 1913년 지리산 식물조사에서 나카이(1915)는 황매화가 재배지를 벗어나 자란다고 했으며, 이시도야와 정태현(1923)은 계룡산 갑사 인근 계곡에 다수 야생한다고 기록했다. 김현삼(1974)과 임록재 등(1997)은 중부(박연, 수양산) 및 남부의 산기슭에서 반야생상태로 자란다고 했다. 한편 김진석과 김태영(2011)은 남한에는 황매화가 자생하지 않는 것으로 추정했다. 죽단화(*K. japonica* f. *pleniflora*)는 황매화의 품종이다.

문헌

김진석, 김태영. 2011. 한국의 나무.
김현삼. 1974. 조선식물지 3.
리휘재. 1966. 한국동식물도감. 제6권. 식물편(화훼류 Ⅱ).
임록재 등. 1997. 조선식물지 3(증보판).
石戶谷勉, 鄭台鉉. 1923. 朝鮮森林樹木鑑要.
帝國大學. 1886. 帝國大學理科大學植物標品目錄
中井猛之進. 1915. 智異山植物調査報告書.
Palibin, J. 1898. Conspectus Florae Koreae. Pars Ⅰ.

제비꽃과(Violaceae)
야생팬지 *Viola arvensis* Murray

북한 이름 밭제비꽃
원산지 북아프리카, 서남아시아, 유럽
들어온 시기 분단 이후
발견 기록 1995년 인천 항만 곡물 사일로 주변, 안산 수인산업도로변(농업과학기술원 1996; 박수현 2001)
침입 정도 일시 출현

문헌

농업과학기술원. 1996. 1995년도 시험연구사업보고서(작물보호부편).
박수현. 2001. 한국 귀화식물 원색도감. 보유편.

종지나물 *Viola sororia* Willd.

다른 이름 미국제비꽃

이명 *Viola papilionacea* Pursh

원산지 북아메리카

들어온 시기 분단 이후

발견 기록 1989년 가야산 해인사 입구(전의식 1998)

침입 정도 귀화

참고 해방 이후 국내에 들어온 것으로 추정되며, 관상용, 식용으로 이용한다(이영노 1996). 선병윤 등(1992)이 전라북도 금산사 일대와 전주시 근교 길가에서 발견해 미국 제비꽃으로 보고했는데, 이것은 종지나물과 동일한 종이다(김준민 등 2000).

문헌

김준민 등. 2000. 한국의 귀화식물.

선병윤 등. 1992. 한국 귀화식물 및 신분포지.

이영노. 1996. 원색 한국식물도감.

전의식. 1998. 새로 발견된 귀화식물(17). 나물로도 이용되는 북미 원산의 종지나물 및 털빕새귀리.

미국쥐손이 *Geranium carolinianum* L.

원산지 북아프리카, 서남아시아, 유럽

들어온 시기 분단 이후

발견 기록 1995년 제주도 제주시, 서귀포시 중문단지, 서울 뚝섬 한강시민공원(전의식 1995)

침입 정도 귀화

참고 중국에서는 1926년에 처음 발견되었고, 침입외래생물 목록에 실려 있다(Xu 등 2012). 일본에서는 1932년에 처음 발견되었다(淸水建美 2001).

문헌

농업과학기술원. 1996. 1995년도 시험연구사업보고서(작물보호부편).

박수현. 2001. 한국 귀화식물 원색도감. 보유편.

전의식. 1995. 새로 발견된 귀화식물 (11). 근래에 귀화한 미국쥐손이와 애기노랑토끼풀.

淸水建美. 2003. 日本の帰化植物.

Xu 등. 2012. An inventory of invasive alien species in China.

세열미국쥐손이 *Geranium dissectum* L.

북한 이름 가지손잎풀
원산지 북아프리카, 서아시아, 유럽
들어온 시기 분단 이후
발견 기록 2012년 제주도 제주시 조천읍 대섬(정수영 등 2015)
침입 정도 일시 출현
참고 병해충에 해당하는 잡초(관리잡초)다(농림축산검역본부 2016).

문헌
농림축산검역본부. 2016. 병해충에 해당되는 잡초.
정수영 등. 2015. 미기록 외래식물: 세열미국쥐손이(쥐손이풀과), 유럽패랭이(석죽과).

세열유럽쥐손이 *Erodium cicutarium* (L.) L'Hér.

북한 이름 털갈래손잎풀
원산지 북아프리카, 서아시아, 유럽
들어온 시기 분단 이후
발견 기록 1998년 경기도 안산시, 인천 장수동 수인산업도로변(박수현 1999)
침입 정도 귀화
참고 제주도에서도 발견되었다(김찬수 등 2006). 캐나다 마니토바 주와 미국 콜로라도
주에서 유해잡초로 지정했다(Francis 등 2012). 일본에서는 에도시대에 들어와 관상식
물로 재배했고, 재배지를 벗어나 귀화했다(清水建美 2003).

문헌

김찬수 등. 2006. 제주도의 귀화식물 분포특성.
박수현. 1999. 한국 미기록 귀화식물(XV).
清水建美. 2003. 日本の帰化植物.
Francis 등. 2012. The biology of Canadian weeds. 151. *Erodium cicutarium* (L.) L'Hér. ex Aiton.

지치과(Boraginaceae)

갈퀴지치 *Asperugo procumbens* L.

북한 이름 거친풀
원산지 북아프리카, 서아시아, 유럽
들어온 시기 분단 이후
발견 기록 2010년 인천 중구 항동7가 인천항 8부두 곡물저장고 주변 노지(이혜정 등 2014)
침입 정도 일시 출현
참고 이혜정 등(2014)은 수입곡물에 섞여 들어와 항만 주변에서 자라는 것으로 추측했다.

문헌

이혜정 등. 2014. 한국 미기록 외래식물: 산형나도별꽃, 갈퀴지치.

물망초 *Myosotis scorpioides* L.

북한 이름 물지치
원산지 유럽
들어온 시기 분단 이후
침입 정도 일시 출현
참고 유럽 원산 재배식물이다(이춘녕, 안학수 1963). 재배지를 벗어나 자라는 외래잡초
로 기록되었다(농업과학기술원 1997; 오세문 등 2002). 일본에서는 야생화되어 자라는
것이 1950년대에 발견되었다(淸水矩宏 등 2001).

문헌
농업과학기술원. 1997. 1996년도 시험연구사업보고서.
오세문 등. 2002. 국내 외래잡초의 유입정보 및 발생 현황.
이춘녕, 안학수. 1963. 한국식물명감.
淸水矩宏 등. 2001. 日本帰化植物写真図鑑 - Plant invader 600種 -.

미국꽃말이 *Amsinckia lycopsoides* Lindl. ex Lehm.

원산지 북아메리카 서부
들어온 시기 분단 이후
발견 기록 1998년 경기도 안산 수인산업도로변, 아산호 방조제(박수현 1999)
침입 정도 귀화

문헌

박수현. 1999. 한국 미기록 귀화식물(XIV).

컴프리 *Symphytum officinale* L.

북한 이름 애국풀
원산지 유럽, 아시아
들어온 시기 개항 이후~분단 이전
침입 정도 귀화
참고 임록재 등(1993)은 1946년에 도입된 것으로 설명했다. 임양재와 전의식(1980)이 귀화식물 목록에 실었다. 약용, 사료용으로 재배하다 야생으로 퍼진 것이다(박수현 1995).

문헌

박수현. 1995. 한국 귀화식물 원색도감.
임록재 등. 1993. 조선약용식물(원색).
임양재, 전의식. 1980. 한반도의 귀화식물 분포.

개불알풀 *Veronica polita* Fr.

북한 이름 쌍꼬리풀

이명 Veronica didyma var. lilacina (H. Hara) T. Yamaz., *Veronica caninotesticulata* Makino

원산지 북아프리카, 서아시아, 유럽

들어온 시기 개항 이전

발견 기록 1863년 한반도(R. Oldham 채집, Forbes, Hemsley 1890)

침입 정도 귀화

참고 과거 문헌에는 *Veronica agrestis* L. 이라는 학명이 잘못 적용되기도 했다(이우철 1996). 이우철과 임양재(1978)는 일본과 중국 원산 귀화식물로, 이영노(2002)는 유럽 원산 식물로 판단했다. 반면 임양재와 전의식(1980)은 재래식물로 판단했다. 이 책에서는 *V. didyma* var. *liacina*를 *V. polita*의 이명으로 취급한 중국식물지를 따랐다(Wu, Raven 1998). 중국의 침입외래생물 목록에 실려 있다(Xu 등 2012).

문헌

이영노. 2002. 원색한국식물도감. 개정증보판.

이우철. 1996. 원색한국기준식물도감.

이우철, 임양재. 1978. 한반도 관속식물의 분포에 관한 연구.

임양재, 전의식. 1980. 한반도의 귀화식물 분포.

Forbes, F.B., W.B. Hemsley. 1890. An enumeration of all the plants known from China Proper, Formosa, Hainan, the Corea, the Luchu Archipelago, and the Island of Hongkong; together with their distribution and synonymy.

Wu, Z.Y., P.H. Raven. 1998. Flora of China. Vol. 18.

Xu 등. 2012. An inventory of invasive alien species in China.

질경이과(Plantaginaceae)
금어초 *Antirrhinum majus* L.

다른 이름 미어초
북한 이름 금붕어꽃
원산지 북아프리카, 서아시아, 남유럽
들어온 시기 개항 이후~분단 이전
침입 정도 일시 출현
참고 관상식물이며 화훼로 쓰기 위해 권업모범장(1907) 독도원예지장에서 시험 재배한
기록이 있다. 부산의 귀화식물 목록에 실렸다(홍순형, 허만규 1994). 박형선 등(2009)은
자연으로 퍼지는 것은 없다고 평가했다.

문헌
박형선 등. 2009. 조선민주주의인민공화국의 외래식물목록과 영향평가.
홍순형, 허만규. 1994. 부산지역의 귀화식물 조사 보고.
朝鮮總督府勸業模範場. 1907. 纛島園藝支場報告.

긴포꽃질경이 *Plantago aristata* Michx.

원산지 북아메리카

들어온 시기 분단 이후

발견 기록 2004년 경기도 고양시 한강변(Lee 등 2005)

침입 정도 일시 출현

참고 경주에도 분포한다(박수현 2009). 중국에서는 1929년에 발견되었고, 침입외래생물 목록에 실려 있다(Xu 등 2012). 일본에서는 1924년에 발견되었다(清水建美 2003).

문헌

박수현. 2009. 세밀화와 사진으로 보는 한국의 귀화식물.

清水建美. 2003. 日本の帰化植物.

Lee 등. 2005. A recently introduced plantain species in Korea: *Plantago aristata* (Plantaginaceae).

Xu 등. 2012. An inventory of invasive alien species in China.

눈개불알풀 *Veronica hederifolia* L.

북한 이름 담장잎꼬리풀
원산지 북아프리카, 아시아, 유럽
들어온 시기 분단 이후
발견 기록 1985~1987년 경상남도 가덕도(김윤식 등 1988)
침입 정도 귀화

문헌

김윤식 등. 1988. 가덕도의 식물상 조사 연구.

덩굴해란초 *Cymbalaria muralis* P. Gaertn., B. Mey. & Scherb.

원산지 유럽 중부 및 남부

들어온 시기 분단 이후

발견 기록 2006년 서울 불광동 나지(Kil 등 2009)

침입 정도 일시 출현

참고 일본에서는 1912년에 관상식물로 수입된 것이 야생화되었다(清水建美 2003).

문헌

清水建美. 2003. 日本の帰化植物.

Kil 등. 2009. Unrecorded and introduced taxon in Korea: *Cymbalaria muralis* P. Gaetrn. (Scrophulariaceae).

질경이과(Plantaginaceae)

디기탈리스 *Digitalis purpurea* L.

북한 이름 디기탈리쓰, 심장병풀
원산지 유럽
들어온 시기 개항 이후~분단 이전
침입 정도 일시 출현
참고 모리(1922)가 수입 재배종으로 보고했다. 홍순형과 허만규(1994)가 부산의 귀화식물 목록에 실었고, 이우철(1996)은 거의 야생상으로 자라기도 한다고 기록했다. 박형선 등(2009)은 재배지를 벗어나 자연식물상에 들어가는 것은 없다고 보고했다. 강심제로 사용되기도 하지만, 함유된 푸르푸레아 글리코시드(purpurea glygosides)와 디기톡신(digitoxin)은 강한 심장독으로도 작용한다(Wink, Van Wyk 2008).

문헌

박형선 등. 2009. 조선민주주의인민공화국의 외래식물목록과 영향평가.

이우철. 1996. 한국식물명고.

홍순형, 허만규. 1994. 부산지역의 귀화식물 조사 보고.

Mori, T. 1922. An Enumeration of Plants Hitherto Known from Corea.

Wink, M., B.-E. Van Wyk. 2008. Mind-Altering and Poisonous Plants of the World.

라나타종꽃 *Digitalis lanata* Ehrh.

다른 이름 털기디탈리스, 그레시안폭스글로브(Grecian foxglove)
북한 이름 가는잎심장병풀, 털기디탈리쓰, 가는디기탈리쓰, 털심장병풀
원산지 서아시아, 유럽
들어온 시기 분단 이후
침입 정도 일시 출현
참고 이춘녕과 안학수(1963)가 관상용 및 약용 재배식물로 기록했으며 홍순형과 허만규(1994)가 부산의 귀화식물 목록에 실었다. 박형선 등(2009)은 귀화하지 않은 재배식물로 판단했다. 디기탈리스와 같이 라나타종꽃 역시 심장병 치료에 이용되지만, 함유된 디곡신(digoxin) 등은 강한 심장독으로도 작용한다(Wink, Van Wyk 2008).

문헌

박형선 등. 2009. 조선민주주의인민공화국의 외래식물목록과 영향평가.
이춘녕, 안학수. 1963. 한국식물명감.
홍순형, 허만규. 1994. 부산지역의 귀화식물 조사 보고.
Wink, M., B.-E. Van Wyk. 2008. Mind-Altering and Poisonous Plants of the World.

質경이과(Plantaginaceae)

문모초 *Veronica peregrina* L.

북한 이름 벌레집꼬리풀
원산지 북아메리카, 남아메리카
들어온 시기 개항 이전
발견 기록 1913년 제주도 초지(中井猛之進 1914)
침입 정도 귀화
참고 마에카와(1943)는 가장 오래전에 일본으로 들어온 사전귀화식물 중 하나로 추정했다. 북한 학자들은 외래식물로 보며 홍경식 등(1975)은 아메리카 원산 식물, 임록재 등(1999)은 서아시아 원산 식물로 기록했다. 남한 학자들 중에서 이춘녕과 안학수(1963)가 아메리카 원산 식물로 기록했지만 대부분 학자들은 재래식물로 여긴다. 김철환(2000)은 식물구계학적 특정식물 제 I 등급 식물로 분류했다. 유럽식물지(Tutin 등 1972), 중국식물지(Wu, Raven 1998) 및 그 밖의 여러 문헌(竹松哲夫, 一前宣正 1987; Stace 2010; USDA 2015)에서 아메리카 원산 식물로 판단한다. 중국의 침입외래생물 목록에 실려 있다(Xu 등 2012).

문헌

김철환. 2000. 자연환경 평가 - I. 식물군의 선정 -.
이춘녕, 안학수. 1963. 한국식물명감.
임록재 등. 1999. 조선식물지 6(증보판).
홍경식 등. 1975. 조선식물지 5.
前川文夫. 1943. 史前歸化植物 について.
竹松哲夫, 一前宣正. 1987. 世界の雑草 I - 合弁花類 -.
中井猛之進. 1914. 濟州島竝莞島植物調査報告書.
Stace, C. 2010. New flora of the British Isles.
Tutin 등. 1972. Flora Europaea. Vol. 3.
USDA. 2015. Germplasm Resources Information Network (GRIN).
Wu, Z.Y., P.H. Raven. 1998. Flora of China. Vol. 18.
Xu 등. 2012. An inventory of invasive alien species in China.

미국물칭개 *Veronica americana* Schwein. ex Benth.

원산지 북아메리카

들어온 시기 분단 이후

발견 기록 1998년 남한산성 성벽 부근, 강원도 영월 서강 강변(전의식 1999)

침입 정도 귀화

참고 전의식(1999)은 분포역이 북아메리카뿐 아니라 알래스카, 캄차카 반도를 거쳐 사할린 및 일본 홋카이도까지 이어져 있으므로 두만강 유역에 분포할 가능성도 있다고 추정했다. 북한 문헌에는 아직 보고되지 않았다.

문헌

전의식. 1999. 새로 발견된 귀화식물(18). 자생식물일지도 모르는 미국물칭개.

질경이과(Plantaginaceae)
미국질경이 *Plantago virginica* L.

원산지 북아메리카
들어온 시기 분단 이후
발견 기록 1994년 제주도 남제주군 표선면 신천리(박수현 1995)
침입 정도 귀화
참고 순천과 창녕 우포늪 주변에서도 자란다(박수현 2009). 중국에서는 1951년에 발견
되었고, 침입외래생물 목록에 실려 있다(Xu 등 2012).

문헌

박수현. 1995. 한국 귀화식물 원색도감.
박수현. 2009. 세밀화와 사진으로 보는 한국의 귀화식물.
Xu 등. 2012. An inventory of invasive alien species in China.

질경이과(Plantaginaceae)
선개불알풀 *Veronica arvensis* L.

북한 이름 들꼬리풀
원산지 북아프리카, 서남아시아, 남유럽
들어온 시기 개항 이후~분단 이전
발견 기록 1917년 울릉도(정태현 채집, 이재두 1977)
침입 정도 침입
참고 모리(1922)가 울릉도에 분포한다고 했으며, 이춘녕과 안학수(1963)가 귀화식물로 기록했다. 지금은 남한 전역에 분포한다(박수현 2009). 중국의 침입외래생물 목록에 실려 있다(Xu 등 2012). 일본에는 메이지시대 초기(1870년경)에 들어와 귀화했고, 각지의 밭과 길가에서 자란다(大橋広好 등 2008).

문헌
박수현. 2009. 세밀화와 사진으로 보는 한국의 귀화식물.
이재두. 1977. 성균관대학교 소장 고 정태현 식물석엽 표본 목록.
이춘녕, 안학수. 1963. 한국식물명감.
大橋広好 등. 2008. 新牧野日本植物圖鑑.
Mori, T. 1922. An Enumeration of Plants Hitherto Known from Corea.
Xu 등. 2012. An inventory of invasive alien species in China.

질경이과(Plantaginaceae)
솔잎해란초 *Nuttallanthus canadensis* (L.) D.A. Sutton

원산지 북아메리카

들어온 시기 분단 이후

발견 기록 2011년 제주도 서귀포시 표선면 토산리 도로변(지성진 등 2012)

침입 정도 일시 출현

참고 지성진 등(2012)은 도로 주변 화단 조성 과정에서 식재종과 함께 유입된 것으로 추측했다.

문헌
지성진 등. 2012. 한국 미기록 귀화식물: 솔잎해란초와 유럽광대나물.

애기금어초 *Linaria bipartita* (Vent.) Willd.

북한 이름 리나리아

원산지 모로코

들어온 시기 개항 이후~분단 이전(1912-1926년: 리휘재 1964)

침입 정도 일시 출현

참고 홍순형과 허만규(1994)가 부산의 귀화식물 목록에 실었다.

문헌

리휘재. 1964. 한국식물도감. 화훼류 Ⅰ.

홍순형, 허만규. 1994. 부산지역의 귀화식물 조사 보고.

질경이과(Plantaginaceae)
유럽큰고추풀 *Gratiola officinalis* L.

북한 이름 약고추풀
원산지 서아시아, 유럽
들어온 시기 분단 이후
발견 기록 1999년 강원도 춘천시 소양1교 아래 강가 습지(박수현 1999)
침입 정도 귀화
참고 팔당 한강변에서도 자란다(박수현 2009). 원산지에서는 약용식물로 사용하기도
했지만 세포독소를 함유한 독성식물이다(Wink, Van Wyk 2008).

문헌
박수현. 1999. 한국 미기록 귀화식물(XVI).
박수현. 2009. 세밀화와 사진으로 보는 한국의 귀화식물.
Wink, M., B.-E. Van Wyk. 2008. Mind-Altering and Poisonous Plants of the World.

질경이과(Plantaginaceae)
좀개불알풀 *Veronica serpyllifolia* L.

원산지 북아프리카, 아시아, 유럽
들어온 시기 분단 이후
발견 기록 2002년 제주도 제주시 아라동(김찬수 등 2006)
침입 정도 일시 출현
참고 김찬수 등(2006)은 좀개불알풀이 중국에는 자생하는 것으로 보고되어 있고, 근연
종인 방패꽃(*Veronica tenella* All.)이 국내에 자생하므로, 외래종이 아니라 재래종일 가능
성도 있다고 했다. 정태현(1965)이 평안북도와 함경남도에 야생하는 유럽 원산 귀화식
물로 소개한 것 등 과거 문헌에 *V. serpyllifolia*로 기록된 식물은 재래종인 방패꽃이다(이
우철 1996).

문헌
김찬수 등. 2006. 한국 미기록 귀화식물: 나도양귀비(양귀비과)와 좀개불알풀(현삼과).
이우철. 1996. 한국식물명고.
정태현. 1965. 한국동식물도감. 제5권. 식물편 (목초본류).

질경이과(Plantaginaceae)

좁은잎해란초 *Linaria vulgaris* Mill.

다른 이름 가는잎운란
북한 이름 풍란초, 가는운란초
원산지 서남아시아, 유럽
들어온 시기 개항 이전
발견 기록 1852~1854년(W. W. Perry 채집, Forbes, Hemsley 1890)
침입 정도 귀화
참고 도봉섭 등(1958)은 평안북도 의주와 선천, 평안남도 순천에 자생한다고 했다. 정태현(1970)이 유럽 원산 귀화식물로 기록했고, 이우철과 임양재(1978)가 귀화식물 목록에 실었다. 임양재와 전의식(1980)은 귀화하지 않은 재배식물로 평가했으며, 박수현(1994)은 남한 내 분포가 불확실하다고 판단해 귀화식물 목록에서 제외했다. 유럽과 아시아의 대부분 지역에 널리 분포하며, 유럽 남동부와 아시아 남서부 지역에서 기원한 것으로 본다(Saner 등 1995). 한반도에서는 주로 북부에 분포하며 이우철(1996), 임록재 등(1999)은 외래식물로 취급하지 않는다. 한편 남서 연해주에서는 외래식물로 기록되어 있다(Kozhevnikov 등 2015).

문헌

도봉섭 등. 1958. 조선식물도감 3.
박수현. 1994. 한국의 귀화식물에 관한 연구.
이우철. 1996. 한국식물명고.
이우철, 임양재. 1978. 한반도 관속식물의 분포에 관한 연구.
임록재 등. 1999. 조선식물지 6(증보판).
임양재, 전의식. 1980. 한반도의 귀화식물 분포.
정태현. 1970. 한국동식물도감. 제5권. 식물편(목초본류). 보유.
Forbes, F.B., W.B. Hemsley. 1890. An enumeration of all the plants known from China Proper, Formosa, Hainan, the Corea, the Luchu Archipelago, and the Island of Hongkong; together with their distribution and synonymy.
Kozhevnikov 등. 2015. Illustrated Flora of the Southwest Primorye (Russian Far East).
Saner 등. 1995. The biology of Canadian weeds. 105. *Linaria vulgaris* Mill.

질경이과(Plantaginaceae)
창질경이 *Plantago lanceolata* L.

북한 이름 창질경이
원산지 북아프리카, 아시아, 유럽
들어온 시기 개항 이후~분단 이전
침입 정도 침입
참고 모리(1922)가 안동에 분포한다고 기록했다. 목초(헤라오호바코 ヘラオホバコ)로
쓰기 위해 권업모범장에서 1911년부터 시험 재배한 기록이 있다(朝鮮總督府農事試驗
場 1931). 이시도야와 도봉섭(1932)이 박래종(舶來種)이란 표현을, 경성약전식물동호회
(1936)는 귀화라는 표현을 사용했다. 이우철과 임양재(1978)가 귀화식물 목록에 실었는
데, 한반도 북부에서도 발견되었다(홍경식 등 1975; 임록재 등 1999).

문헌
이우철, 임양재. 1978. 한반도 관속식물의 분포에 관한 연구.
임록재 등. 1999. 조선식물지 6(증보판).
홍경식 등. 1975. 조선식물지 5.
京城藥專植物同好會. 1936. Flora Centro-koreana.
石戶谷勉, 都逢涉. 1932. 京城附近植物小誌.
朝鮮總督府農事試驗場. 1931. 朝鮮總督府農事試驗場二拾五周年記念誌.
Mori, T. 1922. An Enumeration of Plants Hitherto Known from Corea.

큰개불알풀 *Veronica persica* Poir.

북한 이름 왕지금꼬리풀
원산지 서남아시아
들어온 시기 개항 이후~분단 이전
침입 정도 침입
참고 전라남도교육회가 1940년에 발간한 『전라남도식물』에 처음 기록되었다(김준민 등 2000). 임양재와 전의식(1980)이 귀화식물 목록에 실었고, 중국의 침입외래생물 목록에도 실려 있다(Xu 등 2012). 일본에는 메이지시대 초기(1870년경)에 들어와 귀화했고, 밭과 길가에서 쉽게 발견할 수 있다(大橋広好 등 2008).

문헌

김준민 등. 2000. 한국의 귀화식물.
임양재, 전의식. 1980. 한반도의 귀화식물 분포.
大橋広好 등. 2008. 新牧野日本植物圖鑑.
Xu 등. 2012. An inventory of invasive alien species in China.

천남성과(Araceae)
물상추 *Pistia stratiotes* L.

북한 이름 큰단백풀
원산지 남아프리카
들어온 시기 분단 이후
발견 기록 2001년 낙동강 하류(김구연 2001; 윤해순 등 2002)
침입 정도 일시 출현
참고 어항이나 연못에 띄우는 관엽식물이다(윤평섭 2001). 김구연(2001)은 2001년에 부레옥잠과 함께 낙동강 하류에서 영양염류를 흡수, 대번성한 군락을 관찰했다. 2008년에는 삽교천 수계의 지류인 곡교천에서 발견되었지만 그 후에는 관찰되지 않았으므로 임용석(2009)은 일부가 재배지를 벗어나 일시적으로 자란 것으로 판단했다. 일본에는 메이지시대 초기에 도입되었다. 일본생태학회(2002)는 일본 최악의 침입외래종 100선에 포함했고, 환경성(2015)은 2006년에 특정외래생물로 지정해 수입과 재배를 금지했다. 중국에는 명조 때 발견되었으며 현재 침입외래생물 목록에 실려 있다(Xu 등 2012).

문헌
김구연. 2001. 낙동강 하구의 수생관속식물의 분포와 생장에 관한 연구.
윤평섭. 2001. 한국의 화훼원예식물.
윤해순 등. 2002. 서낙동강 수질의 이화학적 특성과 수생관속식물의 분포.
임용석. 2009. 한국산 수생식물의 분포특성.
日本生態学会. 2002. 外来種ハンドブック.
環境省. 2015. 特定外来生物等一覧.
Xu 등. 2012. An inventory of invasive alien species in China.

분개구리밥 *Wolffia arrhiza* (L.) Horkel ex Wimm.

북한 이름 분개구리밥풀

원산지 아프리카, 아시아, 유럽

들어온 시기 개항 이후~분단 이전

발견 기록 1938년 경성부 신당정(新堂町)(현 서울 중구 흥인동) 물웅덩이(佐藤月二 1938)

침입 정도 일시 출현

참고 임양재와 전의식(1980)이 귀화식물 목록에 처음 수록했으나, 분포가 확인되지 않아 이후에 고강석 등(2001)이 귀화식물 목록에서 제외했다. 신현철과 임용석(2002)이 2001년에 김해 화포습지에서 재발견했다. 신현철 등(2006)은 외래종이 아닌 재래종일 가능성도 제기했다.

문헌

고강석 등. 2001. 외래식물의 영향 및 관리방안 연구(Ⅱ).

신현철, 임용석. 2002. 수생식물. 2001 전국내륙습지 자연환경조사. 화포습지, 하벌습지.

임양재, 전의식. 1980. 한반도의 귀화식물 분포.

佐藤月二. 1938. みぢんこうきくさノ新分布地.

Shin 등. 2006. Taxonomic notes on the Dr. Miki's specimens collected from Korea.

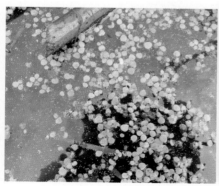

로베리아 *Lobelia inflata* L.

북한 이름 약습잔대
원산지 북아메리카
들어온 시기 개항 이후~분단 이전
침입 정도 일시 출현
참고 재배식물이며(박만규 1949), 오세문 등(2002)이 재배지를 벗어난 외래잡초로 기록
했다. 신경독소와 향정신성 물질로 작용하는 알칼로이드 화합물 로베린(lobeline)을 함
유하며, 민간에서는 천식과 기관지염 증상을 완화하는 데 이용하기도 했다(Wink, Van
Wyk 2008).

문헌

박만규. 1949. 우리나라 식물명감.
오세문 등. 2002. 국내 외래잡초의 유입정보 및 발생 현황.
Wink, M., B.-E. Van Wyk. 2008. Mind-Altering and Poisonous Plants of the World.

초롱꽃과(Campanulaceae)

비너스도라지 *Triodanis perfoliata* (L.) Nieuwl.

원산지 북아메리카

들어온 시기 분단 이후

발견 기록 2009년 제주도 서귀포시 상효동 돈네코 계곡 하류일대(Lee 등 2009)

침입 정도 일시 출현

참고 중국의 침입외래생물 목록에 실려 있다(Xu 등 2012). 일본에는 관상용으로 들어왔다가 귀화해 도시의 길가와 선로 주변에서 자란다(大橋広好 등 2008).

문헌

大橋広好 등. 2008. 新牧野日本植物圖鑑.

Lee 등. 2009. *Triodanis* Raf. ex Greene (Campanulaceae), first report for Korea.

Xu 등. 2012. An inventory of invasive alien species in China.

콩과(Leguminosae)

가는잎미선콩 *Lupinus angustifolius* L.

다른 이름 푸른루핀
북한 이름 좁은잎층층부채꽃
원산지 북아프리카, 서아시아, 유럽
들어온 시기 분단 이후
발견 기록 1995년 인천 항만 곡물 사일로 주변, 수인산업도로변(농업과학기술원 1996;
오세문 등 2003)
침입 정도 귀화
참고 1996년 인천 남항, 1998년 수인산업도로변에서 발견한 것을 박수현(1999)이 보고
했다.

문헌

농업과학기술원. 1996. 1995년도 시험연구사업보고서(작물보호부편).
박수현. 1999. 한국 미기록 귀화식물(XIV).
오세문 등. 2003. 1981년 이후 발견된 국내 발생 외래잡초 현황.

콩과(Leguminosae)
각시갈퀴나물 *Vicia villosa* Roth subsp. *varia* (Host) Corb.

북한 이름 털열매말굴레풀
이명 *Vicia dasycarpa* Ten.
원산지 북아프리카, 서아시아, 유럽
들어온 시기 분단 이후
발견 기록 1997년 제주도 북제주군 애월읍 도로변(박수현 1997)
침입 정도 귀화
참고 울릉도에도 분포한다(박수현 2009).

문헌
박수현. 1997. 한국 미기록 귀화식물(X).
박수현. 2009. 세밀화와 사진으로 보는 한국의 귀화식물.

개자리 *Medicago polymorpha* L.

북한 이름 꽃자리풀

이명 *Medicago denticulata* Willd., *Medicago hispida* Gaertn.

원산지 북아프리카, 서남아시아, 남유럽

들어온 시기 개항 이전

발견 기록 1913년 제주도 초지, 밭(中井猛之進 1914), 1914년 함경북도 부령, 1928년 전라남도 완도(정태현 채집, 이재두 1977)

침입 정도 귀화

참고 이우철과 임양재(1978)가 귀화식물 목록에 실었다. 녹비 또는 목초로 심은 자리에서 빠져나와 야생하는 것이 있다(이창복 1973). 일본에는 에도시대에 들어왔고, 주로 바닷가에서 자란다(牧野富太郎 1940). 중국의 침입외래생물 목록에 실려 있다(Xu 등 2012).

문헌

이우철, 임양재. 1978. 한반도 관속식물의 분포에 관한 연구.

이재두. 1977. 성균관대학교 소장 고 정태현 식물석엽 표본 목록.

이창복. 1973. 초자원도감.

牧野富太郎. 1940. 牧野日本植物図鑑.

中井猛之進. 1914. 濟州島竝莞島植物調査報告書.

Xu 등. 2012. An inventory of invasive alien species in China.

콩과(Leguminosae)
거꿀꽃토끼풀 *Trifolium resupinatum* L.

다른 이름 페르시안클로버(Persian clover)
북한 이름 페르샤토끼풀
원산지 북아프리카, 서남아시아, 남유럽
들어온 시기 분단 이후
발견 기록 2013년 전라남도 진도군 의신면 만길리 의신천 제방 비포장도로변(임용석 등 2014)
침입 정도 일시 출현
참고 목초로 쓰기 위해 시험 재배한 기록이 있다(김종덕 등 2002).

문헌
김종덕 등. 2002. 중부지방에서 일년생 콩과목초의 사초 생산성 비교.
임용석 등. 2014. 한국미기록 귀화식물: 거꿀꽃토끼풀(콩과).

결명자 *Senna tora* (L.) Roxb.

다른 이름 긴강남차
북한 이름 초결명
이명 *Cassia tora* L.
원산지 북아메리카
들어온 시기 개항 이전
침입 정도 일시 출현
참고 향약집성방(1433)과(동의학편집부 1986) 세종실록지리지(1454)에도 나오는 약용
식물이며, 박만규(1949)가 재배식물로 기록했다. 홍순형과 허만규(1994)가 부산의 귀화
식물 목록에 수록했으며, 재배지를 벗어나 자라는 외래잡초로도 기록되었다(농업과학
기술원 1997). 중국의 침입외래생물 목록에 실려 있다(Xu 등 2012).

문헌

농업과학기술원. 1997. 1996년도 시험연구사업보고서.
동의학편집부. 1986. 향약집성방.
박만규. 1949. 우리나라 식물명감.
홍순형, 허만규. 1994. 부산지역의 귀화식물 조사 보고.
Xu 등. 2012. An inventory of invasive alien species in China.

콩과(Leguminosae)

골담초 *Caragana sinica* (Buc'hoz) Rehder

북한 이름 골담초
이명 *Caragana chamlagu* Lam.
원산지 중국
들어온 시기 개항 이전(삼국시대: 리휘재 1966)
침입 정도 귀화
참고 모리(1922)가 서울과 수원에 분포함을 기록했다. 이시도야와 정태현(1923)은 서울 부근의 산야에 자생상을 보인다고 했고, 정태현(1965)은 전라북도, 경상남도, 충청남도, 경기도에 야생한다고 했다. 홍순형과 허만규(1994)가 부산의 귀화식물 목록에, 김찬수 등(2006)이 제주도의 귀화식물 목록에 각각 실었다. 일본에는 에도시대(1804~1818)에 전해져 관상식물로 재배되었고, 지금은 야생화되었다(淸水建美 2003).

문헌

김찬수 등. 2006. 제주도의 귀화식물 분포특성.
리휘재. 1966. 한국동식물도감. 제6권. 식물편(화훼류 Ⅱ).
정태현. 1965. 한국동식물도감. 제5권. 식물편(목초본류).
홍순형, 허만규. 1994. 부산지역의 귀화식물 조사 보고.
石戸谷勉, 鄭台鉉. 1923. 朝鮮森林樹木鑑要.
淸水建美. 2003. 日本の帰化植物.
Mori, T. 1922. An Enumeration of Plants Hitherto Known from Corea.

콩과(Leguminosae)
구주갈퀴덩굴 *Vicia sepium* L.

북한 이름 울타리말굴레풀
원산지 서남아시아, 유럽
들어온 시기 분단 이후
침입 정도 일시 출현
참고 정태현(1970)이 유럽 원산의 목초로, 이우철(1996)이 귀화식물로 기록했다. 외래
잡초로도 기록되었다(오세문 등 2002).

문헌

오세문 등. 2002. 국내 외래잡초의 유입정보 및 발생 현황.
이우철. 1996. 한국식물명고.
정태현. 1970. 한국동식물도감. 제5권. 식물편(목초본류). 보유.

콩과(Leguminosae)

노랑토끼풀 *Trifolium campestre* Schreb.

북한 이름 들토끼풀
원산지 북아프리카, 서남아시아, 유럽
들어온 시기 분단 이후
발견 기록 1998년 제주도 구좌읍내 바닷가 공지, 충청남도 서산시 서산B지구 방조제(박
수현 1998)
침입 정도 귀화
참고 울릉도(박수현 2009)에서도 발견되었다.

문헌

박수현. 1998. 한국 미기록 귀화식물(XⅢ).
박수현. 2009. 세밀화와 사진으로 보는 한국의 귀화식물.

들벌노랑이 *Lotus uliginosus* Schkuhr

북한 이름 늪벌노랑이
원산지 북아프리카, 유럽
들어온 시기 분단 이후
발견 기록 1994년 전라남도 목포 삼학도 매립지(박수현 1995), 1998년 인천(박수현 2001)
침입 정도 귀화

문헌

박수현. 1995. 한국 미기록 귀화식물(VII).
박수현. 2001. 한국 귀화식물 원색도감. 보유편.

미모사 *Mimosa pudica* L.

다른 이름 잠풀, 신경초, 함수초
북한 이름 함수초
원산지 북아메리카, 남아메리카
들어온 시기 개항 이후~분단 이전
침입 정도 일시 출현
참고 박만규(1949)가 재배식물로 기록했고 홍순형과 허만규(1994)가 부산의 귀화식물
목록에 실었다. 일본에는 1841년에 들어왔고(大橋広好 등 2008), 재배지를 벗어나 귀화
했다(清水建美 2003). 중국에는 명조 때 발견되었으며 침입외래생물 목록에 실려 있다
(Xu 등 2012).

문헌

박만규. 1949. 우리나라 식물명감.
홍순형, 허만규. 1994. 부산지역의 귀화식물 조사 보고.
大橋広好 등. 2008. 新牧野日本植物圖鑑.
清水建美. 2003. 日本の帰化植物.
Xu 등. 2012. An inventory of invasive alien species in China.

콩과(Leguminosae)

박태기나무 *Cercis chinensis* Bunge

북한 이름 구슬꽃나무
원산지 중국
들어온 시기 개항 이전
침입 정도 일시 출현
참고 관상용으로 주로 중부와 남부의 절과 마을 부근에 심었다(정태현 1965). 리휘재 (1966)는 1695년 일본에 기록이 있으므로 한반도에는 최소한 그 이전에 도입된 것으로 추정했다. 모리(1913)의 채집기록이 있다. 홍순형과 허만규(1994)가 부산의 귀화식물 목록에 실었다. 박형선 등(2009)은 일부 도시 주변에 저절로 자라는 개체들이 있으나 식물상에 들어오는 경우는 없다고 했다.

문헌

리휘재. 1966. 한국동식물도감. 제6권. 식물편(화훼류 Ⅱ).
박형선 등. 2009. 조선민주주의인민공화국의 외래식물목록과 영향평가.
정태현. 1965. 한국동식물도감. 제5권. 식물편(목초본류).
홍순형, 허만규. 1994. 부산지역의 귀화식물 조사 보고.
森爲三. 1913. 南鮮植物採取目錄(前號ノ續).

콩과(Leguminosae)
벳지 *Vicia villosa* Roth

다른 이름 털갈퀴덩굴, 샌드베치(Sand vetch)
북한 이름 털말굴레풀
원산지 북아프리카, 아시아, 유럽
들어온 시기 개항 이후~분단 이전
침입 정도 귀화
참고 목초로 쓰기 위해 권업모범장(1909)에서 시험 재배한 기록이 있다. 김현삼 등 (1976)은 일부 지역에서 저절로 자란다고 했다. 이우철(1996)이 녹비로 식재하는 귀화식물로 기록했고, 농업과학기술원(1997)은 제주도에서 발생한 외래잡초로 보고했다. 북한에서는 강원도 세포군과 금강군에서 자란다(라웅칠 등 2003). 중국의 침입외래생물 목록에 실렸으며(Xu 등 2012), 일본 환경성(2015)은 산업상 중요하지만 적절한 관리가 필요한 외래종으로 지정했다.

문헌

김현삼 등. 1976. 조선식물지 4.
농업과학기술원. 1997. 1996년도 시험연구보고서(작물보호부).
라웅칠 등. 2003. 강원도 경제식물지.
이우철. 1996. 한국식물명고.
朝鮮總督府勸業模範場. 1909. 事業報告書.
環境省. 2015. 我が国の生態系等に被害を及ぼすおそれのある外来種リスト.
Xu 등. 2012. An inventory of invasive alien species in China.

콩과(Leguminosae)
분홍싸리 *Lespedeza floribunda* Bunge

북한 이름 꽃비수리
원산지 중국
들어온 시기 분단 이후
발견 기록 2004년 충청남도 금산군 인삼랜드 휴게소, 2006년 서울 하늘공원 길가(한정은, 최병희 2007)
침입 정도 일시 출현
참고 주로 공원 조성지에서 발견되므로 녹화용 종자를 수입하는 과정에 섞여 들어온 것으로 보인다(한정은, 최병희 2007).

문헌
한정은, 최병희. 2007. 싸리속(콩과) 미기록 귀화식물: 분홍싸리.

붉은토끼풀 *Trifolium pratense* L.

다른 이름 레드클로버(Red clover)
북한 이름 붉은토끼풀
원산지 북아프리카, 서남아시아, 유럽
들어온 시기 개항 이후~분단 이전
발견 기록 1909년 부산(Nakai 1911)
침입 정도 침입
참고 목초로 쓰기 위해 권업모범장(1909)에서 시험 재배한 기록이 있다. 나카이(1911)
는 수입식물(planta introducta)로, 도봉섭 등(1958)은 귀화해 각지에 야생한다고 보고했
다. 이우철과 임양재(1978)가 귀화식물 목록에 실었다. 중국 침입외래생물 목록에 실려
있다(Xu 등 2012).

문헌

도봉섭 등. 1958. 조선식물도감 3.
이우철, 임양재. 1978. 한반도 관속식물의 분포에 관한 연구.
朝鮮總督府勸業模範場. 1909. 事業報告書.
Nakai, T. 1911. Flora Koreana. Pars Secunda.
Xu 등. 2012. An inventory of invasive alien species in China.

콩과(Leguminosae)
서양벌노랑이 *Lotus corniculatus* L.

다른 이름 버즈풋트레포일(Bird's foot trefoil)
북한 이름 참벌노랑이
원산지 북아프리카, 서남아시아, 유럽
들어온 시기 분단 이후
발견 기록 1994년 전라남도 목포 삼학도 매립지(박수현 1995)
침입 정도 귀화
참고 목초로 쓰기 위해 시험 재배한 기록이 있고(축산시험장 1958), 녹화용으로 많이 이용된다. 남한에서는 중부, 남부, 제주도에 분포한다.

문헌
박수현. 1995. 한국 미기록 귀화식물(Ⅶ).
축산시험장. 1958. 시험연구사업보고서. 축산시험장.

콩과(Leguminosae)

석결명 *Senna occidentalis* (L.) Link

다른 이름 강남차
북한 이름 석결명
이명 *Cassia occidentalis* L.
원산지 북아메리카, 남아메리카
들어온 시기 개항 이후~분단 이전
침입 정도 일시 출현
참고 박만규(1949)가 약용 재배식물로 기록했다. 홍순형과 허만규(1994)가 부산의 귀화식물 목록에, 오세문 등(2002)이 재배지를 벗어나 자라는 외래잡초 목록에, 김찬수 등(2006)이 제주도의 귀화식물 목록에 각각 실었다. 박형선 등(2009)은 재배지를 벗어나 자연번식하는 것은 거의 없다고 평가했다. 중국의 침입외래생물 목록에 실려 있다(Xu 등 2012).

문헌
김찬수 등. 2006. 제주도의 귀화식물 분포특성.
박만규. 1949. 우리나라 식물명감.
박형선 등. 2009. 조선민주주의인민공화국의 외래식물목록과 영향평가.
오세문 등. 2002. 국내 외래잡초의 유입정보 및 발생 현황.
홍순형, 허만규. 1994. 부산지역의 귀화식물 조사 보고.
Xu 등. 2012. An inventory of invasive alien species in China.

콩과(Leguminosae)

선토끼풀 *Trifolium hybridum* L.

다른 이름 알사이크클로버(Alsike clover)
북한 이름 잡토끼풀
원산지 북아프리카, 서남아시아, 유럽
들어온 시기 개항 이후~분단 이전
발견 기록 1992년 서울 한강 둔치, 강원도 대관령(박수현 1993)
침입 정도 귀화
참고 목초로 쓰기 위해 권업모범장(1909)에서 시험 재배한 기록이 있다. 남한에서는
박수현(1993)이 서울과 강원도에서 처음 발견했고, 화성, 삽교에서도 자란다(박수현
2009). 북한에서는 압록강 상류 지역에 분포한다(리정남 등 1997). 중국의 침입외래생
물 목록에 수록되었다(Xu 등 2012).

문헌

리정남 등. 1997. 압록강상류지역식물의 종구성에 대한 연구.
박수현. 1993. 한국 미기록 귀화식물(II).
박수현. 2009. 세밀화와 사진으로 보는 한국의 귀화식물.
朝鮮總督府勸業模範場. 1909. 事業報告書.
Xu 등. 2012. An inventory of invasive alien species in China.

콩과(Leguminosae)
쌍부채완두 *Lathyrus aphaca* L.

원산지 북아프리카, 서아시아, 유럽
들어온 시기 분단 이후
발견 기록 1995년 경기도 안산 수인산업도로변(농업과학기술원 1996; 오세문 등 2003)
침입 정도 일시 출현

문헌

농업과학기술원. 1996. 1995년도 시험연구사업보고서(작물보호부편).
오세문 등. 2003. 1981년 이후 발견된 국내 발생 외래잡초 현황.

콩과(Leguminosae)
아까시나무 *Robinia pseudoacacia* L.

북한 이름 아카시아나무
원산지 북아메리카
들어온 시기 개항 이후~분단 이전(1891년: 박상진 2011)
침입 정도 침입
참고 모리(1922)가 수입 재배식물로, 도봉섭 등(1958)은 각지에 재식하며 귀화했다고 기록했다. 일본인 사가키가 1891년에 처음 들여와 인천 공원에 심었으며(박상진 2011), 1911년경부터 서울 시내 가로수로 많이 심었다(石戶谷勉, 都逢涉 1932). 이우철과 임양재(1978)가 귀화식물 목록에 실었다. 일본생태학회(2002)는 일본 최악의 침입외래종 100선 중 하나로 선정했고 환경성(2015)은 산업상 중요하지만 적절한 관리가 필요한 외래종으로 지정했다. 중국의 침입외래생물이며(Xu 등 2012), 유럽 100대 악성 외래종 중 하나다(DAISIE 2009). 수피와 잎, 종자에 함유된 robin(robinin)과 phasin이라는 단백질은 강한 세포독소로 작용한다(Wink, Van Wyk 2008). 정태현과 이우철(1962)은 북한산의 식물 조사에서 서울 인구가 증가해 고유식물상은 모두 파괴되고, 인공 조림된 사방오리나무와 아까시나무가 무성하다고 기록했다. 박완서(1992)의『그 많던 싱아는 누가 다 먹었을까』에는 서울로 이사 온 주인공이 인왕산을 넘어 다니면서 고향에서는 한 번도 보지 못했던 아까시나무를 보고 꽃을 먹었을 때 들척지근하고 비릿한 맛이 나 상한 비위를 가라앉히려 싱아를 찾았지만 한 포기도 찾지 못했다는 구절이 나온다.

문헌
도봉섭 등. 1958. 조선식물도감 3.
박상진. 2011. 문화와 역사로 만나는 우리 나무의 세계.
박완서. 2002. 그 많던 싱아는 누가 다 먹었을까.
이우철, 임양재. 1978. 한반도 관속식물의 분포에 관한 연구.
정태현, 이우철. 1962. 북한산의 식물자원조사연구 - 제1부 관속식물 -.
石戶谷勉, 都逢涉. 1932. 京城附近植物小誌.
日本生態学会. 2002. 外来種ハンドブック.
環境省. 2015. 我が国の生態系等に被害を及ぼすおそれのある外来種リスト.
DAISIE. 2009. Handbook of Alien Species in Europe
Mori, T. 1922. An Enumeration of Plants Hitherto Known from Corea.
Wink, M., B.-E. Van Wyk. 2008. Mind-Altering and Poisonous Plants of the World.
Xu 등. 2012. An inventory of invasive alien species in China.

양골담초 *Cytisus scoparius* (L.) Link

북한 이름 금작화, 양골담초
원산지 유럽
들어온 시기 개항 이후~분단 이전
발견 기록 2005년 전라남도 목포, 울산(박수현, 윤석민 채집)
침입 정도 일시 출현
참고 박만규(1949)가 관상용 재배식물로 기록했다. 세계 각지에서 침입외래식물로 보고되고 있다. 일본에는 에도시대에 원예식물로 들어와 야생으로 퍼졌고, 환경성(2015)은 종합대책이 필요한 외래종으로 지정했다. 뉴질랜드에 도입된 이후 전역으로 퍼져 나갔고, 1900년에 뉴질랜드의 유해잡초로 지정되었다(Thomson 1922). 미국에는 관상용, 사방용으로 도입되었다가 동서부 지역을 침입했다(Woodward, Quinn 2011). 미국 캘리포니아 주와 워싱턴 주, 오스트레일리아에서도 유해잡초로 지정되었다.

문헌

박만규. 1949. 우리나라 식물명감.
環境省. 2015. 我が国の生態系等に被害を及ぼすおそれのある外来種リスト.
Thomson, M. 1922. The Naturalisation of Animals & Plants in New Zealand.
Woodward, S.L., J.A. Quinn. 2011. Encyclopedia of Invasive Species. Vol. 2. Plants.

콩과(Leguminosae)
애기노랑토끼풀 *Trifolium dubium* Sibth.

북한 이름 가는토끼풀

원산지 북아프리카, 서남아시아, 유럽

들어온 시기 분단 이후

발견 기록 1992년 서울 제1한강교, 한강 둔치(박수현 1992), 1995년 제주도 제주시, 서귀포시 중문단지, 천지연폭포 부근(전의식 1995)

침입 정도 귀화

참고 잔개자리와 형태가 비슷하다(전의식 1995). 울릉도에서도 발견되었다(박수현 2009).

문헌

박수현. 1992. 한국 미기록 귀화식물(Ⅰ).

박수현. 2009. 세밀화와 사진으로 보는 한국의 귀화식물.

전의식. 1995. 새로 발견된 귀화식물 (11). 근래에 귀화한 미국쥐손이와 애기노랑토끼풀

콩과(Leguminosae)
왕관갈퀴나물 *Securigera varia* (L.) Lassen

원산지 서남아시아, 유럽
들어온 시기 분단 이후
발견 기록 2008년 서울 영등포구 여의도 63빌딩 근처, 한강철교 주변(이유미 등 2009)
침입 정도 일시 출현
참고 여의도 일대에서 빠르게 확산되고 있다(이유미 등 2009). 해외에서는 사료용, 녹비용, 사방용 등으로 이용된다.

문헌

이유미 등. 2009. 한국 미기록 귀화식물: 톱니대극(*Euphorbia dentata* Michx.)과 왕관갈퀴나물 (*Securigera varia* (L.) Lassen).

콩과(Leguminosae)
자운영 *Astragalus sinicus* L.

북한 이름 자운영
원산지 중국
들어온 시기 개항 이전
발견 기록 1863년 남해안(R. Oldham 채집, Palibin 1898)
침입 정도 귀화
참고 녹비로 재배하는 식물이다. 이우철과 임양재(1978)가 귀화식물 목록에 실었다. 남한에서는 제주도, 남부, 서울에서 자라는 것이 보고되었는데(양영환, 김문홍 1998; 박수현 2009), 북한 지역으로는 아직 귀화하지 않았다(박형선 등 2009).

문헌
박수현. 2009. 세밀화와 사진으로 보는 한국의 귀화식물.
박형선 등. 2009. 조선민주주의인민공화국의 외래식물목록과 영향평가.
양영환, 김문홍. 1998. 제주도의 귀화식물에 관한 연구.
이우철, 임양재. 1978. 한반도 관속식물의 분포에 관한 연구.
Palibin, J. 1898. Conspectus Florae Koreae. Pars Ⅰ.

콩과(Leguminosae)
자주개자리 *Medicago sativa* L.

다른 이름 알팔파(Alfalfa), 루선(Lucerne)
북한 이름 자주꽃자리풀
원산지 북아프리카, 서남아시아, 남유럽
들어온 시기 개항 이전
발견 기록 1897년 함경도 운룡강 골짜기(Komarov 1904), 1902년 함경도 마천령
(Ainosuke Mishima 채집, Nakai 1908)
침입 정도 귀화
참고 목초용, 녹화용으로 재배한다. 도봉섭 등(1958)이 지중해 원산 식물로 귀화해 야생
한다고 기록했고, 이우철과 임양재(1978)가 귀화식물 목록에 실었다. 지금은 각지의 길
가, 공터, 밭, 강변 등 야생에서 자란다(임록재 등 1998). 중국의 침입외래생물 목록에 실
려 있다(Xu 등 2012).

문헌

도봉섭 등. 1958. 조선식물도감 3.
이우철, 임양재. 1978. 한반도 관속식물의 분포에 관한 연구.
임록재 등. 1998. 조선식물지 4(증보판).
Komarov, V.L. 1904. Flora Manshuriae. Vol. Ⅱ.
Nakai, T. 1908. List of plants collected at Mt. Matinryöng.
Xu 등. 2012. An inventory of invasive alien species in China.

콩과(Leguminosae)

자주비수리 *Lespedeza lichiyuniae* T. Nemoto, H. Ohashi & T. Itoh

원산지 중국

들어온 시기 분단 이후

발견 기록 2003년 인천 남동구 장수동 인천대공원(한정은, 최병희 2008)

침입 정도 일시 출현

참고 새로 조성된 공원이나 길가에서 발견된다(한정은, 최병희 2008). 한국과 마찬가지로 일본에서도 경사지 토양침식 방지와 녹화를 위해 중국으로부터 종자를 들여와 이용한다. 일본에도 이 과정에서 혼입되어 들어와 귀화한 것으로 알려졌다(植村修二 등 2015).

문헌

한정은, 최병희. 2008. 콩과 싸리속 귀화식물 2종: 자주비수리와 큰잎싸리.

植村修二 등. 2015. 增補改訂 日本帰化植物写真図鑑 第2巻 - Plant invader 500種 -.

콩과(Leguminosae)

잔개자리 *Medicago lupulina* L.

북한 이름 잔꽃자리풀

원산지 북아프리카, 서아시아, 유럽

들어온 시기 개항 이전

발견 기록 1877~1882년 충청도(Y. Hanabusa 채집, 帝國大學 1886), 1897년 운룡강 골짜기, 압록강변 상수우리(Komarov 1904), 1913년 제주도 해변(中井猛之進 1914)

침입 정도 귀화

참고 녹비 또는 목초로 재배했던 것이 야생하기도 했다(이창복 1973). 도봉섭 등 (1958)이 유럽 원산의 귀화식물로 기록했고 이우철과 임양재(1978)가 귀화식물 목록에 실었다.

문헌

도봉섭 등. 1958. 조선식물도감 3.

이우철, 임양재. 1978. 한반도 관속식물의 분포에 관한 연구.

이창복. 1973. 초자원도감.

帝國大學. 1886. 帝國大學理科大學植物標品目錄.

中井猛之進. 1914. 濟州島竝莞島植物調査報告書.

Komarov, V.L. 1904. Flora Manshuriae. Vol. Ⅱ.

족제비싸리 *Amorpha fruticosa* L.

다른 이름 미국싸리
북한 이름 왜싸리
원산지 북아메리카
들어온 시기 개항 이후~분단 이전(1930년경 만주를 거쳐 도입: 이창복 1973)
침입 정도 침입
참고 사방용, 황폐지 복구용으로 심어 왔다(조무행, 최명섭 1992). 박만규(1949)가 재배
식물로 기록했고, 김현삼 등(1976)이 전국 각지에 저절로 자라거나 사람이 심는다고 했
다. 고강석 등(1995)이 귀화식물 목록에 실었다. 일본에는 1912년에 들어왔다. 일본생
태학회(2002)는 일본 최악의 침입외래생물 100선 중 하나로 선정했고, 환경성(2015)은
중점대책이 필요한 외래종으로 지정했다. 추출물의 신장질환 예방 또는 치료 효과가 보
고되었다(김수남 등 2015).

문헌
고강석 등. 1995. 귀화생물에 의한 생태계 영향 조사(I).
김수남 등. 2015. 족제비싸리 추출물을 포함하는 신장 질환의 예방 또는 치료용 조성물.
김현삼 등. 1976. 조선식물지 4.
박만규. 1949. 우리나라 식물명감.
이창복. 1973. 초자원도감.
조무행, 최명섭. 1992. 한국수목도감.
日本生態学会. 2002. 外来種ハンドブック.
環境省. 2015. 我が国の生態系等に被害を及ぼすおそれのある外来種リスト.

콩과(Leguminosae)
좀개자리 *Medicago minima* (L.) L.

북한 이름 털꽃자리풀
원산지 북아프리카, 아시아, 유럽
들어온 시기 분단 이후
발견 기록 1997년 제주도 남제주군 성산포읍 시흥리 해변(박수현 1997)
침입 정도 귀화
참고 남한보다 북한에서 먼저 보고되었다. 북한에는 황해도 순위도 바닷가(김현삼 등
1976)와 강원도 원산, 문천, 고성에 분포한다(라웅칠 등 2003). 남한에서는 제주도에서
처음 발견되었고, 이후 서해안을 따라 백령도에도 분포한다(박수현 2009). 주로 바닷가
근처 모래땅에서 자란다(牧野富太郞 1940). 중국의 침입외래생물 목록에 실려 있다(Xu
등 2012).

문헌

김현삼 등. 1976. 조선식물지 4.
라웅칠 등. 2003. 강원도 경제식물지.
박수현. 1997. 한국 미기록 귀화식물(X).
박수현. 2009. 세밀화와 사진으로 보는 한국의 귀화식물.
牧野富太郞. 1940. 牧野日本植物図鑑.
Xu 등. 2012. An inventory of invasive alien species in China.

개자리(왼쪽)와 좀개자리 비교

좁은잎벌노랑이 *Lotus tenuis* Waldst. & Kit.

북한 이름 가는잎벌노랑이
원산지 북아프리카, 서남아시아, 유럽
들어온 시기 분단 이후
발견 기록 2000년 제주도 남제주군 대정읍 가파도, 대정읍 하모리 하수종말처리장 주변
목초지(양영환 등 2001)
침입 정도 일시 출현
참고 이유미 등(2011)은 귀화 여부가 확실치 않다고 판단했다.

문헌

양영환 등. 2001. 제주 미기록 귀화식물(Ⅰ).
이유미 등. 2011. 한국내 귀화식물의 현황과 고찰.

진홍토끼풀 *Trifolium incarnatum* L.

다른 이름 크림슨클로버(Crimson clover)

북한 이름 살색토끼풀

원산지 북아프리카, 서아시아, 남유럽

들어온 시기 개항 이후~분단 이전

발견 기록 2008년 제주도 서귀포시 대정읍 가시오름, 제주시 정실지역, 우도, 전라남도 보성군 회천면 벽교리(이혜정 등 2008)

침입 정도 일시 출현

참고 목초로 쓰기 위해 권업모범장(1909)에서 시험 재배한 기록이 있다. 중국의 침입외래생물 목록에 실려 있다(Xu 등 2012).

문헌

이혜정 등. 2008. 한국 미기록 귀화식물인 유럽조밥나물(*Hieracium caespitosum* Dumort.)과 진홍토끼풀(*Trifolium incarnatum* L.).

朝鮮總督府勸業模範場. 1909. 事業報告書.

Xu 등. 2012. An inventory of invasive alien species in China.

콩과(Leguminosae)

큰잎싸리 *Lespedeza davidii* Franch.

북한 이름 넓은싸리
원산지 중국
들어온 시기 분단 이후
발견 기록 2007년 강원도 춘천시 회천군 오봉산 도로변(한정은, 최병희 2008)
침입 정도 일시 출현
참고 건조한 토양에서도 잘 견디기 때문에 사방용으로 심는다(Wu 등 2010).

문헌

한정은, 최병희. 2008. 콩과 싸리속 귀화식물 2종: 자주비수리와 큰잎싸리.
Wu 등. 2010. Flora of China. Vol. 10.

콩과(Leguminosae)
토끼풀 *Trifolium repens* L.

다른 이름 화이트클로버(White clover)
북한 이름 토끼풀
원산지 북아프리카, 서아시아, 유럽
들어온 시기 개항 이후~분단 이전
발견 기록 1909년 강원도 원산(Nakai 1911)
침입 정도 침입
참고 목초로 쓰기 위해 권업모범장(1909)에서 시험 재배한 기록이 있다. 나카이(1911)
는 도입식물(planta introducta)로, 우에키와 사카타(1935)는 귀화식물로 보고했다. 이일
구(1956)는 대동강 상류 지방의 하천변에 소 사육을 위해 심은 잔디밭에 토끼풀이 들어
오기 시작하더니 1년 만에 피도가 증가했다고 했다. 중국의 침입외래생물 목록에 실려
있다(Xu 등 2012).

문헌
이일구. 1956. 식물의 천이.
植木秀幹, 佐方敏南. 1935. 鬱陵島の事情.
朝鮮總督府勸業模範場. 1909. 事業報告書.
Nakai, T. 1911. Flora Koreana. Pars Secunda.
Xu 등. 2012. An inventory of invasive alien species in China.

콩과(Leguminosae)

회화나무 *Styphnolobium japonicum* (L.) Schott

북한 이름 회화나무

이명 *Sophora japonica* L.

원산지 중국

들어온 시기 개항 이전(삼국시대 또는 그 이전: 이덕봉 1974)

발견 기록 1902년 평양, 경상북도 청도(T. Uchiyama 채집, Nakai 1909)

침입 정도 귀화

참고 세종실록지리지(1454)에도 기록된 재배식물이며, 주로 마을 주변과 산농경계에 심는다(조무행, 최명섭 1992). 박형선 등(2009)이 외래식물 목록에 포함했고 낮은 산 변 두리에 저절로 자라는 것이 많다고 기록했다. 일본 문헌에는 오래전에 중국에서 들어온 재배식물로(牧野富太郎 1940; 大橋広好 등 2008), 중국식물지에는 한국과 일본 원산이 며 중국에서 재배되는 식물로(Wu 등 2010), 서로 다르게 기록되어 있다.

문헌

박형선 등. 2009. 조선민주주의인민공화국의 외래식물목록과 영향평가.

이덕봉. 1974. 한국동식물도감. 제15권. 식물편(유용식물).

조무행, 최명섭. 1992. 한국수목도감.

大橋広好 등. 2008. 新牧野日本植物圖鑑.

牧野富太郎. 1940. 牧野日本植物図鑑.

Nakai, T. 1909. Flora Koreana. Pars Prima.

Wu 등. 2010. Flora of China. Vol. 10.

콩과(Leguminosae)
흰전동싸리 *Melilotus albus* Medik.

다른 이름 화이트스위트클로버(White sweet clover)
북한 이름 흰전동싸리
원산지 북아프리카, 아시아, 유럽
들어온 시기 개항 이후~분단 이전
발견기록 1934년 함경북도 무산 규슈대학 연습림 저지대 길가(初島柱彦 1938)
침입 정도 귀화
참고 목초로 쓰기 위해 권업모범장(1913)에서 시험 재배한 기록이 있다. 김현삼 등 (1976)이 저절로 자라기도 한다고 기록했고, 이우철과 임양재(1978)가 귀화식물 목록에 실었다. 중국의 침입외래생물 목록에 실려 있다(Xu 등 2012).

문헌
김현삼 등. 1976. 조선식물지 4.
이우철, 임양재. 1978. 한반도 관속식물의 분포에 관한 연구.
朝鮮總督府勸業模範場. 1913. 事業報告書.
初島柱彦. 1938. 九州帝國大學北鮮演習林植物調査(豫報).
Xu 등. 2012. An inventory of invasive alien species in China.

물양귀비 *Hydrocleys nymphoides* (Humb. & Bonpl. ex Willd.) Buchenau

북한 이름 물아편
원산지 남아메리카
들어온 시기 분단 이후
발견 기록 2010~2014년 제주도 습지(강대현 등 2015)
침입 정도 일시 출현
참고 관상용으로 재배하는 수생식물이다(박석근 등 2011). 제주도에서는 인가 주변에 새로 만들어진 인공습지에서 발견되었다(강대현 등 2015).

문헌

강대현 등. 2015. 제주도의 수생 및 습생 식물상.
박석근 등. 2011. 한국의 정원식물. 초본류.

미국담쟁이덩굴 *Parthenocissus quinquefolia* (L.) Planch.

다른 이름 양담쟁이
북한 이름 다섯잎담장덩굴
원산지 북아메리카 동부
들어온 시기 분단 이후
발견 기록 2006년 제주도 제주시 우도면 서광리(양영환, 송창길 2007)
침입 정도 일시 출현
참고 이춘녕과 안학수(1963)가 관상용 재배식물로 기록했다. 양영환과 송창길(2007)은
원예용으로 재배하던 것이 귀화한 것으로 보았는데, 이유미 등(2011)은 다년생 목본이
므로 정확한 귀화 여부 판단이 어렵고 야생하지 않은 것으로 판단했다. 중국의 침입외
래생물 목록에 실려 있다(Xu 등 2012).

문헌

양영환, 송창길. 2007. 제주 미기록 귀화식물: 향기풀, 미국담쟁이덩굴, 꽃갈퀴덩굴.
이유미 등. 2011. 한국내 귀화식물의 현황과 고찰.
이춘녕, 안학수. 1963. 한국식물명감.
Xu 등. 2012. An inventory of invasive alien species in China.

한련 *Tropaeolum majus* L.

다른 이름 할련, 금련화(金蓮花)
북한 이름 금련화
원산지 페루
들어온 시기 개항 이전
발견 기록 1877~1882년 부산(Y. Hanabusa 채집, 帝國大學 1886)
침입 정도 일시 출현
참고 1856년에 한련에 대한 기록이 나온다(리휘재 1964). 홍순형과 허만규(1994)가 부산의 귀화식물 목록에 실었다. 박형선 등(2009)은 자연에서 저절로 나는 것은 거의 없다고 평가했다.

문헌
리휘재. 1964. 한국식물도감. 화훼류 Ⅰ.
박형선 등. 2009. 조선민주주의인민공화국의 외래식물목록과 영향평가.
홍순형, 허만규. 1994. 부산지역의 귀화식물 조사 보고.
帝國大學. 1886. 帝國大學理科大學植物標品目錄.

현삼과(Scrophulariaceae)
부들레야 *Buddleja davidii* Franch.

다른 이름 붓들레아
북한 이름 붓들레아, 송이밀몽화
원산지 중국 서부
들어온 시기 분단 이후(1958년: 리휘재 1966)
발견 기록 2015년 경상남도 통영시 욕지도 망대봉 일주도로변(김중현 등 2016)
침입 정도 일시 출현
참고 관상식물로 재배된다. 제주도 성산읍 쪽에서도 야생상태로 자란다(김중현 등 2016). 일본 환경성(2015)은 중점대책이 필요한 외래종으로 지정했다.

문헌
김중현 등 2016. 욕지도(통영시)의 식물다양성과 식생.
리휘재. 1966. 한국동식물도감. 제6권. 식물편(화훼류 Ⅱ).
環境省. 2015. 我が国の生態系等に被害を及ぼすおそれのある外来種リスト.

우단담배풀 *Verbascum thapsus* L.

다른 이름 우단담배잎풀, 멀레인(Mullein), 베르바스쿰
북한 이름 이대꼬리
원산지 서아시아, 유럽
들어온 시기 분단 이후
발견 기록 1988년 서울 송파구 잠실5단지 아파트 잔디밭(전의식 1992)
침입 정도 귀화
참고 관상용으로 도입된 것이 재배지를 벗어나 야생하는 것이며(전의식 1992), 서울, 판교, 충청북도, 제주도에서 발견되었다(박수현 2009). 미국에는 1700년대 중반에 유럽의 이주자들이 물고기를 잡기 위한 독으로 사용하려고 들여왔다가 퍼졌다(Woodward, Quinn 2011).

문헌
박수현. 2009. 세밀화와 사진으로 보는 한국의 귀화식물.
전의식. 1992. 새로 발견된 신귀화식물(2). 우단담배잎풀과 솔잎미나리.
Woodward, S.L., J.A. Quinn. 2011. Encyclopedia of Invasive Species. Vol 2: Plants.

협죽도과(Apocynaceae)

큰잎빈카 *Vinca major* L.

북한 이름 덩굴일일초
원산지 서아시아, 남유럽
들어온 시기 개항 이후~분단 이전(1912~1945년: 리휘재 1964)
침입 정도 일시 출현
참고 관상식물로 재배한다(리휘재 1964). 김찬수 등(2006)이 제주도의 귀화식물 목록에
수록했으나, 양영환(2007)은 귀화하지 않은 것으로 판단했다. 일본 환경성(2015)은 중
점대책이 필요한 외래종으로 지정했다.

문헌

김찬수 등. 2006. 제주도의 귀화식물 분포특성.
리휘재. 1964. 한국식물도감. 화훼류 I.
양영환. 2007. 제주도 귀화식물의 식생에 관한 연구.
環境省. 2015. 我が国の生態系等に被害を及ぼすおそれのある外来種リスト.

협죽도 *Nerium oleander* L.

북한 이름 류선화
이명 *Nerium indicum* Mill., *Nerium odorum* Aiton
원산지 아프리카, 아시아, 유럽
들어온 시기 개항 이전(고려 중후기: 박상진 2011)
침입 정도 일시 출현
참고 모리(1922)가 관상용 수입재배식물로 기록했다. 국내에 18세기 전후(리휘재 1966)
또는 1920년경(조무행, 최명섭 1992)에 도입되었다는 견해도 있다. 김철수와 오장근
(1995)이 제주도에 야생한다고 했고, 김찬수 등(2006)이 제주도의 귀화식물 목록에 실
었다. 식물체 전 부위에 매우 위험한 심장독인 올레안드린(oleandrin)이 함유되어 있어
(Wink, Van Wyk 2008) 가로수로 사용하는 것에 대한 문제가 지적되기도 했다(경남일
보 2015).

문헌

경남일보. 2015. 관상용 심은 협죽도 독성 강해… 수종 대체 필요.
김찬수 등. 2006. 제주도의 귀화식물 분포특성.
김철수, 오장근. 1995. 다도해 해상 국립공원의 식생.
리휘재. 1966. 한국동식물도감. 제6권. 식물편 (화훼류 II).
박상진. 2011. 문화와 역사로 만나는 우리 나무의 세계.
조무행, 최명섭. 1992. 한국수목도감.
Mori, T. 1922. An Enumeration of Plants Hitherto Known from Corea.
Wink, M., B.-E. Van Wyk. 2008. Mind-Altering and Poisonous Plants of the World.

홍초과(Cannaceae)
칸나 *Canna* × *generalis* L.H. Bailey & E.Z. Bailey

다른 이름 홍초(紅草)
북한 이름 홍초
원산지 남아메리카 원산 식물의 교배종
들어온 시기 개항 이후~분단 이전
침입 정도 일시 출현
참고 화훼로 쓰기 위해 권업모범장(1907)에서 시험재배한 기록이 있다. 이종석과 김문홍(1980)이 제주도에 야생하는 추세라고 보고했고, 김찬수 등(2006)이 제주도의 귀화식물 목록에 실었다.

문헌
김찬수 등. 2006. 제주도의 귀화식물 분포특성.
이종석, 김문홍. 1980. 제주도내 도입 조경 및 재배식물의 종류에 관한 조사연구(Ⅰ).
朝鮮總督府勸業模範場. 1907. 纛島園藝支場報告.

외래식물 목록에
수록하지 않은 식물

금낭화 *Lamprocapnos spectabilis* (L.) Fukuhara

북한 이름 금낭화
이명 *Dicentra spectabilis* (L.) Lem.
과명 양귀비과(Papaveraceae)
원산지 중국, 한국
발견 기록 1916년 금강산(中井猛之進 1918)
참고 리휘재(1964)는 17세기 전후에 중국에서 도입된 식물로 추정했다. 도봉섭 등 (1956)은 관상용으로 재배하며, 음지 돌담에 자생하는 식물로, 그 밖에 이우철과 임양재 (1978), 박종욱 등(2011)은 모두 중국 원산 귀화식물로 판단했다. 한편 임양재와 전의식 (1980)은 재래종으로 평가했고, 박수현(1994, 1995)이 귀화식물 목록에 수록했지만, 고 강석 등(1996)이 재래종으로 평가한 뒤에 귀화식물 목록에 수록되지 않았다. 임록재 등 (1997)은 양강도, 강원도 법동 산지대에서 자란다고 설명한다. 남한에서는 설악산 일대 에서 자생하기도 하고 마을 부근에서 자라기도 한다(박수현 확인 2017년 2월 12일). 중 국식물지에서는 중국 헤이룽장 성, 지린 성, 랴오닝 성, 북한, 극동 러시아에 분포한다고 기록한다(Wu 등 2008). 임록재 등(1997)은 양강도, 강원도 법동 산지대에서 자란다고 설명한다. 김철환(2000)은 식물구계학적 특정식물 제Ⅰ등급 식물군의 하나로 분류했 고, 환경부(2006)에서는 전국자연환경조사 때에 식물구계학적 특정식물의 하나로 조사 했다.

문헌

김철환. 2000. 자연환경 평가 - Ⅰ. 식물군의 선정 -.
고강석 등. 1996. 귀화생물에 의한 생태계 영향 조사(Ⅱ).
도봉섭 등. 1956. 조선식물도감 1.
리휘재. 1964. 한국식물도감. 화훼류 Ⅰ.
박수현. 1994. 한국의 귀화식물에 관한 연구.
박수현. 1995. 한국 귀화식물 원색도감.
박종욱 등. 2011. 한반도 고유 식물자원 검색기술 개발 및 한반도 식물지 발간. 최종보고서.
이우철, 임양재. 1978. 한반도 관속식물의 분포에 관한 연구.
임록재 등. 1997. 조선식물지 3(증보판).
임양재, 전의식. 1980. 한반도의 귀화식물 분포.
환경부. 2006. 제3차 전국자연환경조사 지침.
中井猛之進. 1918. 金剛山植物調查書.
Wu 등. 2008. Flora of China. Vol. 7.

다닥냉이 *Lepidium apetalum* Willd.

북한 이름 다닥냉이

이명 *Lepidium micranthum* Ledeb.

과명 십자화과(Brassicaceae)

원산지 아시아

발견 기록 1909년 평양(H. Imai 채집), 강원도 원산(T. Nakai 채집)(Nakai 1911)

참고 임양재와 전의식(1980), 김준민 등(2000)은 농작물과 함께 들어온 구귀화식물로 판단했다. 박수현(1994)이 처음 귀화식물 목록에 실었는데, 박수현(1995)은 유럽, 중앙 아시아, 히말라야, 시베리아, 몽고, 중국, 만주 등지에 분포하며 외래종인지 재래종인지 분명치 않으나 북아메리카에서 들어와 각지에 퍼진 식물이라는 기록이 있다고 설명했다. 한편 이춘녕과 안학수(1963), 이창복(1969), 이영노(2002), 이유미 등(2011)은 북아 메리카 원산의 귀화식물로 설명한다. 그렇지만 북아메리카 지역에서 보고된 *L. apetalum* 의 기록은 대부분 북아메리카 원산 식물인 *Lepidium densiflorum* Schrader를 잘못 동정한 것이다(Flora of North America Editorial Committee 2010). 일부 문헌에서 *L. densiflorum* 을 *L. apetalum*의 이명으로 표시하고(양환승 등 2004), 다닥냉이의 학명을 *L. densiflorum* 으로 표시하는 경우도 있는데(오세문 등 2002), 둘은 서로 다른 종이다. 다닥냉이는 북 아메리카 원산이 아니며 중가리아, 카슈가르, 몽고, 티베트, 네팔, 중국, 만주, 한국 등 온 대 아시아 지역에 넓게 분포한다(Komarov, Bush 1939; Wu, Raven 2001). 그러나 최근 박수현은 국내에 *L. apetalum*은 분포하지 않으며, 다닥냉이로 알려진 종은 *L. densiflorum* 이라는 견해를 밝혔다(박수현 2017년 2월 12일).

문헌

김준민 등. 2000. 한국의 귀화식물.

박수현. 1994. 한국의 귀화식물에 관한 연구.

박수현. 1995. 한국 귀화식물 원색도감.

양환승 등. 2004. 잡초. 형태, 생리, 생태. 이판화류 Ⅰ.

오세문 등. 2002. 국내 외래잡초의 유입정보 및 발생현황.

이영노. 2002. 원색한국식물도감. 개정증보판.

이유미 등. 2011. 한국내 귀화식물의 현황과 고찰.

이창복. 1969. 야생식물식용도감.

이춘녕, 안학수. 1963. 한국식물명감.

임양재, 전의식. 1980. 한반도의 귀화식물 분포.

Flora of North America Editorial Committee. 2010. Flora of North America. Vol. 7.

Komarov, V.L., N.A. Bush. 1939. Flora of the U.S.S.R. Vol. Ⅷ.

Nakai, T. 1911. Flora Koreana. Pars Secunda.

Wu, Z.Y., P.H. Raven. 2001. Flora of China. Vol. 8.

위 사진은 모두 *L. densiflorum*이다.

전동싸리 *Melilotus suaveolens* Ledeb.

북한 이름 전동싸리
과명 콩과(Leguminosae)
원산지 아시아
발견 기록 1863년 한반도(R. Oldham 채집, Miquel 1867)
참고 정태현(1956)이 처음 귀화식물로 취급했으나 원산지에 대한 설명은 없다. 이창복(1973)이 중국 원산 식물로, 이우철과 임양재(1978)가 동아시아 원산 귀화식물로 보고했다. 이후에 박수현(1994)과 이유미 등(2011)도 아시아 원산의 귀화식물로 보고했다. 일부 일본 학자들은 일본에 귀화한 유라시아 원산 식물로 판단하지만(淸水建美 2003), 외국 원산 식물로 기록하지 않은 경우도 있다(大橋広好 등 2008). 시베리아, 몽고, 만주, 중국, 한국 등 중앙아시아와 동아시아에 넓게 분포하는 식물이다(Palibin 1898; Komarov 1904; 北川政夫 1939). 임양재와 전의식(1980)은 재래종으로 판단했으며, 북한 학자들 역시 외래식물로 구별하지 않는다(도봉섭 등 1958; 임록재 등 1998). 남서 연해주 식물도감에도 외래식물로 언급되지 않는다(Kozhevnikov 등 2015).

문헌

도봉섭 등. 1958. 조선식물도감 3.
박수현. 1994. 한국의 귀화식물에 관한 연구.
이유미 등. 2011. 한국내 귀화식물의 현황과 고찰.
이우철, 임양재. 1978. 한반도 관속식물의 분포에 관한 연구.
이창복. 1973. 초자원도감.
임록재 등. 1998. 조선식물지 4(증보판).
임양재, 전의식. 1980. 한반도의 귀화식물 분포.
정태현. 1956. 한국식물도감(하권 초본부).
大橋広好 등. 2008. 新牧野日本植物圖鑑.
北川政夫. 1939. 滿洲國植物考.
淸水建美. 2003. 日本の帰化植物.
Komarov, V.L. 1904. Flora Manshuriae. Vol. Ⅱ.
Kozhevnikov 등. 2015. Illustrated Flora of the Southwest Primorye (Russian Far East).
Miquel, F.A.G. 1867. Prolusio Florae Iaponicae. Pars Quarta.
Palibin, J. 1898. Conspectus Florae Koreae. Pars Ⅰ.

좀개소시랑개비 *Potentilla amurensis* Maxim.

북한 이름 잔잎양지꽃
과명 장미과(Rosaceae)
원산지 동아시아
참고 기타가와(1937)는 중국, 시베리아 오리엔트, 만주, 한국에 분포한다고 했다. 한반도의 북부에서 먼저 발견되었다. 북부의 강이나 개울가 모래땅에서 자라며(김현삼 1974), 함흥의 길가에서 발견한 기록도 있다(長田武正, 鈴木龍雄 1943). 남한에서는 박수현(1992)이 1992년에 여주 남한강변과 광탄에서 발견한 뒤 귀화식물 목록에 실었다. 한편 시미즈 등(2001)은 중국과 한반도 원산 식물로 설명한다. 아무르 강변에서 발견되긴 했지만 이 지역의 고유종으로 보기는 어렵다. 인도 서부부터 베트남, 중국, 한반도에 분포한다(Soják 2009).

문헌

김현삼. 1974. 조선식물지 3.
박수현. 1992. 한국 미기록 귀화식물 (I).
長田武正, 鈴木龍雄. 1943. 咸興植物誌.
清水矩宏 등. 2001. 日本帰化植物写真図鑑 - Plant invader 600種 -
Kitagawa, M. 1937. Materials to the flora of eastern Asia I.
Soják, J. 2009. *Potentilla* (Rosaceae) in the former USSR; second part: comments. Notes on *Potentilla* XXIV.

선포아풀 *Poa nemoralis* L.

북한 이름 선꿰미풀
과명 벼과(Poaceae)
원산지 북부 유라시아
발견 기록 1897년 함경북도 무산 등 북한 지역(Komarov 1901)
침입 정도 귀화
참고 정태현(1965)이 유럽과 시베리아 원산 식물로 기록했고, 이우철과 임양재(1978)가
귀화식물 목록에 실었다. 박수현(1994)은 절멸했거나 분포가 불확실하다고 판단했는
데, 북한의 각 도 경제식물지에는 북한 내 분포가 보고되었다. 유럽부터 극동아시아까
지 넓게 분포하는 종으로(Komarov 1934), 현재 남북한 학자들 모두 한반도의 외래식물
로 인정하지 않는다. 한편 김철환(2000)은 식물구계학적 특정식물 제Ⅳ등급 식물로 분
류했고, 환경부의 전국자연환경조사에서도 이를 따랐다(환경부 2006, 2012).

문헌

김철환. 2000. 자연환경 평가 - Ⅰ. 식물군의 선정 -.
박수현. 1994. 한국의 귀화식물에 관한 연구.
이우철, 임양재. 1978. 한반도 관속식물의 분포에 관한 연구.
정태현. 1965. 한국동식물도감. 제5권. 식물편(목초본류).
환경부. 2006. 제3차 전국자연환경조사 지침.
환경부. 2012. 제4차 전국자연환경조사 지침.
Komarov, V.L. 1901. Flora Manshuriae. Vol. Ⅰ.
Komarov, V.L. 1934. Flora of the U.S.S.R. Vol. Ⅱ.

Robert H. Mohlenbrock, hosted by the USDA-NRCS
PLANTS Database / USDA NRCS. 1995. *Northeast
wetland flora: Field office guide to plant species*.
Northeast National Technical Center, Chester.

ⓒ BY-SA Sarefo

큰꿩의비름 *Sedum spectabile* Boreau

북한 이름 큰꿩의비름
과명 돌나물과(Crassulaceae)
원산지 중국, 한국
발견 기록 1902년 평양(T. Uchiyama 채집, Nakai 1909)
참고 정태현(1956)이 중국 원산 식물로 기록했고, 이우철과 임양재(1978)가 귀화식물 목록에 실었다. 박수현(1994)은 개항 이전에 이입된 귀화식물로 판단했고, 고강석 등 (1995), 김준민 등(2000)도 귀화식물로 인정했다. 한편 임양재와 전의식(1980)은 재래종 으로 판단했고, 고강석 등(2001) 또한 재래종으로 판단해 귀화식물 목록에서 제외했다. 환경부(2006)의 제3차 전국자연환경조사에서 식물구계학적 특정식물 III등급 식물로 조 사하기도 했다. 만주와 한반도 중북부에 분포하는 식물이다(初島柱彦 1938; Ohwi 1965; Wu, Raven 2001).

문헌

고강석 등. 1995. 귀화생물에 의한 생태계 영향 조사(I).
고강석 등. 2001. 외래식물의 영향 및 관리방안 연구(II).
김준민 등. 2000. 한국의 귀화식물.
박수현. 1994. 한국의 귀화식물에 관한 연구.
이우철, 임양재. 1978. 한반도 관속식물의 분포에 관한 연구.
임양재, 전의식. 1980. 한반도의 귀화식물 분포.
정태현. 1956. 한국식물도감(하권 초본부).
환경부. 2006. 제3차 전국자연환경조사 지침.
初島柱彦. 1938. 九州帝國大學北鮮演習林植物調査 (豫報).
Nakai, T. 1909. Flora Koreana. Pars Prima.
Ohwi, J. 1965. Flora of Japan.
Wu, Z.Y., P.H. Raven. 2001. Flora of China. Vol. 8.

큰닭의덩굴 *Fallopia dentatoalata* (F. Schmidt) Holub

북한 이름 큰덩굴메밀

이명 *Bilderdykia dentatoalata* (F. Schmidt) Kitag., *Polygonum scandens* var. *dentatoalatum* (F. Schmidt) Maxim. ex Franch. & Sav.

과명 마디풀과(Polygonaceae)

원산지 아시아

발견 기록 1886년 서울(J. Kalinowsky 채집, Palibin 1901)

참고 원산지는 혼란스럽게 기록되어 있다. 정태현(1956)이 유럽 원산의 귀화식물로 기록했고, 이우철과 임양재(1978)가 러시아 아무르 원산으로 판단해 귀화식물 목록에 실었다. 이유미 등(2011)도 유럽 원산의 귀화식물로 보았다. 반면 외래종이 아닌 재래종으로 보는 견해도 있다(임양재, 전의식 1980; 정수영 2014). 이와 마찬가지로 일본에서도 중국 북부 원산의 외래종으로 판단하기도 하지만(淸水矩宏 등 2001), 시미즈(2003)는 일본의 외래종이 아니고 재래종일 가능성이 높다고 했다. 큰닭의덩굴은 중국, 한국, 일본, 극동러시아 등 동아시아 지역에 분포하는 식물이며(Komarov 1936; Wu 등 2003), 한반도의 외래식물로 보기 어렵다.

문헌

이우철, 임양재. 1978. 한반도 관속식물의 분포에 관한 연구.

이유미 등. 2011. 한국내 귀화식물의 현황과 고찰.

임양재, 전의식. 1980. 한반도의 귀화식물 분포.

정수영. 2014. 침입외래식물(IAP)의 국내 분포특성 연구.

정태현. 1956. 한국식물도감 (하권 초본부).

淸水矩宏 등. 2001. 日本帰化植物写真図鑑 - Plant invader 600種 -.

淸水建美. 2003. 日本の帰化植物.

Komarov, V.L. 1936. Flora of the U.S.S.R. Vol. Ⅴ.

Palibin, J. 1901. Conspectus Florae Koreae. Pars Ⅱ.

Wu 등. 2003. Flora of China. Vol. 5.

흰겨이삭 *Agrostis gigantea* Roth

다른 이름 고려겨이삭, 레드톱(Redtop)
북한 이름 큰겨이삭
과명 벼과(Poaceae)
원산지 유라시아
발견 기록 1914년 함경북도 갈포령(Nakai 1919)

참고 문헌에서는 주로 *Agrostis alba* L., *A. alba* L. var. *koreensis* Nakai라는 학명이 사용되었다. 박수현 등(2011)이 평지 길가에서 자라는 유럽 원산 귀화식물로 기록했고, 김창기와 길지현(2016)도 외래식물 목록에 포함했다. 레드톱이란 목초로 도입되기도 했다(Lee 1966). 북반구 온대에 널리 분포하는 종이며, 유럽과 아시아 대부분 국가에서 재래식물로 취급한다. 일본 학자들은 흰겨이삭의 이입 시기에 대해 두 가지 견해를 갖고 있다. 유사시대 초기 또는 그 이후에 중국을 경유해 일본으로 들어온 유럽 원산 식물이라는 견해가 있지만(前川文夫 1943), 메이지시대 초기에 목초로 들어왔다가 귀화한 식물로 보기도 한다(竹松哲夫, 一前宣正 1997; 淸水矩宏 등 2001). 일본 환경성(2015)은 산업상 중요하지만 적절한 관리가 필요한 외래종으로 지정했다.

문헌

박수현 등. 2011. 한국식물도해도감 1 벼과(개정증보판).
前川文夫. 1943. 史前歸化植物 について.
竹松哲夫, 一前宣正. 1997. 世界の雑草 Ⅲ -単子葉類-.
淸水矩宏 등. 2001. 日本帰化植物写真図鑑 - Plant invader 600種 -.
環境省. 2015. 我が国の生態系等に被害を及ぼすおそれのある外来種リスト.
Kim, C.G., J. Kil. 2016. Alien flora of the Korean Peninsula.
Lee, Y.N. 1966. Manual of the Korean Grasses.
Nakai, T. 1919. Notulae ad Plantas Japoniae et Coreae XIX.

길뚝국화 *Cota altissima* (L.) J. Gay

이명 *Anthemis altissima* L.

과명 국화과(Compositae)

원산지 북아프리카, 아시아, 유럽

참고 최귀문 등(1996)이 외래잡초 종자도감에 소개했다. 1995년에 인천 항만 곡물사일로 주변과 안산 수인산업도로변에서 발견한 것으로 보고되었으나(농업과학기술원 1996; 오세문 등 2003), 길뚝개꽃을 잘못 동정한 것이다(김창석 확인, 2016년 11월 7일). 영국에는 외국에서 곡물을 수입할 때 섞여 들어왔다(Dunn 1905).

문헌

농업과학기술원. 1996. 1995년도 시험연구사업보고서(작물보호부편).

오세문 등. 2003. 1981년 이후 발견된 국내 발생 외래잡초 현황.

최귀문 등. 1996. 원색 외래잡초 종자도감.

Dunn, S.T. 1905. Alien Flora of Britain.

나도돼지풀 *Ambrosia psilostachya* DC.

북한 이름 서부쑥잎풀

과명 국화과(Compositae)

원산지 북아메리카

참고 임양재와 전의식(1980)이 거제도 장승포에서 처음 발견해 귀화식물 목록에 수록했고, 박수현(1994), 고강석 등(1995), 김준민 등(2000)도 귀화식물로 인정했다. 그러나 고강석 등(2001)은 잘못 동정된 것이며, 국내에 들어오지 않은 것으로 결론지었다.

문헌

고강석 등. 1995. 귀화생물에 의한 생태계 영향 조사(Ⅰ).

고강석 등. 2001. 외래식물의 영향 및 관리방안 연구(Ⅱ).

김준민 등. 2000. 한국의 귀화식물.

박수현. 1994. 한국의 귀화식물에 관한 연구.

임양재, 전의식. 1980. 한반도의 귀화식물 분포.

쑥부지깽이아재비 *Erysimum repandum* L.

과명 십자화과(Brassicaceae)

원산지 서남아시아, 유럽

참고 박수현(1992)이 1992년에 서울 한강 둔치와 군산 외항 근처에서 발견해 처음 보고
했다. 이후에 잘못 동정된 것으로 밝혀져, 고강석 등(2001)이 귀화식물 목록에서 제외했
다.

문헌

고강석 등. 2001. 외래식물의 영향 및 관리방안 연구(II).

박수현. 1992. 한국 미기록 귀화식물(I).

아마냉이 *Camelina alyssum* (Mill.) Thell

과명 십자화과(Brassicaceae)

원산지 유럽

참고 임양재와 전의식(1980)이 귀화식물 목록에 처음 수록했고, 박수현(1994), 고강석
등(1995), 김준민 등(2000)이 귀화식물로 인정했던 식물이다. 그러나 잘못 동정된 것이
며, 실제로는 국내에 들어오지 않은 것으로 결론지었다(고강석 등 2001).

문헌

고강석 등. 1995. 귀화생물에 의한 생태계 영향 조사(I).

고강석 등. 2001. 외래식물의 영향 및 관리방안 연구(II).

김준민 등. 2000. 한국의 귀화식물.

박수현. 1994. 한국의 귀화식물에 관한 연구.

임양재, 전의식. 1980. 한반도의 귀화식물 분포.

유럽쥐손이 *Erodium moschatum* (L.) L'Hér.

북한 이름 향갈래손잎풀

과명 쥐손이풀과(Geraniaceae)

원산지 북아프리카, 서아시아, 유럽

참고 박수현(1993)이 1993년 서울 용산가족공원에서 발견해 귀화식물로 보고했고, 양영환 등(2001)이 제주도에서 발견하기도 했다. 그러나 이것은 세열유럽쥐손이(*Erodium cicutarium*)로 확인되어, 2009년 귀화식물도감(박수현 2009)에는 수록하지 않았다(박수현 확인 2017년 2월 12일).

문헌

박수현. 1993. 한국 미기록 귀화식물(III).

박수현. 2009. 세밀화와 사진으로 보는 한국의 귀화식물.

양영환 등. 2001. 제주도의 귀화식물에 관한 재검토.

한반도로 자연 산포한 식물

부채갯메꽃 *Ipomoea pes-caprae* (L.) R. Br.

북한 이름 갯고구마풀

과명 메꽃과(Convolvulaceae)

원산지 세계의 열대 지역

참고 원산지는 불명확하며, 세계 열대의 해안 지대에 널리 분포하는 식물이다. 김문홍 (1992)이 제주도 바닷가에서 발견해 제주식물도감에 실었다. 우리나라와 가깝게는 일본 시코쿠나 규슈의 해안에서 자란다(大橋広好 등 2008). 전의식(2000)은 해류를 따라 표류한 것으로 추정했는데, 이 경우 자연 산포한 것이므로, 국내에 정착이 확인된다고 해도 외래식물로 볼 수는 없다고 했다. 이후에는 분포가 확인되지 않았다.

문헌

김문홍. 1992. 제주식물도감.

전의식. 2000. 새로 발견된 귀화식물. 일시 귀화했다 사라진 것으로 보이는 부채갯메꽃.

大橋広好 등. 2008. 新牧野日本植物圖鑑.

참고문헌

강대현, 임은영, 문명옥. 2015. 제주도의 수생 및 습생 식물상. 식물분류학회지 45: 96-107.

강영선. 1972. 비무장지대의 천연자원에 관한 연구. 국토통일원. 서울.

강우창, 이유미, 김도경, 정승선, 박수현. 2004. 한국식물도해도감 1. 벼과. 국립수목원. 포천.

경남일보. 2015. 관상용 심은 협죽도 독성 강해… 수종 대체 필요. 2015년 7월 27일.

고강석, 강인구, 서민환, 김정현, 김기대, 길지현, 유홍일, 공동수, 이은복, 전의식. 1995. 귀화생물에 의한 생태계 영향 조사(I). 국립환경연구원. 인천.

고강석, 강인구, 서민환, 김정현, 김기대, 길지현, 공동수, 유재정, 김기헌, 양상용, 전상린, 전의식. 1996. 귀화생물에 의한 생태계 영향 조사(II). 국립환경연구원. 인천.

고강석, 서민환, 길지현, 구연봉, 오현경, 서상욱, 박수현, 전의식, 양영환. 2001. 외래식물의 영향 및 관리방안 연구(II). 국립환경연구원. 인천.

고경식. 1993. 야생식물생태도감. 우성문화사. 서울.

고명철, 김기윤. 1976. 조선식물지 6. 과학출판사. 평양.

공우석. 2001. 대나무의 시·공간적 분포역 변화. 대한지리학회지 36: 444-457.

국립환경과학원. 2009. 2009 습지보호지역 정밀조사. 담양하천습지·두웅습지. 환경부·국립환경과학원. 인천.

국사편찬위원회. 2016. 조선왕조실록.세종실록지리지. http://sillok.history.go.kr/id/kda_400

기태완. 2013. 꽃, 마주치다. 옛 시와 옛 그림, 그리고 꽃. 푸른지식.

기태완. 2015. 꽃, 피어나다. 옛 시와 옛 그림, 그리고 꽃. 푸른지식

길지현, 김종민, 김영하, 김현맥, 이도훈, 김동언, 황선민, 이종천, 신현철. 2012. 생태계교란생물. 국립환경과학원. 인천.

길지현, 서민환, 박수현. 2001. 한국 미기록 귀화식물(XVII). 식물분류학회지 31: 375-382.

길지현, 이창우, 김영하, 김종민, 황선민. 2011. 외래잡초 나래가막사리(*Verbesina alternifolia*)의 생물학적 침입 및 분포유형. 한국잡초학회지 31: 23-33.

김경훈. 2016. 서부 민통지역의 관속식물상. 석사학위논문. 세명대학교.

김구연. 2001. 낙동강 하구의 수생관속식물의 분포와 생장에 관한 연구. 석사학위논문. 동아대학교.

김동언, 이도훈, 이효혜미, 황인천, 이창우, 김수환, 이희조, 김현맥, 김미정, 김덕기, 송해룡, 박은진, 김종민. 2014. 수입과 반입에 심사가 필요한 환경부 지정 위해우려종. 국립생태원. 서천.

김문홍. 1992. 제주식물도감. 제주도.

김선유, 윤석민, 홍석표. 2012. 한국산 가막사리속(국화과)의 미기록 귀화식물: 왕도깨비바늘. 식물분류학회지 42: 178-183.

김수남, 이우정, 강기성, 함정엽, 정유정, 전영식, 신문관. 2015. 족제비싸리 추출물을 포함하는 신장질환의 예방 또는 치료용 조성물. 특허등록번호 1015120950000.

김수환, 이효혜미, 김동언, 이도훈, 이창우, 최동희, 이희조, 김현맥, 김영채, 김미정, 김덕기, 송해룡, 김종민. 2015. 외래생물 정밀조사(II). 국립생태원. 서천.

김영동, 김성희. 1999. 명성산(철원·포천)과 인근산지의 식물. 제2차 전국환경조사. 환경부. pp. 29-61.

김영진. 1982. 농림수산 고문헌 비요. 한국농촌경제연구원.

김영하, 길지현, 황선민, 이창우. 2013. 침입외래식물 가시상추의 확산과 생육지 유형별 분포 특성. Weed & Turfgrass Science 2: 138-151.

김용훈, 오충현. 2009. 일본목련의 분산 및 식물군집 특성에 관한 연구: 한국유네스코평화센터 주변을 대상으로. 한국환경생태학회지 23: 285-293.

김윤식, 김광규, 이웅빈, 고경식. 1988. 가덕도의 식물상 조사 연구. 고려대학교이학논집 29: 93-120.

김은규, 길지현, 주영규, 정영상. 2015. 미기록 외래잡초 영국갯끈풀의 국내 분포와 식물학적 특성. Weed & Turfgrass Science 4: 65-70.

김은실, 오경희, 백광현, 김양선. 2015. 가시상추 추출물을 유효성분으로 함유하는 치주질환 예방 또는 치료용 조성물. 특허등록번호 1015746780000.

김은실, 오경희, 백광현, 김양선. 2015. 도깨비가지 추출물을 유효성분으로 함유하는 치주질환 예방 또는 치료용 조성물. 특허등록번호 1015614410000.

김은실, 오경희, 백광현, 김양선. 2015. 쇠채아재비 추출물을 유효성분으로 함유하는 치주질환 예방 또는 치료용 조성물. 특허등록번호 1015746760000.

김은실, 오경희, 백광현. 2016. 단풍잎돼지풀 추출물 또는 이의 분획물을 유효성분으로 함유하는 충치와 치주질환 예방 또는 치료용 조성물. 특허등록번호 1016254120000.

김은실, 오경희, 백광현. 2016. 미국자리공 추출물 또는 이의 분획물을 유효성분으로 함유하는 충치와 치주질환 예방 또는 치료용 조성물. 특허등록번호 1016275280000.

김종덕, 권찬호, 김수곤, 박형수, 고한종, 김동암. 2002. 중부지방에서 일년생 콩과목초의 사초 생산성 비교. 한국동물자원과학회지 44: 617-624.

김종민, 길지현, 김원명, 서재화, 신현철, 김원희, 반지연, 김의경, 이지연, 고강석, 박수현, 오홍식. 2006. 생태계위해성이 높은 외래종 정밀조사 및 선진 외국의 생태계교란종 지정현황 연구. 국립환경과학원. 인천.

김종민, 길지현, 고강석, 김원명, 허문석, 신현철, 박승철, 이두범, 김영하, 양병국. 2008. 생태계위해성이 높은 외래종의 정밀조사 및 관리방안 (III). 국립환경과학원. 인천.

김준민, 임양재, 전의식. 2000. 한국의 귀화식물. 사이언스북스. 서울.

김준호. 2000. 대나무. 대원사. 서울.

김중현, 김선유. 2013. 길상산(강화도)의 관속식물상. 한국환경생태학회지 27: 280-304.

김중현, 김선유, 이지연, 윤창영. 2012. 경기도 수안산의 식물상. 한국환경과학회지 21: 489-505.

김중현, 김진석, 남기흠, 윤창영, 김선유. 2014. 한반도 미기록 귀화식물: 댕돌보리와 애기분홍낮달맞이꽃. 한국자원식물학회지 27: 326-332.

김중현, 남기흠, 김선유, 김진석, 최지은, 이병윤. 2013. 백령도 지역의 관속식물상. 한국자원식물학회지 26: 178-213.

김중현, 정은희, 이경의, 남춘희, 박성애, 박찬호, 남기흠, 이병윤, 서민환. 2016. 욕지도(통영시)의 식물다양성과 식생. 식물분류학회지 46: 83-116.

김진석, 김태영. 2011. 한국의 나무. 돌베개. 파주.

김진석, 정재민, 김선유, 김중현, 이병윤. 2014. 한반도 홀로세 기후최적기 잔존집단의 식물지리학적 연구. 식물분류학회지 44: 208-221.

김찬수, 고정군, 송관필, 문명옥, 김지은, 이은주, 황석인, 정진현. 2006. 제주도의 귀화식물 분포특성. 한국자원식물학회지 19: 640-648.

김찬수, 김수영. 2011. 우리나라 미기록 식물: 고깔닭의장풀(*Commelina benghalensis* L.)과 큰닭의장풀(*C. diffusa* Burm. f.). 식물분류학회지 41: 58-65.

김찬수, 송관필, 문명옥, 이은주, 김철환. 2006. 한국 미기록 귀화식물: 나도양귀비(양귀비과)와 좀개불알풀(현삼과). 식물분류학회지 36: 145-151.

김철수. 1971. 간척지 식물군락형성 과정에 관한 연구 - 목포지방을 중심으로 -. 식물학회지 14: 163-169.

김철수, 오장근. 1995. 다도해 해상 국립공원의 식생. 전라남도.

김철환. 2000. 자연환경 평가 - Ⅰ. 식물군의 선정 -. 환경생물 18: 163-198.

김하송. 2012. 신안군 칠발도 식생에 관한 연구. 한국도서연구 24: 231-240.

김현삼, 리용재, 홍경식, 황호준, 윤영범. 1972. 조선식물지 1. 과학원출판사. 평양.

김현삼. 1974. 조선식물지 3. 과학출판사. 평양.

김현삼, 리용재, 황호준, 홍경식, 김기웅, 박종만. 1974. 조선식물지 2. 과학출판사. 평양.

김현삼, 리용재, 황호준, 리수진. 1976. 조선식물지 4. 과학출판사. 평양.

농림축산검역본부. 2016. 병해충에 해당되는 잡초. 농림축산검역본부 고시 제2016-12호(2016.2.15.).

농업과학기술원. 1996. 1995년도 시험연구사업보고서(작물보호부편). 농촌진흥청. 수원.

농업과학기술원. 1997. 1996년도 시험연구보고서(작물보호부). 농촌진흥청. 수원.

농업과학기술원. 1998. 1997년도 시험연구사업보고서. 농촌진흥청. 수원.

농업과학기술원. 2000. 1999년도 시험연구사업보고서(작물보호분야, 잠사곤충분야). 농촌진흥청. 수원.

농촌진흥청. 2008. 조선총독부 권업모범장 보고. 제21호(其1). 농촌진흥청. 수원.

도봉섭, 심학진, 임록재. 1956. 조선식물도감 1. 조선 민주주의 인민공화국 과학원. 평양.

도봉섭, 심학진, 임록재. 1958. 조선식물도감 3. 조선 민주주의 인민공화국 과학원. 평양.

동의학편집부. 1986. 향약집성방. 과학, 백과사전출판사. 평양.

라응칠, 리재희, 강학봉, 배룡기, 렴철훈, 황원국, 최현일, 김창일. 2003. 자강도 경제식물지. 과학백과사전출판사. 평양.

라응칠, 박우준, 김준기, 김현순, 리현철, 주호성. 2003. 황해남도 경제식물지. 과학백과사전출판사. 평양.

라응칠, 왕승서, 오영희, 조원진, 류의지, 려철. 2003. 강원도 경제식물지. 과학백과사전출판사. 평양.

라응칠, 황수부, 김리균, 한교혁, 주일순, 전광일, 고순국, 리화웅. 2003. 함경남도 경제식물지. 과학백과사전출판사. 평양.

류태복, 이승은, 김덕기, 최동희, 정혜란. 2016. 한국 미기록 외래식물: 날개카나리새풀(*Phalaris paradoxa*). 제71회 한국생물과학협회 정기학술대회 초록집.

리용재, 황호준, 우제득. 2011. 식물분류명사전(종자식물편). 백과사전출판사. 평양.

리정남, 라응칠, 조남철. 1997. 압록강상류지역식물의 종구성에 대한 연구. 생물학 138: 39-41.

리종오. 1964. 조선고등식물분류명집. 과학원출판사. 평양.

리휘재. 1964. 한국식물도감. 화훼류 Ⅰ. 문교부. 서울.

리휘재. 1966. 한국동물도감. 제6권. 식물편(화훼류 Ⅱ). 문교부. 서울.

민병미, 이동훈, 이혜원, 최종인. 2005. 시화호 내 위성류(*Tamarix chinensis*) 개체군의 특성. 한국생태학회지 28: 327-333.

박규진, 고재기, 박재홍. 2011. 한국 미기록 귀화식물: 가는끈끈이장구채(석죽과). 식물분류학회지 41: 171-174.

박만규. 1949. 우리나라 식물명감. 조선교학도서주식회사.

박상용. 2009. 수생식물도감. 보림출판사. 파주.

박상진. 2011. 문화와 역사로 만나는 우리 나무의 세계. 김영사. 파주.

박석근, 정현환, 정미나. 2011. 한국의 정원식물. 초본류. 한국학술정보. 파주.

박수현, 신준환, 이유미, 임종환, 문정숙. 2002. 우리나라 귀화식물의 분포. 임업연구원.

박수현, 길지현, 양영환. 2003. 한국 미기록 귀화식물(XVIII). 식물분류학회지 33: 79-90.

박수현, 이유미, 정수영, 장계선, 강우창, 정승선, 오승환, 양종철. 2011. 한국식물도해도감 1. 벼과(개정증보판). 국립수목원. 포천.

박수현. 1976. 한국산 신식물자원. 식물분류학회지 7: 23-24.

박수현. 1992. 한국 미기록 귀화식물(Ⅰ). 식물분류학회지 22: 59-68.

박수현. 1993. 한국 미기록 귀화식물(Ⅱ). 식물분류학회지 23: 27-33.

박수현. 1993. 한국 미기록 귀화식물(Ⅲ). 식물분류학회지 23: 97-104.

박수현. 1993. 한국 미기록 귀화식물(Ⅳ). 식물분류학회지 23: 269-276.

박수현. 1994. 한국 미기록 귀화식물(Ⅴ). 식물분류학회지 24: 125-132.

박수현. 1994. 한국의 귀화식물에 관한 연구. 자연보존 85: 39-50.

박수현. 1995. 한국 귀화식물 원색도감. 일조각. 서울.

박수현. 1995. 한국 미기록 귀화식물(Ⅵ). 식물분류학회지 25: 51-59.

박수현. 1995. 한국 미기록 귀화식물(Ⅶ). 식물분류학회지 25: 123-130.

박수현. 1996. 한국 미기록 귀화식물(Ⅷ). 식물분류학회지 26: 155-162.

박수현. 1996. 한국 미기록 귀화식물(Ⅸ). 식물분류학회지 26: 329-338.

박수현. 1997. 한국 미기록 귀화식물(Ⅹ). 식물분류학회지 27: 369-377.

박수현. 1997. 한국 미기록 귀화식물(ⅩⅠ). 식물분류학회지 27: 501-508.

박수현. 1998. 서울 난지도의 귀화식물에 관한 연구. 자연보존 101: 40-48.

박수현. 1998. 한국 미기록 귀화식물(ⅩⅡ). 식물분류학회지 28: 331-341.

박수현. 1998. 한국 미기록 귀화식물(ⅩⅢ). 식물분류학회지 28: 415-425.

박수현. 1999. 한국 미기록 귀화식물(ⅩⅣ). 식물분류학회지 29: 91-109.

박수현. 1999. 한국 미기록 귀화식물(ⅩⅤ). 식물분류학회지 29: 193-199.

박수현. 1999. 한국 미기록 귀화식물(ⅩⅥ). 식물분류학회지 29: 285-294.

박수현. 2001. 한국 귀화식물 원색도감. 보유편. 일조각. 서울.

박수현. 2009. 세밀화와 사진으로 보는 한국의 귀화식물. 일조각. 서울.

박완서. 2002. 그 많던 싱아는 누가 다 먹었을까. 재판. 웅진닷컴. 서울.

박용호, 박수현, 유기억. 2014. 한국 미기록 귀화식물: 민털비름(비름과). 식물분류학회지 44: 132-135.

박정원, 김하송, 장성건, 천숙진, 육관수. 2015. 지상라이다를 이용한 미기록 외래종 갯쥐꼬리풀(*Spartina alterniflora*)의 분포특성과 관리방안 연구. - 다도해 해상국립공원 진도 남동리 해안을 사례로 -. 한국도서연구 27: 161-177.

박종렬, 김삼식, 박광우, 이창복. 1985. 한국의 국화과 식물. 경상대학교 농업연구소보 19: 89-131.

박종욱 외 23인. 2011. 한반도 고유 식물자원 검색기술 개발 및 한반도 식물지 발간. 최종보고서. 환경부.

박준홍. 2016. 미국자리공 잎 추출물 또는 분획물을 유효성분으로 포함하는 줄기마름병 방제 조성물. 특허등록번호 1016318250000.

박형선, 오세봉. 2003. 조선의 북부식물상에서 최근에 발견된 새로운 분류군들에 대하여. 생물학 162: 41-42.

박형선, 오세봉. 2006. 우리 나라 식물상에서 기재되는 몇가지 새로운 종들에 대하여. 생물학 173: 52-53.

박형선, 주일엽, 강철규, 최수철. 2009. 조선민주주의인민공화국의 외래식물목록과 영향평가. 외국문도서출판사. 평양.

백광현, 김은실, 오경희, 김병직. 2016. 단풍잎돼지풀 추출물을 유효성분으로 함유하는 항산화 및 피부 미백용 화장료 조성물. 특허등록번호 1016552760000.

백설희 외 23인. 1989. 경제식물자원사전. 과학백과사전종합출판사. 평양.

백은호, 문애라, 박정미, 장창기. 2010. 덕적도(인천)의 관속식물상 조사 연구. 환경생물 28: 158-171.

백춘현. 2010. 우리 나라 미기록종 꽃골(*Butomus umbellatus* L.)의 계절상에 대한 연구. 생물학 188: 54-55.

서울신문. 2016. 일본산이라는 이유로… 태백산 거목 50만 그루 벌목 위기. 2016년 8월 25일.

선병윤, 김철환 김태진. 1992. 한국 귀화식물 및 신분포지. 식물분류학회지 22: 235-240.

송기훈, 김종근, 원창오, 권용진, 이정관, 전정일, 이유미, 장계선, 이혜정. 2011. 한국의 재배식물. 국립수목원. 포천.

식물학연구소. 1976. 조선식물지 7. 과학출판사. 평양.

신현철, 임용석. 2002. 수생식물. 2001 전국내륙습지 자연환경조사. 화포습지, 하벌습지. 환경부·국립환경연구원. pp. 287-307.

안승모. 2013. 식물유체로 본 시대별 작물조성의 변천. 안승모(편), 농업의 사회학. 사회평론. 서울. pp. 69-110.

안승모. 2013. 한반도 출토 작물유체 집성표. 안승모(편), 농업의 사회학. 사회평론. 서울.

안학수, 정인수, 박만규. 1968. 한라산식물목록. 나자식물 및 쌍자엽식물. 천연보호구역 한라산 및 홍도. 한라산학술조사보고서 및 홍도학술조사보고서. 문화공보부. 서울. pp. 178-220.

안학수, 이춘녕, 박수현. 1982. 한국농식물자원명감. 일조각. 서울.

양선규, 장현도, 남보미, 정규영, 이로영, 이재현, 오병운. 2015. 울릉도의 관속식물상. 식물분류학회지 45: 192-212.

양영환, 김문홍. 1998. 제주도의 귀화식물에 관한 연구. 제주생명과학연구 1: 49-58.

양영환, 박수현, 김문홍. 2001. 제주 미기록 귀화식물(Ⅰ). 한국자원식물학회지 14: 247-250.

양영환, 박수현, 김문홍. 2001. 제주도의 귀화식물상. 한국자원식물학회지 14: 277-285.

양영환, 박수현, 김문홍. 2001. 제주도의 귀화식물에 관한 재검토. 제주대학교 기초과학연구 14: 53-62.

양영환, 박수현, 길지현, 김문홍. 2002. 제주 미기록 귀화식물(Ⅱ). 한국자원식물학회지 15: 81-88.

양영환, 송창길. 2007. 제주 미기록 귀화식물: 향기풀, 미국담쟁이덩굴, 꽃갈퀴덩굴. 제주대아열대농업생명과학연구지 23: 7-9.

양영환, 한봉석. 2007. 한국 미기록 귀화식물 1종: 둥근빗살괴불주머니(현호색과). 제주대아열대농업생명과학연구지 23: 19-20.

양영환, 한봉석, 오진보. 2007. 제주 미기록 귀화식물(Ⅴ). 한국잡초학회 학술대회 별책 27(1): 77-81.

양영환. 2007. 제주도 귀화식물의 식생에 관한 연구. 한국잡초학회지 27: 112-121.

양환승, 김동성, 박수현. 2004. 잡초. 형태, 생리, 생태. 이판화류 I. 이전농업자원도서. 서울.

엄상섭. 1983. 우리 나라 서북부 압록강, 비래봉 지구 식물상에 대한 연구(1) - 식물상개요 및 식물분류군의 구성. 과학원통보 179: 51-54.

오병운, 조동광, 박재홍, 임형탁, 장진성, 백원기, 정규영, 김주환, 윤창영, 김영동, 유기억, 장창기. 2005. 한반도 관속식물 분포도 Ⅱ. 남부아구(전라도 및 지리산). 국립수목원. 포천.

오병운, 김규식, 고성철, 최병희, 임형탁, 백원기, 정규영, 윤창영, 장창기, 강신호, 이철호. 2008. 한반도 관속식물 분포도 Ⅴ. 중부아구(경기도). 산림청.

오병운, 조동광, 고성철, 임형탁, 정규영, 장창기, 강신호. 2010. 한반도 관속식물 분포도. Ⅶ. 남부아구(경상남도) 및 울릉도아구. 산림청.

오세문, 김창석, 문병철, 이인용. 2002. 국내 외래잡초의 유입정보 및 발생 현황. 한국잡초학회지 22: 280-295.

오세문, 김창석, 문병철, 박태선, 오병열. 2003. 1981년 이후 발견된 국내 발생 외래잡초 현황. 한국잡초학회지 23: 160-171.

614

육창수, 김창민, 정현배. 1979. 한국산 식물의 보유(Ⅰ). 생약학회지 10: 89-90.

윤평섭. 2001. 한국의 화훼원예식물. 교학사. 서울.

윤해순, 김구연, 김승환, 이원화, 이기철. 2002. 서낙동강 수질의 이화학적 특성과 수생관속식물의 분포. 한국생태학회지 25: 305-313.

이덕봉. 1974. 한국동식물도감. 제15권. 식물편(유용식물). 문교부. 서울.

이영노, 주상우. 1956. 한국식물도감. 대동당. 서울.

이영노, 오용자. 1974. 한국의 귀화식물(1). 한국생활과학연구원논총 12: 87-93.

이영노. 1976. 한국동식물도감. 제18권. 식물편(계절식물). 문교부. 서울.

이영노. 1996. 원색 한국식물도감. 교학사. 서울.

이영노. 2002. 원색한국식물도감. 개정증보판. 교학사. 서울.

이영노. 2007. 새로운 한국식물도감. 교학사. 서울.

이우철, 정현배. 1976. 삼악산 및 중도의 식물상. 식물분류학회지 7: 1-20.

이우철, 임양재. 1978. 한반도 관속식물의 분포에 관한 연구. 식물분류학회지 8(Appendix): 1-33.

이우철. 1982. 정태현박사의 신종 및 미기록종식물에 대한 고찰. 식물분류학회지 12: 79-91.

이우철. 1996. 한국식물명고. 아카데미서적. 서울.

이우철. 1996. 원색한국기준식물도감. 아카데미서적. 서울.

이우철. 2005. 한국 식물명의 유래. 일조각. 서울.

이원형, 김삼보, 곽병화. 1991. 안동 지방에 자생하는 *Sicyos angulatus* L.의 특성 및 박과 작물 대목으로서의 이용 가능성. 한국원예학회지 32: 299-304.

이유미, 박수현, 정재민. 2005. 한국 미기록 귀화식물: 긴털비름(*Amaranthus hybridus*)과 나도민들레(*Crepis tectorum*). 식물분류학회지 35: 201-209.

이유미, 박수현, 양종철, 최혁재. 2008. 한국 미기록 귀화식물: 사향엉겅퀴(*Carduus natans*)와 큰키다닥냉이(*Lepidium latifolium*). 식물분류학회지 38: 187-196.

이유미, 박수현, 정수영, 윤석민. 2009. 한국 미기록 귀화식물: 톱니대극(*Euphorbia dentata* Michx.)과 왕관갈퀴나물(*Securigera varia* (L.) Lassen). 식물분류학회지 39: 114-119.

이유미, 이혜정, 박수현, 최형선, 오승환. 2010. 한국 미기록 귀화식물인 노랑도깨비바늘(*Bidens polylepis* S. F. Blake)과 비누풀(*Saponaria officinalis* L.). 식물분류학회지 40: 240-246.

이유미, 박수현, 정수영, 오승환, 양종철. 2011. 한국내 귀화식물의 현황과 고찰. 식물분류학회지 41: 87-101.

이일구. 1956. 식물의 천이. 동아일보 1956년 9월 5일.

이재두. 1977. 성균관대학교 소장 고 정태현 식물석엽 표본 목록. 성대논문집 24: 83-176.

이정란, 김창석, 이인용. 2011. 국내 미기록 외래잡초 *Cyperus esculentus* L.의 발생과 위험성. 한국잡초학회지 31: 313-318.

이정명 외 27인. 2003. 신고 채소원예각론. 향문사. 서울.

이종석, 김문홍. 1980. 제주도내 도입 조경 및 재배식물의 종류에 관한 조사연구(I). 제주대학교 논문집 12: 97-115.

이창우, 황선민, 길지현, 김영하. 2012. 가죽나무군락의 공간별 분포특성에 관한 연구. 한국자원식물학회지 25: 550-560.

이창복. 1969. 자원식물. 한국임학회지 8: 27-139.

이창복. 1969. 야생식용식물도감. 임업시험장. 서울.

이창복. 1971. 밝혀지는 식물자원(Ⅱ). 서울대학교 농과대학 연습림보고 8: 47-50.

이창복. 1971. 약용식물도감. 농촌진흥청. 수원.

이창복. 1972. 밝혀지는 식물자원(Ⅲ). 서울대학교 농과대학 연습림보고 9: 21-27.

이창복. 1973. 초자원도감. 농촌진흥청. 수원.

이창복. 1980. 대한식물도감. 향문사. 서울.

이창복. 2003. 원색 대한식물도감. 향문사. 서울.

이춘녕, 안학수. 1963. 한국식물명감. 범학사. 서울.

이혜정, 이유미, 박수현, 강영식. 2008. 한국 미기록 귀화식물인 유럽조밥나물(*Hieracium caespitosum* Dumort.)과 진홍토끼풀(*Trifolium incarnatum* L.). 식물분류학회지 38: 333-343.

이혜정, 이유미, 김종환, 조양훈. 2009. 한국 미기록 귀화식물: 산방백운풀. 식물분류학회지 39: 304-308.

이혜정, 정수영, 박수현, 윤석민, 양종철. 2014. 한국 미기록 외래식물: 산형나도별꽃, 갈퀴지치. 식물분류학회지 44: 276-280.

임록재, 라응칠, 1987. 중앙식물원 재배식물. 과학백과사전출판사. 평양.

임록재, 최창조, 임순철. 1993. 조선약용식물(원색). 농업출판사. 평양.

임록재, 홍경식, 김현삼, 곽종송, 리용재, 황호준. 1996. 조선식물지 1(증보판). 과학기술출판사. 평양.

임록재, 라응칠, 김현삼, 김룡석, 황호준, 박종만. 1996. 조선식물지 2(증보판). 과학기술출판사. 평양.

임록재, 홍경식, 김현삼, 주일엽, 김룡석. 1997. 조선식물지 3(증보판). 과학기술출판사. 평양.

임록재, 김영호, 임순철, 리용재, 김현삼, 김룡석, 황호준, 라응칠. 1998. 조선식물지 4(증보판). 과학기술출판사. 평양.

임록재, 고학수, 라응칠, 홍경식, 박종만. 1999. 조선식물지 6(증보판). 과학기술출판사. 평양.

임록재, 라응칠, 박형선, 홍영표, 고명철. 1999. 조선식물지 7(증보판). 과학기술출판사. 평양.

임록재, 김현삼, 곽종송, 라응칠, 리용재, 박형선, 리관필, 한경성. 2000. 조선식물지 8(증보판). 과학기술출판사. 평양.

임양재, 전의식. 1980. 한반도의 귀화식물 분포. 한국식물학회지 23: 69-83.

임용석, 나성태, 마선미, 신현철. 2004. 화포습지(경상남도 김해)의 관속식물상. 순천향자연과학연구논문집 10: 313-323.

임용석. 2009. 한국산 수생식물의 분포특성. 박사학위논문. 순천향대학교.

임용석, 서원복, 최영민, 현진오. 2014. 한국미기록 귀화식물: 거꿀꽃토끼풀(콩과). 한국자원식물학회지 27: 333-336.

임형탁, 홍행화, 홍성각. 1998. 넓은김의털: 우리 나라 신귀화식물. 식물분류학회지 28: 427-431.

장진성, 김휘, 장계선. 2015. 한반도 식물 지명 사전. 국립수목원. 포천

전의식, 유영진, 임양재. 1987. 서울 선정능의 식생. 자연보존 60: 30-48.

전의식. 1991. 새로 발견된 귀화식물(1). 대양을 건너 찾아온 진객. 자생식물 22: 216-217.

전의식. 1992. 새로 발견된 신귀화식물(2). 우단담배잎풀과 솔잎미나리. 자생식물 24: 272-273.

전의식. 1992. 새로 발견한 귀화식물(3). 자생식물 25: 302-303.

전의식. 1993. 새로 발견된 귀화식물(4). 애기범부채와 냄새명아주. 자생식물 26: 322-323.

전의식. 1993. 새로 발견된 귀화식물(5). 유럽 원산의 민들레아재비. 자생식물 27: 342-343.

전의식. 1993. 새로 발견된 귀화식물(6). 한라산 기슭의 긴잎달맞이꽃. 자생식물 28: 368.

전의식. 1993. 새로 발견된 귀화식물(7). 가시상치와 만수국아재비. 자생식물 29: 420-421.

전의식. 1994. 새로 발견된 귀화식물(8). 서양메꽃과 도깨비가지. 자생식물 30: 436-437.

전의식. 1995. 새로 발견된 귀화식물(11). 근래에 귀화한 미국쥐손이와 애기노랑토끼풀. 자생식물 34: 22-23.

전의식. 1997. 새로 발견된 귀화식물(13). 노랑개아마와 덩이괭이밥. 자생식물 41: 8-9.

전의식. 1997. 새로 발견된 귀화식물(14). 국화과의 귀화식물. 미국실새삼, 비짜루국화, 큰비짜루국화. 자생식물 42: 8-9.

전의식. 1998. 새로 발견된 귀화식물(15). 가시민들레아재비와 긴열매꽃양귀비. 자생식물 45: 10-11.

전의식. 1998. 새로 발견된 귀화식물(17). 나물로도 이용되는 북미 원산의 종지나물 및 털볕새귀리. 자생식물 45: 21-22.

전의식. 1999. 새로 발견된 귀화식물(18). 자생식물일지도 모르는 미국물칭개. 자생식물 47: 19.

전의식. 1999. 새로 발견된 귀화식물 (19). 쇠채로 잘못 알았던 쇠채아재비. 자생식물 49: 7.

전의식. 2000. 새로 발견된 귀화식물(20). 귀화식물이라 보아야할지 망설여지는 선인장 *Opuntia ficus-indica* Mill. 자생식물 50: 15-16.

전의식. 2000. 새로 발견된 귀화식물. 일시 귀화했다 사라진 것으로 보이는 부채갯메꽃. 자생식물 51: 11.

전의식. 2000. 새로 발견된 귀화식물. 큰백령풀 *Diodia virginiana* L. 자생식물 52: 22.

전의식. 2001. 신귀화식물 노란꽃땅꽈리. 자생식물 53: 11.

전의식. 2002. 제주도에 귀화된 양장구채. 자생식물 55: 11.

정수영, 이유미, 박수현, 김종환, 조양훈. 2009. 한국 미기록 벼과 귀화식물: 유럽육절보리풀과 처진미꾸리광이. 식물분류학회지 39: 309-314.

정수영, 이유미, 박수현, 양종철, 장계선. 2011. 한국 미기록 벼과식물: 애기향모(*Anthoxanthum glabrum* (Trin.) Veldkamp)와 큰개사탕수수(*Saccharum arundinaceum* Retz.). 식물분류학회지 41: 81-86.

정수영, 홍정기, 박수현, 양종철, 윤석민, 강영식. 2015. 미기록 외래식물: 세열미국쥐손이 (쥐손이풀과), 유럽패랭이(석죽과). 식물분류학회지 45: 272-277.

정수영, 박수현, 이강협, 양종철, 장계선, 정재민, 최경, 신창호, 이유미. 2015. 국내에 유입된 *Spartina* 속(벼과) 외래식물 현황 및 잠재적 위험성. 식물분류학회 학술발표대회 2015년 2월 6일.

정수영. 2014. 침입외래식물(IAP)의 국내 분포특성 연구. 안동대학교 박사학위논문.

정영재. 1992. 한국산 명아주과 식물의 분류학적 연구. 성균관대학교 박사학위논문.

정태현, 도봉섭, 이덕봉, 이휘재. 1937. 조선식물향명집. 조선박물연구회.

정태현, 도봉섭, 심학진. 1949. 조선식물명집 Ⅰ 초본편. 조선생물학회.

정태현. 1956. 한국식물도감(하권 초본부). 신지사. 서울.

정태현, 이우철. 1962. 북한산의 식물자원조사연구 -제1부 관속식물-. 성균관대학교 논문집 7: 373-417.

정태현, 이우철. 1963. 설악산식물조사연구. 성균관대학교 논문집 8: 231-269.

정태현. 1965. 한국동식물도감. 제5권. 식물편(목초본류). 문교부. 서울.

정태현, 이우철. 1966. 거문도 식물조사 연구. 성균관대학교 논문집 11: 335-365.

정태현. 1970. 한국동식물도감. 제5권. 식물편(목초본류). 보유. 문교부. 서울.

조무행, 최명섭. 1992. 한국수목도감. 산림청 임업연구원.

조양훈, 김종환, 박수현. 2016. 벼과·사초과 생태도감. 지오북. 서울.

조영호, 김원. 1997. 한국 신 귀화식물(Ⅰ). 식물분류학회지 27: 277-280.

지성진, 박수현, 이유미, 이철호, 김상용. 2011. 한국 미기록 귀화식물: 아메리카대극과 털땅빈대. 식물분류학회지 41: 164-170.

지성진, 양종철, 정수영, 장진, 박수현, 강영식, 오승환, 이유미. 2012. 한국 미기록 귀화식물: 솔잎해란초와 유럽광대나물. 식물분류학회지 42: 91-97.

지형준, 한대석. 1976. 특기할 한국산 약용식물(Ⅱ). 생약학회지 7: 69-71.

최귀문, 이문홍, 고현관, 이한규, 오세문, 김창석. 1996. 원색 외래잡초 종자도감. 농업과학기술원. 수원.

최지은, 김중현, 홍정기, 김진석. 2016. 한국 미기록 귀화식물: 미국갯마디풀(마디풀과)과 끈적털갯개미자리(석죽과). 식물분류학회지 46: 326-330.

축산시험장. 1958. 시험연구사업보고서. 축산시험장.

한병삼, 이건무. 1977. 남성리 석관묘. 국립박물관 고적조사보고 제10책. 국립중앙박물관.

한정은, 최병희. 2007. 싸리속(콩과) 미기록 귀화식물: 분홍싸리. 식물분류학회지 37: 79-85.

한정은, 최병희. 2008. 콩과 싸리속 귀화식물 2종: 자주비수리와 큰잎싸리. 식물분류학회지 38: 547-555.

홍경식, 고학수, 박종만, 김정환. 1975. 조선식물지 5. 과학출판사. 평양.

홍석표, 문혜경. 2003. 한반도 미기록 귀화식물 1종: 히말라야여뀌(여뀌속, 마디풀과). 식물분류학회지 33: 219-223.

홍성천, 김용원, 박재홍, 오승환, 이중효, 김진석. 2005. 실무용 원색식물도감. 목본. 경상북도.

홍순형, 허만규. 1994. 부산지역의 귀화식물 조사 보고. 부산대 환경문제연구소 환경연구보 12: 55-62.

홍정기, 박수현, 이유미, 오승환, 정수영, 이봉식. 2012. 한국 미기록 귀화식물: 전호아재비(산형과)와 봄나도냉이(십자화과). 식물분류학회지 42: 171-177.

홍정기, 김종환, 김중현, 최지은, 김진석. 2016. 한국 미기록 외래식물: 털다닥냉이(십자화과)와 들괭이밥(괭이밥과). 식물분류학회지 46: 331-335.

환경청. 1986. '86자연생태계 전국조사. 제1차년도(담수역권). 환경청.

환경부. 2006. 제3차 전국자연환경조사 지침. 환경부.

환경부. 2012. 제4차 전국자연환경조사 지침. 환경부.

황선민, 길지현, 이창우, 김영하. 2013. 기생식물 미국실새삼의 분포 및 기주식물상. 한국자원식물학회지 26: 289-302.

황선민, 길지현, 김영하, 김성열. 2014. 외래잡초 미국좀부처꽃(*Ammannia coccinea*)의 확산과 생육지 특성. Weed & Turfgrass Science 3: 292-298.

황희숙, 정수영, 박수현, 양종철, 장계선, 오승환, 이유미, 서화정. 2014. 국내 미기록 외래식물: 서양물통이와 분홍안개꽃. 2014년도 식물분류학회 학술대회 초록집.

慶尙北道種苗場. 1915. 慶尙北道種苗場報告. 慶尙北道種苗場.

京城藥專植物同好會. 1936. Flora Centro-koreana.

農商工部園藝模範場. 1909. 園藝模範場報告 第二號. 農商工部園藝模範場.

大橋広好, 邑田仁, 岩槻邦男. 2008. 新牧野日本植物圖鑑. 北隆館. 東京.

都逢涉. 1935. 咸鏡南道山岳地帶に於けろ高山植物及び藥用植物. 朝鮮藥學會雜誌 15: 212-225.

都逢涉, 沈鶴鎭. 1938. 鬱陵島所産藥用植物. 朝鮮藥學會雜誌 18:59-81.

梅本信也, 小林央往, 植木邦和, 伊藤操子. 1998. 日本産タカサブロウ2変異型の分類学的検討. 雜草研究 43: 244-248.

梅本信也, 山口裕文. 1999. タカサブロウとアメリカタカサブロウの日本への帰化樣式. 大阪府立大学農学部学術報告 51: 25-31.

牧野富太郞, 根本莞爾. 1925. 日本植物總覽. 日本植物總覽刊行會. 東京.

牧野富太郞. 1940. 牧野日本植物図鑑. 北隆館. 東京.

武藤治夫. 1928. 仁川地方ノ植物. 朝鮮博物學會雜誌 7: 26-43.

北川政夫. 1939. 滿洲國植物考. 大陸科學院研究報告 第3卷 號外第1冊.

森爲三. 1913. 南鮮植物採集目録. 朝鮮總督府月報 3(5): 98-106.

森爲三. 1913. 南鮮植物採取目録(前號ノ續). 朝鮮總督府月報 3(6): 113-117.

森爲三. 1913. 南鮮植物採取目録 (前號ノ續). 朝鮮總督府月報 3(7): 57-62.

石戸谷勉, 鄭台鉉. 1923. 朝鮮森林樹木鑑要. 朝鮮總督府林業試驗場.

石戸谷勉, 都逢涉. 1932. 京城附近植物小誌. 朝鮮博物學會雜誌 14: 1-48.

松村任三. 1895. 改正增補 植物名彙. 丸善株式會社. 東京.

市村塘. 1904. 韓國城津ノ植物. 植物學雜誌 18: 80-82.

植木秀幹. 1925. 朝鮮及滿洲産松屬ノ種類及ビ分布ニ就イテ. 朝鮮博物學會雜誌 3: 35-47.

植木秀幹, 佐方敏南. 1935. 鬱陵島の事情. 水原高等農林學校校友會報 91: 1-33.

植村修二, 勝山輝男, 清水矩宏, 水田光雄, 森田弘彦, 廣田伸七, 池原直樹. 2015. 增補改訂 日本帰化植物写真図鑑 第2巻 - Plant invader 500種 -. 全国農村教育協会. 東京.

矢部吉禎. 1912. 南滿洲植物目録. 南滿洲鉄道中央試驗所.

日本生態学会(編). 2002. 外来種ハンドブック. 地人書館. 東京

自然環境研究センター. 2008. 日本の外來生物. 平凡社. 東京.

長田武正, 鈴木龍雄. 1943. 咸興植物誌. 官立咸興師範學校研究部.

張亨斗. 1940. 朝鮮植物と其の分布上の探求(一). 朝鮮山林會報 186: 21-32.

前川文夫. 1943. 史前歸化植物 について. 植物分類地理 13: 274-279.

鄭台鉉. 1943. 朝鮮森林植物圖說. 朝鮮博物研究會. 京城.

帝國大學. 1886. 帝國大學理科大學植物標品目録. 丸善商社. 東京.

朝鮮總督府勸業模範場. 1907. 纛島園藝支場報告. 朝鮮總督府勸業模範場.

朝鮮總督府勸業模範場. 1909. 事業報告書. 朝鮮總督府勸業模範場.

朝鮮總督府勸業模範場. 1912. 纛島支場園藝報告. 朝鮮總督府勸業模範場.

朝鮮總督府勸業模範場. 1913. 事業報告書. 朝鮮總督府勸業模範場.

朝鮮總督府農事試驗場. 1931. 朝鮮總督府農事試驗場二拾五周年記念誌. 朝鮮農會. 京城.

佐藤月二. 1938. みぢんこうきくさノ新分布地. 植物研究雜誌 14: 143-144.

竹松哲夫, 一前宣正. 1987. 世界の雑草 I -合弁花類-. 全国農村教育協会. 東京.

竹松哲夫, 一前宣正. 1993. 世界の雑草 II -離弁花類-. 全国農村教育協会. 東京.

竹松哲夫, 一前宣正. 1997. 世界の雑草 III -単子葉類-. 全国農村教育協会. 東京.

中井猛之進. 1914. 濟州島竝莞島植物調査報告書. 朝鮮總督府.

中井猛之進. 1914. 朝鮮植物 上卷. 成美堂. 東京.

中井猛之進. 1915. 智異山植物調査報告書. 朝鮮總督府.

中井猛之進. 1916. 朝鮮森林植物編. 第五輯. 朝鮮總督府林業試驗場.

中井猛之進. 1918. 金剛山植物調査書. 朝鮮總督府.

中井猛之進. 1919. 鬱陵島植物調査書. 朝鮮總督府.

中井猛之進. 1923. 朝鮮森林植物編. 第拾四輯. 朝鮮總督府林業試驗場.

中井猛之進. 1933. 朝鮮森林植物編. 第貳拾輯. 朝鮮總督府林業試驗場.

中井猛之進. 1936. 朝鮮森林植物編. 第貳拾壹輯. 朝鮮總督府林業試驗場.

清水建美(編). 2003. 日本の帰化植物. 平凡社. 東京.

清水矩宏, 森田弘彦, 廣田伸七. 2001. 日本帰化植物写真図鑑 - Plant invader 600種 -. 全国農村教育協会. 東京.

初島柱彦. 1934. 九州帝國大學南鮮演習林植物調査(豫報). 九州帝國大學農學部演習林報告 第5號. 九州帝國大學農學部附屬演習林.

初島柱彦. 1938. 九州帝國大學北鮮演習林植物調査(豫報). 九州帝國大學農學部演習林報告 第 10號. 九州帝國大學農學部附屬演習林.

平山常太郎. 1918. 日本に於ける歸化植物. 洛陽堂. 東京.

環境省. 2015. 我が国の生態系等に被害を及ぼすおそれのある外来種リスト. http://www.env. go.jp/nature/intro/1outline/list.html

環境省. 2015. 特定外来生物等一覧. http://www.env.go.jp/nature/intro/1outline/list/index.html

黒沢高秀. 2001. 日本産雑草性ニシキソウ属(トウダイグサ科)植物の分類と分布. Acta Phytotaxonomica et Geobotanica 51: 203-229.

Aksoy, A., J.M. Dixon and W.H.G. Hale. 1998. *Capsella bursa-pastoris* (L.) Medikus (*Thlaspi bursa-pastoris* L., *Bursa bursa-pastoris* (L.) Shull, *Bursa pastoris* (L.) Weber). Biological Flora of the British Isles No. 199. Journal of Ecology 87: 171-186.

APHIS, USDA. 2016. Federal and state noxious weeds. http://plants.usda.gov/java/noxComposite.

Baik, M.-C., H.-D. Hoang and K. Hammer. 1986. A check-list of the Korean cultivated plants. Kulturpflanze 34: 69-144.

Cheon, K.-S., K.-S. Chung, H.-T. Im and K.-O. Yoo. 2014. A newly naturalized species in Korea: *Carex scoparia* Schkuhr ex Willd. var. *scoparia* (Cyperaceae). Korean Journal of Plant Taxonomy 44: 247-249.

Cho, S.-H. and Y.-D. Kim. 2012. First record of invasive species *Alliaria petiolata* (M. Bieb.) Cavara & Grande (Brassicaceae) in Korea. Korean Journal of Plant Taxonomy 42: 278-281.

Cho, Y., J. Kim, J.E. Han and B. Lee. 2016. Vascular plants of Poaceae (Ⅰ) new to Korea: *Vulpia bromoides* (L.) Gray, *Agrostis capillaris* L. and *Eragrostis pectinacea* (Michx.) Nees. Journal of Species Research 5: 14-21.

Clement, E.J. and M.C. Foster. 1994. Alien Plants of the British Isles. Botanical Society of the British Isles. London.

Coquillat, M. 1951. Sur les plantes les plus communes àla surface du globe. Bulletin mensuel de la Société Linnéenne de Lyon 20: 165-170.

Crosby, D.G. 2004. The Poisoned Weed. Plants Toxic to Skin. Oxford University Press. Oxford.

Cullen, J., S.G. Knees and H.S. Cubey. 2011. The European Garden Flora. Flowering Plants. Vol. I. Angiospermae - Monocotyledons. Alismataceae to Orchidaceae. 2nd ed. Cambridge University Press. Cambridge.

Cullen, J., S.G. Knees and H.S. Cubey. 2011. The European Garden Flora. Flowering Plants. Vol. Ⅲ. Angiospermae - Dicotyledons. Resedaceae to Cyrillaceae. 2nd ed. Cambridge University Press. Cambridge.

Cullen, J., S.G. Knees and H.S. Cubey. 2011. The European Garden Flora. Flowering Plants. Vol. V. Angiospermae - Dicotyledons. Boraginaceae to Compositae. 2nd ed. Cambridge University Press. Cambridge.

DAISIE. 2009. Handbook of Alien Species in Europe. Springer.

Dostálek, J. 1986. *Chenopodium ficifolium* SMITH in the North Korea (D.P.R.K.). Preslia 58: 273-275.

Dostálek, J., J. Kolbek and I. Jarolímek. 1989. A few taxa new to the flora of North Korea. Preslia 61: 323-327.

Dunn, S.T. 1905. Alien Flora of Britain. West, Newman and Co. London.

Flora of North America Editorial Committee, eds. 2003. Flora of North America. Vol. 25. Magnoliophyta: Commelinidae (in part): Poaceae, part 2. Oxford University Press. New York.

Flora of North America Editorial Committee, eds. 2006. Flora of North America. Vol. 19. Magnoliophyta: Asteridae, part 8: Asteraceae, part 1. Oxford University Press. New York.

Flora of North America Editorial Committee, eds. 2006. Flora of North America. Vol. 21. Magnoliophyta: Asteridae, part 8: Asteraceae, part 3. Oxford University Press. New York.

Flora of North America Editorial Committee, eds. 2007. Flora of North America. Vol. 24. Magnoliophyta: Commelinidae (in part): Poaceae, part 1. Oxford University Press. New York.

Flora of North America Editorial Committee, eds. 2010. Flora of North America. Vol. 7. Magnoliophyta: Salicaceae to Brassicaceae. Oxford University Press. New York.

Flora of North America Editorial Committee, eds. 2015. Flora of North America. Vol. 6. Magnoliophyta: Cucurbitaceae to Droseraceae. Oxford University Press. New York.

Forbes, F.B. and W.B. Hemsley. 1886. An enumeration of all the plants known from China Proper, Formosa, Hainan, the Corea, the Luchu Archipelago, and the Island of Hongkong; together with their distribution and synonymy. The Journal of the Linnean Society, Botany 23: 1-80.

Forbes, F.B. and W.B. Hemsley. 1888. An enumeration of all the plants known from China Proper, Formosa, Hainan, the Corea, the Luchu Archipelago, and the Island of Hongkong; together with their distribution and synonymy. The Journal of the Linnean Society, Botany 23: 401-521.

Forbes, F.B. and W.B. Hemsley. 1890. An enumeration of all the plants known from China Proper, Formosa, Hainan, the Corea, the Luchu Archipelago, and the Island of Hongkong; together with their distribution and synonymy. The Journal of the Linnean Society, Botany 26: 121-236.

Forbes, F.B. and W.B. Hemsley. 1891. An enumeration of all the plants known from China Proper, Formosa, Hainan, the Corea, the Luchu Archipelago, and the Island of Hongkong; together with their distribution and synonymy. The Journal of the Linnean Society, Botany 26: 317-396.

Forbes, F.B. and W.B. Hemsley. 1894. An enumeration of all the plants known from China Proper, Formosa, Hainan, the Corea, the Luchu Archipelago, and the Island of Hongkong; together with their distribution and synonymy. The Journal of the Linnean Society, Botany 26: 397–456.

Francis, A., S.J. Darbyshire, A. Légère and M.-J. Simard. 2012. The biology of Canadian weeds. 151. *Erodium cicutarium* (L.) L'Hér. ex Aiton. Canadian Journal of Plant Science 92: 1359-1380.

Goldberg, A. 1967. The genus *Melochia* L. (Sterculiaceae). Contributions from the United States National Herbarium 34: 191-363.

Hammer, K., U.-X. Han and H.-D. Hoang. 1987. Additional notes to the check-list of Korean cultivated plants (1). Kulturpflanze 35: 323-333.

Hoang, H.-D. and K. Hammer. 1988. Additional notes to the check-list of Korean cultivated plants (2). Kulturpflanze 36: 291-313.

Hoang, H.-D., H. Knüpffer and K. Hammer. 1997. Additional notes to the checklist of Korean cultivated plants (5). Consolidated summary and indexes. Genetic Resources and Crop Evolution 44: 349–391.

Holm, L.G., D.L. Plucknett, J.V. Pancho and J.P. Herberger. 1991. The World's Worst Weeds. Distribution and Biology. Krieger Publishing Company. Malabar, Florida.

Honda, M. 1926. Revisio Graminum Japoniae. X. The Botanical Magazine 40: 317-329.

Hong, J.R., M.J. Joo, M.H. Hong, S.J. Jo and K.-J. Kim. 2014. *Solanum elaeagnifolium* Cav. (Solanaceae), an unrecorded naturalized species of Korean flora. Korean Journal of Plant Taxonomy 44: 18-21.

Hwang, H.-S., J.-C. Yang, S.-H. Oh, Y.-M. Lee and K.-S. Chang. 2013. A study on the flora of 15 islands in the Western Sea of Jeollanamdo Province, Korea. Journal of Asia-Pacific Biodiversity 6: 281-310.

Im, H.T., H.-D. Son and J.-S. Im. 2016. Historic plant specimens collected from the Korean Peninsula in the early 20th century (I). Korean Journal of Plant Taxonomy 46: 33-54.

Jang, J., S.-H. Park, K.S. Chang, S.J. Ji, S.Y. Jung, H.J. Lee, H.-S. Hwang and Y.-M. Lee. 2013. Diversity of vascular plants in Daebudo and its adjacent regions, Korea. Journal of Asia-Pacific Biodiversity 6: 261-280.

Jang, J., S.H. Park, S.Y. Jung, K.S. Chang, J.C. Yang, S.H. Oh, Y.S. Han and S.M. Yun. 2013. Two newly naturalized plants in Korea: Senecio inaequidens DC. and S. scandens Buch.-Ham. ex D.Don. Journal of Asia-Pacific Biodiversity 6: 449-453.

Jarolímek, I., J. Kolbek and J. Dostálek. 1991. Annual nitrophilous pond and river bank communities in north part of Korean Peninsula. Folia Geobotanica et Phytotaxonomica 26: 113-140.

Jarolímek, I. and J. Kolbek. 2006. Plant communities dominated by Salix gracilistyla in Korean Peninsula and Japan. Biologia 61: 63-70.

Ji, S.-J., S.-Y. Jung, J.-K. Hong, H.-S. Hwang, S.-H. Park, J.-C. Yang, K.-S. Chang, S.-H. Oh and Y.-M. Lee. 2014. Two newly naturalized plants in Korea: Euthamia graminifolia (L.) Nutt. and Gamochaeta pensylvanica (Willd.) Cabrera. Korean Journal of Plant Taxonomy 44: 13-17.

Jung, S.-Y., S.-H. Park, H.-S. Hwang, K.-S. Chang, G.-H. Nam, Y.-H. Cho and J.-H. Kim. 2013. Three newly recorded plants of South Korea: Muhlenbergia ramose (Hack. ex Matsum.) Makino, Dichanthelium acuminatum (Sw.) Gould & C.A. Clark and Rottboellia cochinchinensis (Lour.) Clayton. Journal of Asia-Pacific Biodiversity 6: 397-406.

Kil, J.-H. and K.S. Lee. 2008. An unrecorded naturalized plant in Korea: Cakile edentula (Brassicaceae). Korean Journal of Plant Taxonomy 38: 179-185.

Kil, J.-H., S.-H. Park, Y.-H. Kim and D.-B. Lee. 2009. Unrecorded and introduced taxon in Korea: Cymbalaria muralis P. Gaetrn. (Scrophulariaceae). Korean Journal of Plant Taxonomy 39: 120-123.

Kim, C.-S., J. Lee, I.-Y. Lee and Y.-W. Han. 2013. A newly naturalized species in Korea, Pennisetum flaccidum Griseb. (Poaceae). Journal of Species Research 2: 223-226.

Kim, C.-G. and J. Kil. 2016. Alien flora of the Korean Peninsula. Biological Invasions 18: 1843-1852.

Kitagawa, M. 1979. Neo-Lineamenta Florae Manshuricae. J. Cramer. Vaduz.

Kolbek, J., J. Dostálek, I. Jarolímek, I. Ostrýand S.-H. Li. 1989. On salt marsh vegetation in North Korea. Folia Geobotanica et Phytotaxonomica 24: 225-251.

Kolbek, J. and J. Sádlo. 1996. Some short-lived ruderal plant communities of non-trampled habitats in North Korea. Folia Geobotanica et Phytotaxonomica 31: 207-217.

Kolbek, J. and I. Jarolímek. 2008. Man-influenced vegetation of North Korea. Linzer biologische Beiträge 40: 381–404.

Komarov, V.L. 1901. Flora Manshuriae. Vol. I. Acta Horti Petropolitani 20: 1-559.

Komarov, V.L. 1904. Flora Manshuriae. Vol. II. Acta Horti Petropolitani 22: 1-787.

Komarov, V.L. 1907. Flora Manshuriae. Vol. III. Acta Horti Petropolitani 25: 1-853.

Komarov, V.L. 1934. Flora of the U.S.S.R. Vol. II. Botanical Institute of the Academy of Sciences of the U.S.S.R. Translated from Russian by Israel Program for Scientific Translations (1963). Jerusalem.

Komarov, V.L. 1936. Flora of the U.S.S.R. Vol. V. Capparidaceae, Cruciferae and Resedaceae. Botanical Institute of the Academy of Sciences of the U.S.S.R. Translated from Russian by Israel Program for Scientific Translations (1970). Jerusalem.

Komarov, V.L. and N.A. Bush. 1939. Flora of the U.S.S.R. Volume VIII. Capparidaceae, Cruciferae and Resedaceae. Botanical Institute of the Academy of Sciences of the U.S.S.R. Translated from Russian by Israel Program for Scientific Translations (1970). Jerusalem.

Kozhevnikov, A.E., Z.V. Kozhevnikova, K. Kwak and B.Y. Lee. 2015. Illustrated Flora of the Southwest Primorye (Russian Far East). Institute of Biology and Soil Science of the Russian Academy of Sciences, Russian Federation and National Institute of Biological Resources of the Ministry of Environment, The Republic of Korea.

Lee, C.S., M.S. Chung, Y.S. Chung and N.S. Lee. 2009. *Triodanis* Raf. ex Greene (Campanulaceae), first report for Korea. Korean Journal of Plant Taxonomy 39: 233-236.

Lee, J., C.-S. Kim, I.-Y. Lee and Y.-W. Han. 2013. First records of *Paspalum notatum* Flügg é and *P. urvillei* Steud. (Poaceae) in Korea. Journal of Species Research 2: 79-84.

Lee, J., D.U. Han, E.J. Lee and C.-W. Park. 2005. A recently introduced plantain species in Korea: *Plantago aristata* (Plantaginaceae). Korean Journal of Plant Taxonomy 35: 153-159.

Lee, T.B. 1976. Vascular plants and their uses in Korea. Bulletin of the Seoul National University Arboretum 1: 1-131.

Lee, Y.N. 1966. Manual of the Korean Grasses. The Korean Research Institute for Better Living Series No. 3. Ewha Womans University Press. Seoul.

Lowe, S., M. Browne, S. Boudjelas and M. De Poorter. 2000. 100 of the World's Worst Invasive Alien Species. A selection from the Global Invasive Species Database. The Invasive Species Specialist Group (ISSG) a specialist group of the Species Survival Commission (SSC) of the World Conservation Union (IUCN).

Mills, R.G. 1921. Ecological studies in the Tongnai River basin. Transactions of the Korea Branch of the Royal Asiatic Society 12: 3-78.

Miquel, F.A.G. 1867. Prolusio Florae Iaponicae. Pars Quarta. Annales Musei Botanici Lugduno-Batavi 3: 1-66.

Mori, T. 1922. An Enumeration of Plants Hitherto Known from Corea. The Government of Chosen. Seoul.

Mucina, L., J. Dostálek, I. Jarolímek, J. Kolbek and I. Ostrý. 1991. Plant communities of trampled habitats in North Korea. Journal of Vegetation Science 2: 667-678.

Nakai, T. 1908. List of plants collected at Mt. Matinryŏng. The Botanical Magazine 22: 179-182.

Nakai, T. 1908. Polygonaceae Koreanae. Journal of the College of Science, Imperial University of Tokyo 23: 1-28.

Nakai, T. 1909. Flora Koreana. Pars Prima. Journal of the College of Science, Imperial University of Tokyo 26: 3-304.

Nakai, T. 1911. Flora Koreana. Pars Secunda. Journal of the College of Science, Imperial University of Tokyo 31: 1-573.

Nakai, T. 1912. Plantae Millsianae Koreanae. The Botanical Magazine 26: 29-49.

Nakai, T. 1913. Index Plantarum Koreanarum ad Floram Koreanam Novarum. I. The Botanical Magazine 27: 128-132.

Nakai, T. 1919. Notulae ad Plantas Japoniae et Coreae XIX. The Botanical Magazine 33: 1-11.

Nakai, T. 1919. Notulae ad Plantas Japoniae et Coreae XX. The Botanical Magazine 33: 41-61.

Nakai, T. 1921. Notulae ad Plantas Japoniae et Koreae XXV. The Botanical Magazine 35: 568-571.

Nakai, T. 1935. Notulae ad Plantas Japoniae & Koreae XLVI. The Botanical Magazine 46: 417-424.

Nakai, T. 1952. A synoptical sketch of Korean flora. Bulletin of the National Science Museum 31: 1-152.

Noshiro, S. and Y. Sasaki. 2014. Pre-agricultural management of plant resources during the Jomon period in Japan - a sophisticated subsistence system on plant resources. Journal of Archaeological Science 42: 93-106.

Ohwi, J. 1931. Symbolae ad Floram Asiae Orientalis III. The Botanical Magazine 45: 377-389.

Ohwi, J. 1965. Flora of Japan. Smithsonian Institution. Washington, D.C.

Palibin, J. 1898. Conspectus Florae Koreae. Pars I . Acta Horti Petropolitani 17: 1-127.

Palibin, J. 1901. Conspectus Florae Koreae. Pars II . Acta Horti Petropolitani 18: 147-198.

Palibin, J. 1902. Conspectus Florae Koreae. Pars III. Acta Horti Petropolitani 19: 101-151.

Park, C.W., ed. 2015. Flora of Korea. Vol. 5b. Rosidae: Elaeagnaceae to Sapindaceae. National Institute of Biological Resources. Incheon.

Preston, C.D., D.A. Pearman and A.R. Hall. 2004. Archaeophytes in Britain. Botanical Journal of the Linnean Society 145: 257-294.

Sakata, T. 1935. Plantae novae ad floram Koreanam. Journal of Chosen Natural History Society 20: 19-22.

Saner, M.A., D.R. Clements, M.R. Hall, D.J. Doohan and C.W. Crompton. 1995. The biology of Canadian weeds. 105. *Linaria vulgaris* Mill. Canadian Journal of Plant Science 75: 525-537.

Schischkin, B.K. 1999. Flora of the USSR. Vol. XXV . Compositae. Smithsonian Institution Libraries, Washington, D.C. Translated from Russian. Amerind Publishing Co. Pvt. Ltd. New Delhi.

Schomburgk, R. 1879. On the Naturalized Weeds and Other Plants in South Australia. E. Spiller, Acting Government Printer. Adelaide.

Sharma, M.P. 1986. The biology of Canadian weeds. 74. *Fagopyrum tataricum* (L.) Gaertn. Canadian Journal of Plant Science 66: 381-393.

Shin, H., Y. Kadono and H.-K. Choi. 2006. Taxonomic notes on the Dr. Miki's specimens collected from Korea. Korean Journal of Plant Taxonomy 36: 41-52.

Shin, H.W., M.J. Kim and N.S. Lee. 2016. First report of a newly naturalized *Sisyrinchium micranthum* and a taxonomic revision of *Sisyrinchium rosulatum* in Korea. Korean Journal of Plant Taxonomy 46: 205-300.

Shishkin, B.K. and S.V. Yuzepchuk. 1954. Flora of the USSR. Volume XX. Labiatae. Botanical Institute of the Academy of Sciences of the U.S.S.R. Translated from Russian by Israel Program for Scientific Translations (1976). Jerusalem.

Schultes, R.E., A. Hofmann and C. Rätsch. 2001. Plants of the Gods. Their Sacred, Healing, and Hallucinogenic Powers. Healing Arts Press. Rochester. Vermont.

Soják, J. 2004. *Potentilla* L. (Rosaceae) and related genera in the former USSR (identification key, checklist and figures). Notes on *Potentilla* XVI. Botanische Jahrbücher für Systematik, Pflanzengeschichte und Pflanzengeographie 125: 253-340.

Soják, J. 2007. *Potentilla* (Rosaceae) in China. Notes on *Potentilla* XIX. Harvard Papers in Botany 12: 285-324.

Soják, J. 2009. *Potentilla* (Rosaceae) in the former USSR; second part: comments. Notes on *Potentilla* XXIV. Feddes Repertorium 120: 185-217.

Stace, C. 2010. New flora of the British Isles. 3rd Ed. Cambridge University Press. Cambridge.

The Plant List. 2013. Version 1.1. Published on the Internet; www.theplantlist.org/.

Thomson, G.M. 1922. The Naturalisation of Animals & Plants in New Zealand. Cambridge University Press. Cambridge.

Tsuji, K. and O. Ohnishi. 2000. Origin of cultivated Tatary buckwheat (*Fagopyrum tataricum* Gaertn.) revealed by RAPD analyses. Genetic Resources and Crop Evolution 47: 431-438.

Tutin, T.G., V.H. Heywood, N.A. Burges, D.M. Moore, D.H. Valentine, S.M. Walters and D.A. Webb. 1972. Flora Europaea. Vol. 3. Diapensiaceae to Myoporaceae. Cambridge University. Cambridge.

Tutin, T.G., V.H. Heywood, N.A. Burges, D.M. Moore, D.H. Valentine, S.M. Walters and D.A. Webb. 1980. Flora Europaea. Vol. 5. Alismataceae to Orchidaceae (Monocotyledones). Cambridge University. Cambridge.

USDA. 2015. Germplasm Resources Information Network (GRIN) [Online Database]. National Germplasm Resources Laboratory, Beltsville, Maryland. http://www.ars-grin.gov.4/cgi-bin/npgs/html/index.pl

Vavilov, N.I. 1992. Origin and Geography of Cultivated Plants. Cambridge University Press. Cambridge.

Wink, M. and B.-E. Van Wyk. 2008. Mind-Altering and Poisonous Plants of the World. Timber Press. Portland.

Woodward, S.L. and J.A. Quinn. 2011. Encyclopedia of Invasive Species. From Africanized Honey Bees to Zebra Mussels. Vol. 2: Plants. Greenwood. Santa Barbara.

Wu, Z.Y. and P.H. Raven, eds. 1994. Flora of China. Vol. 17 (Verbenaceae through Solanaceae). Science Press. Beijing, and Missouri Botanical Garden Press. St. Louis.

Wu, Z.Y. and P.H. Raven, eds. 1995. Flora of China. Vol. 16 (Gentianaceae through Boraginaceae). Science Press. Beijing, and Missouri Botanical Garden Press. St. Louis.

Wu, Z.Y. and P.H. Raven, eds. 1998. Flora of China. Vol. 18 (Scrophulariaceae through Gesneriaceae). Science Press. Beijing, and Missouri Botanical Garden Press. St. Louis.

Wu, Z.Y. and P.H. Raven, eds. 2000. Flora of China. Vol. 24 (Flagellariaceae through Marantaceae). Science Press. Beijing, and Missouri Botanical Garden Press. St. Louis.

Wu, Z.Y., P.H. Raven and D.Y. Hong, eds. 2003. Flora of China. Vol. 5 (Ulmaceae through Basellaceae). Science Press. Beijing, and Missouri Botanical Garden Press. St. Louis.

Wu, Z.Y., P.H. Raven and D.Y. Hong, eds. 2003. Flora of China. Vol. 9 (Pittosporaceae through Connaraceae). Science Press. Beijing, and Missouri Botanical Garden Press. St. Louis.

Wu, Z.Y., P.H. Raven and D.Y. Hong, eds. 2006. Flora of China. Vol. 22 (Poaceae). Science Press. Beijing, and Missouri Botanical Garden Press. St. Louis.

Wu, Z.Y., P.H. Raven and D.Y. Hong, eds. 2007. Flora of China. Vol. 12 (Hippocastanaceae through Theaceae). Science Press. Beijing, and Missouri Botanical Garden Press. St. Louis.

Wu, Z.Y., P.H. Raven and D.Y. Hong, eds. 2007. Flora of China. Vol. 13 (Clusiaceae through Araliaceae). Science Press. Beijing, and Missouri Botanical Garden Press. St. Louis.

Wu, Z.Y., P.H. Raven and D.Y. Hong, eds. 2010. Flora of China. Vol. 10 (Fabaceae). Science Press. Beijing, and Missouri Botanical Garden Press. St. Louis.

Wu, Z.Y., P.H. Raven and D.Y. Hong, eds. 2010. Flora of China. Vol. 23 (Acoraceae through Cyperaceae). Science Press. Beijing, and Missouri Botanical Garden Press. St. Louis.

Wu, Z.Y., P.H. Raven and D.Y. Hong, eds., 2011. Flora of China. Vol. 20-21(Asteraceae). Science Press. Beijing, and Missouri Botanical Garden Press. St. Louis.

Xu, H., S. Qiang, P. Genovesi, H. Ding, J. Wu, L. Meng, Z. Han, J. Miao, B. Hu, J. Guo, H. Sun, C. Huang, J. Lei, Z. Le, X. Zhang, S. He, Y. Wu, Z. Zheng, L. Chen, V. Jarosik and P. Pyšek. 2012. An inventory of invasive alien species in China. NeoBiota 15: 1-26.

Yang, J.-C., S.-H. Park, J.-H. Lee and Y.-M. Lee. 2008. Two new naturalized species from Korea, *Andropogon virginicus* L. and *Euphorbia prostrata* Aiton. Korean Journal of Plant Resources 21: 427-430.

Zohary, D., M. Hopf and E. Weiss. 2012. Domestication of Plants in the Old World. Oxford University Press. Oxford.

찾아보기

국명

학명

Lespedeza lichiyuniae T. Nemoto, H. Ohashi & T. Itoh **577**
Leucanthemum vulgare (Vaill.) Lam. **110**
Linaria bipartita Willd. **542**
Linaria vulgaris Mill. **545**
Lindernia anagallidea Pennell **257**
Lindernia attenuata Muhl. **258**
Lindernia dubia (L.) Pennell **258**
Linum virginianum L. **471**
Lisaea heterocarpa Boiss. **242**
Lobelia inflata L. **550**
Lolium multiflorum Lam. **328**
Lolium perenne L. **349**
Lolium rigidum Gaudin **285**
Lolium temulentum L. **287**
Lotus corniculatus L. **566**
Lotus tenuis Waldst. & Kit. **581**
Lotus uliginosus Schkuhr **560**
Lupinus angustifolius L. **552**
Lychnis githago Scopoli **415**
Lycium chinense Mill. **44**

M

Magnolia obovata Thunb. **227**
Malva neglecta Wallr. **476**
Malva olitoria Nakai **485**
Malva parviflora L. **486**
Malva pulchella Bernh. **485**
Malva pusilla Sm. **478**
Malva rotundifolia L. **478**
Malva sylvestris L. **477**
Malva sylvestris var. *mauritiana* (L.) Boiss. **477**
Malva verticillata L. **485**
Matricaria chamomilla L. **153**
Matricaria inodora L. **84**
Matricaria matricarioides (Less.) Porter **146**
Matricaria recutita L. **153**
Medicago denticulata Willd. **554**
Medicago hispida Gaertn. **554**
Medicago lupulina L. **578**
Medicago minima (L.) L. **580**
Medicago polymorpha L. **554**

Medicago sativa L. **576**
Melandrium noctiflorum (L.) Fr. **409**
Melilotus albus Medik. **586**
Melilotus suaveolens Ledeb. **600**
Melochia corchorifolia L. **482**
Mentha ×*piperita* L. **177**
Mentha spicata L. **170**
Mimosa pudica L. **561**
Mirabilis jalapa L. **354**
Modiola caroliniana (L.) G. Don **473**
Mollugo verticillata L. **401**
Morus alba L. **390**
Myagrum paniculatum L. **436**
Myagrum perfoliatum L. **458**
Myosotis scorpioides L. **526**
Myriophyllum aquaticum (Vell.) Verdc. **66**
Myriophyllum brasiliense Cambess. **66**

N

Nasturtium officinale R. Br. **448**
Nerium indicum Mill. **593**
Nerium odorum Aiton **593**
Nerium oleander L. **593**
Neslia paniculata (L.) Desv. **436**
Nicandra physalodes (L.) Gaertn. **63**
Nuttallanthus canadensis (L.) D.A. Sutton **541**

O

Oenanthe aquatica (L.) Poir. **236**
Oenothera ×*erythrosepala* Borbá **254**
Oenothera biennis L. **251**
Oenothera laciniata Hill **253**
Oenothera lamarckiana Ser. **254**
Oenothera rosea L'Hé. ex Aiton **252**
Oenothera stricta Ledeb. ex Link **250**
Oldenlandia corymbosa L. **167**
Opuntia ficus-indica (L.) Mill. **423**
Opuntia humifusa (Raf.) Raf. **424**
Osmanthus ×*fortunei* Carrièe **232**
Oxalis articulata Savigny **69**
Oxalis bowiei Aiton ex G. Don **68**
Oxalis corniculata L. **67**

사진출처

※ 자연과생태로 표기된 사진은 이미지 에이전트인 알라미(alamy), 셔터스톡(shutterstock), 드림즈타임(dreamstime)에서
대여한 것입니다.

사진 제공자 소개

이 책을 위해 소중한 사진을 제공해 주신 분들께 깊이 감사드립니다.

박수현(국립수목원)

1936년 경기 여주 출생. 현재 산림청 국립수목원 초빙연구원으로 활동한다. 한국에 분포한 귀화식물을 정리했고 최근에는 벼과·사초과식물의 분류에 전념하고 있다. 『우리나라 귀화식물의 분포』, 『한국 귀화식물 원색도감』, 『세밀화와 사진으로 보는 한국의 귀화식물』, 『잡초. 형태·생리·생태』, 『한국식물도해도감(벼과)』, 『벼과·사초과 생태도감』 등 다수의 저서(공저)와 50여 편의 귀화식물에 관한 논문이 있다.

윤석민(한강유역환경청)

1959년 충남 공주 출생. 서울시 공원녹지관리사업소에서 식물 분야 관련 근무를 시작해 현재 한강유역환경청에 근무한다. 국내에 기록은 전해지나 분포가 불분명한 식물의 실체를 확인하는 일에 관심을 가지고 있다.

김창석(국립식량과학원 고령지농업연구소)

1965년 전남 고흥 출생. 현재 국립식량과학원 고령지농업연구소에 근무하며, 농경지 외래잡초 분포조사, 외래잡초 관리연구에 참여하고 있다. 주요 저서(공저)로는 『원색 외래잡초 종자도감』, 『한국의 잡초도감』, 『과수원 잡초도감』, 『식물의 쓰임새 백과』 등이 있고, 『제주도 밭의 외래잡초 분포』 등 20여 편의 외래잡초 관련 논문이 있다.

김영하(한반도생태연구소)

1977년 서울 출생. 국립환경과학원을 거쳐 현재 한반도생태연구소에 근무하며, 하천, 산림, 습지, 해안 등 다양한 지역의 식물생태 분야 조사연구에 참여한다. 『생태계교란생물』, 『자원이 되는 외래식물』 등의 저서(공저)와 가시상추, 나래가막사리 등 외래식물의 생태적 특징에 관한 다수의 논문이 있다.

김진석(국립생물자원관)

경북대학교에서 식물분류학으로 박사학위를 받았고 20년간 전국을 돌아다니며 산야에 자생하는 식물을 관찰했다. 현재 국립생물자원관 식물자원과에서 특이생육지의 식물상 및 식물지리학적 연구를 수행한다. 『한국의 나무』, 『울릉도 원색 식물도감』, 『실무용 원색 식물도감』 등의 저서(공저)와 『한반도 기후최적기의 식물지리학적 연구』 등 20여 편의 논문이 있다.

김중현(국립생물자원관)

1979년 경기 김포 출생. 서남대학교에서 생명과학(식물분류)으로 석사학위를 받았다. 현재 국립생물자원관 식물자원과에 근무하며, 특이생육지의 식물다양성 연구와 국립공원 내 관속식물의 고도별 수직분포 등에 대해 연구한다.

정수영(산림청 국립수목원)

산림청 국립수목원에 재직하며 벼과식물 분류 및 외래식물 관련 연구를 진행한다. 참여
저서로는 「식별이 쉬운 나무도감(2009)」, 「한국식물도해도감1 벼과(2011)」, 「쉽게 찾는 한
국의 귀화식물(2012)」 등이 있다.

이정해((주) 호텔현대)

1957년 경북 영천 출생. (주) 호텔현대 경주에서 근무하며, 자연경관 사진가로 전국을 탐
사하다 야생화에 입문했다. 이후 울산 지역에 야생하는 나도솔새(*Andropogon virginicus*),
양골담초(*Cytisus scoparius*)를 처음으로 찾아내는 등 왕성한 탐사활동을 하고 있다.

이성권(제주생태관광협회)

1962년 제주 출생. 영산강유역환경청 제주사무소에서 자연환경해설사로 활동하며 2015
년 「제주야생화」를 공동 발간했다. 야생화 동호인 사이트 <제주야생화> 운영자이고, 현재
제주생태관광협회에 근무한다.

문순화(한국식물사진가회)

1933년 제주 출생. 한국식물사진가회 명예회장. 생태사진가. 국내외를 숱하게 다니며 풍
경과 야생화 사진을 꼼꼼히 기록해 왔다.

심규영(국립환경과학원)

1977년 서울 출생. 국립환경과학원에 근무하며, 「기후변화에 따른 온난화 환경에서의 생
태계 영향」, 「멸종위기식물 분포조사 및 보전방안」 등의 연구과제에 참여해 왔다.

안경환(국립환경과학원)

계명대학교에서 「우포늪 식생의 유형분류와 공간분포 분석」을 주제로 박사학위를 받았다.
국립환경과학원에 근무하며, 전국자연환경조사, 생태자연도 등에 참여했다. 현재 정밀공
간환경정보지도에 대한 과제를 수행한다.

최낙훈(국립환경과학원)
1981년 서울 출생. GIS를 전공했고 국립환경과학원에서 환경정보지도제작에 관한 연구를
한다. 자연 풍경의 아름다움을 사진에 그대로 반영하고자 한다.

양영환(제주특별자치도 민속자연사박물관)
2003년 제주도 귀화식물의 분포와 식생에 관한 연구를 주제로 박사학위를 받았다. 제주
도 민속자연사박물관장으로 근무하며 제주도내 귀화식물을 포함한 생물에 관한 연구를
진행한다. 『원색 제주의 식물도감』을 포함한 저서와 「제주 미기록 귀화식물: 향기풀, 미국
담쟁이덩굴, 꽃갈퀴덩굴」 등 다수의 관련 논문이 있다. 최근에는 제주도내 4개 국공립박
물관 공동 학술조사 사업 결과인 『연외천의 원류를 찾아서』를 발간했다.

엄의호(서산여자고등학교)
1961년생. 충남 서산여자고등학교 교사이자 서산태안지역 자연 및 식물생태 활동가이다.

이성원(한반도식물연구회)
1974년 부산 출생. 2004년부터 식물 사진을 찍은 것이 계기가 되어 현재는 한반도식물
연구회, 인디카, 고사리사랑, 국립생물자원관, BRIC, 네이처링 등에서 다양한 식물조사와
동정을 돕고 있다.

이규송(강릉원주대학교)
1965년 강원 홍천 출생. 1997년부터 강릉원주대학교 생물학과 교수로 재직 중이다.
1995년 서울대학교 대학원에서 「화전 후 묵밭의 천이 기구」라는 주제로 박사학위를 취득
했다. 주요 연구 주제는 동해안 산불피해지역에서의 식생천이과정과 토사유출의 장기 모
니터링, 점봉산 식생의 장기생태모니터링, 석호, 사구 및 하천 생태계를 구성하는 식물의
생태적 지위, 남극 바톤 반도에서 지의류와 이끼의 공간분포 등이다.

지용주(아세아환경조경)
조경전공자로 자연생태계에 관심이 많다.

지광재(한국농업기반공사)

1996년부터 한국농어촌공사에서 습지와 수생식물 연구를 담당했고, 현재 새만금 사업현장에서 염생식물을 포함한 간척지 식생과 식재를 맡고 있다. 인터넷 카페 <함께 하는 생물분류기사>의 운영자이기도 하다. 자연과학과 인문학 분야 서적을 탐독하며 길고양이를 반려 삼아 클래식 음악과 악기 연주를 즐긴다.

한동욱(국립해양생물자원관)

1969년 부산에서 태어나 서울에서 자랐다. 서울대학교 생명과학부 및 동대학원에서 습지생태학으로 박사학위를 받았다. 국립생태원 상임이사를 역임하고 현재 국립해양생물자원관 본부장으로 재직 중이다. 생태적으로 정의로운 세상을 꿈꾸며 늘 현장에서 답을 구하는 생태주의자이다.

류태복(국립생태원)

계명대학교에서 귀화식물의 생태특성으로 석사학위, 한국 석회암식생으로 박사학위를 받았다. 현재 국립생태원에서 외래식물의 현황, 분포, 생태특성에 관한 연구를 수행하고 있다.

최동기 ((주) 해밀)

1962년생으로 물리와 통신을 전공했다. (주) 해밀 대표. 나무와 풀에 관심이 많으며, 그 이름을 부르는 소소한 일에 행복을 느낀다. 동호인들과 함께 겨울눈과 신초, 식물명 유래를 공부하는 즐거움에 빠져 있다.

박진희(국립낙동강생물자원관)

1969년 경남 사천(삼천포) 출생. 서울대학교에서 식물분류학으로 박사학위를 받았다. 현재 경북 상주에 있는 국립낙동강생물자원관에 근무하며, 수생식물 관련 조사연구를 수행하고 있다.

이기수(생태 세밀화 작가)

자연에서 행복한 어린 시절을 보내고, 현재는 두 아이와 충남 공주 두만리에서 자연을 관찰하며 그림을 그리고 있다.

연명훈 ㈜ 호연기술공사

1974년 서울 출생. 국립환경과학원, 국립생태원에서 근무했고 멸종위기종 분포조사 및 보전방안연구, 전국자연환경조사 식생분야, 생태자연도 작성 및 갱신 등의 연구과제에 참여해 왔다.

이창우(국립생태원)

1979년 서울 출생. 현재 국립생태원에 근무하며 야외에 전시될 자생식물의 수집, 생육지 특성, 생태 연구를 진행하고 있다.